中等职业学校立体化精品教材·计
Zhongdeng Zhiye Xuexiao Litihua Jingpin Jiaocai

网页设计与制作——Dreamweaver CS3

王君学 编著

精品系列

人民邮电出版社

北 京

图书在版编目（CIP）数据

网页设计与制作：Dreamweaver CS3 / 王君学编著
. -- 北京：人民邮电出版社，2011.10（2024.7重印）
中等职业学校立体化精品教材. 计算机系列
ISBN 978-7-115-24884-8

Ⅰ．①网… Ⅱ．①王… Ⅲ．①网页制作工具，
Dreamweaver CS3－中等专业学校－教材②网页－程序设计
－中等专业学校－教材 Ⅳ．①TP393.092

中国版本图书馆CIP数据核字(2011)第050117号

内 容 提 要

　　本书采用项目教学法。全书由 14 个项目构成，主要内容包括如何在网页中插入文本、图像、超级链接、表单等基本网页元素，运用表格、框架、Spry 布局控件、Div、CSS 样式等工具对网页进行排版、布局和美化，使用模板和库来制作网页，使用行为完善网页功能，使用 AP Div 和时间轴制作动画，在可视化环境下创建交互式网页，同时简要介绍如何创建、设置、上传站点以及维护网站。

　　本书适合作为中等职业学校"网页设计与制作"课程的教材，也可供网页设计爱好者学习参考。

中等职业学校立体化精品教材·计算机系列
网页设计与制作——Dreamweaver CS3

◆ 编　著　王君学
　　责任编辑　王平

◆ 人民邮电出版社出版发行　　北京市崇文区夕照寺街 14 号
　　邮编　100061　电子邮件　315@ptpress.com.cn
　　网址　http://www.ptpress.com.cn
　　北京天宇星印刷厂印刷

◆ 开本：787×1092　1/16
　　印张：13　　　　　　　　2011 年 10 月第 1 版
　　字数：323 千字　　　　　2024 年 7 月北京第 24 次印刷

ISBN 978-7-115-24884-8
定价：25.00 元
读者服务热线：(010)81055256　印装质量热线：(010)81055316
反盗版热线：(010)81055315

前　言

目前，用于网页制作的软件层出不穷，但长期以来，Dreamweaver 都是网页制作专业人士和业余爱好者的首选。究其原因，主要有两点：首先，它是一款所见即所得的网页编辑器，大部分操作均可在可视化环境中完成；其次，它具有非常便利的代码编辑技术，使可视化操作与源代码编辑有机地结合起来，使网页制作人员可以更加便捷地制作出高水平的网页。本书以 Dreamweaver CS3 中文版为基础，通过具体的项目详细介绍制作网页的流程和方法。

本书根据教育部职业教育与成人教育司组织制定的《中等职业学校计算机及应用专业教学指导方案》的要求，以《全国计算机信息高新技术考试技能培训和鉴定标准》中的"职业资格技能等级三级"（高级网络操作员）的知识点为标准，针对中等职业学校的教学需要而编写。通过本书学习，学生可以掌握网页设计与制作的基本方法和应用技巧，并能顺利通过相关的职业技能考核。

本书采用项目教学法，由浅入深、循序渐进地介绍网页制作的基本知识。除了教学项目外，本书还专门安排了实训项目，以帮助学生在课堂上即时巩固所学内容。同时，还给出适量的练习题，以帮助学生在课下进一步掌握和巩固网页制作的基础知识。本书还配有大量的教学资源，包括原始素材和案例最终效果、拓展项目、教学课件、相关知识点的动画演示等，提供了全新的立体化教学手段。

对于本书，教师一般可用 30 课时来讲解教材内容，再配以 42 课时的上机时间，即可较好地完成教学任务。总的讲课时间约为 72 课时，教师可根据实际需要进行调整。

本书共 14 个项目，每个项目由以下几个主要部分组成。

❖ 项目背景：简要介绍项目的背景资料和基本情况，让学生对项目有一个基本的了解。

❖ 项目分析：分析项目的基本结构和组成以及项目涉及的知识点，从而明确项目的基本制作思路。

❖ 学习目标：罗列项目的主要学习要求，使学生学起来心中有数。

❖ 操作步骤：详细介绍项目的操作过程，并及时提醒学生应注意的问题。

❖ 知识链接：讲解在制作项目实例过程中要用到的工具及属性，使学生在学习和操作过程中能知其然，并知其所以然。

❖ 实训：为学生准备一个可以在课堂上即时练习的项目，以巩固所学的基本知识。

❖ 小结：在每个项目的最后，对项目所涉及的基本知识点进行简要总结。

❖ 习题：在每个项目的最后都准备了一组习题，包括问答题和操作题，用以检验学生的学习效果。

本书适合作为中等职业学校"网页设计与制作"课程的教材，也可供网页设计爱好者学习参考。

本书由王君学编著，参加本书编写工作的还有沈精虎、黄业清、宋一兵、谭雪松、向先波、冯辉、郭英文、计晓明、董彩霞、滕玲。由于编者水平有限，书中难免存在疏漏之处，敬请读者指正。

编者
2011 年 3 月

目　录

项目一 初识 Dreamweaver CS3

本项目主要介绍 Dreamweaver CS3 中文版的功能和用途，学好 Dreamweaver CS3 的方法以及软件的工作界面等。要求读者掌握学习 Dreamweaver CS3 的基本方法并熟悉 Dreamweaver CS3 工作界面及常用功能面板的使用方法。通过本项目的学习，读者可以提高对 Dreamweaver CS3 的认识，并掌握 Dreamweaver CS3 工作界面的基本使用方法，为后续项目的学习奠定基础。

项目背景

随着网络信息技术的快速发展，网络应用在人们的生活中占据了重要的地位。越来越多的人开始从事有关网页设计和制作方面的工作，致使网页设计成为炙手可热的职业而备受青睐。了解网页设计的基本原则，掌握常用网页制作软件的使用方法是现阶段网页设计人员应具备的基本能力。本项目主要介绍图 1-1 所示的 Dreamweaver CS3 工作界面和使用方法。

图1-1 Dreamweaver CS3 工作界面

项目分析

本项目主要是让读者对网页制作软件 Dreamweaver CS3 有一个总体认识，并掌握学习 Dreamweaver CS3 的基本方法。首先分析一些优秀网站，同时介绍 Dreamweaver CS3 的发展历程、功能和作用，然后介绍学习 Dreamweaver CS3 的基本方法，最后介绍 Dreamweaver CS3 的工作界面及相关知识。

学习目标

★ 了解 Dreamweaver CS3 的基本概况。

★ 了解 Dreamweaver CS3 的功能和作用。

★ 了解 Dreamweaver CS3 的学习方法。

★ 熟悉 Dreamweaver CS3 的工作界面。

★ 掌握 Dreamweaver CS3 工具栏和面板的使用方法。

任务一　认识 Dreamweaver

本任务要求读者在欣赏一些优秀网站主页的基础上，增强学习的积极性和主动性，并在了解 Dreamweaver 以后，对 Dreamweaver CS3 的用途有一个明确的认识。

操作一　欣赏优秀网站的主页

下面来欣赏几个不同类型的优秀网站主页，通过欣赏这些网站的主页，希望读者能够增强对"网页设计与制作"这门课程的兴趣。

图 1-2 所示为北京大学网站的主页，其结构清晰、布局简洁，充分结合了现代教育理念，将学习与网络合理地进行了整合，实现了教学对象广泛、使用方便、时间自由等特点。

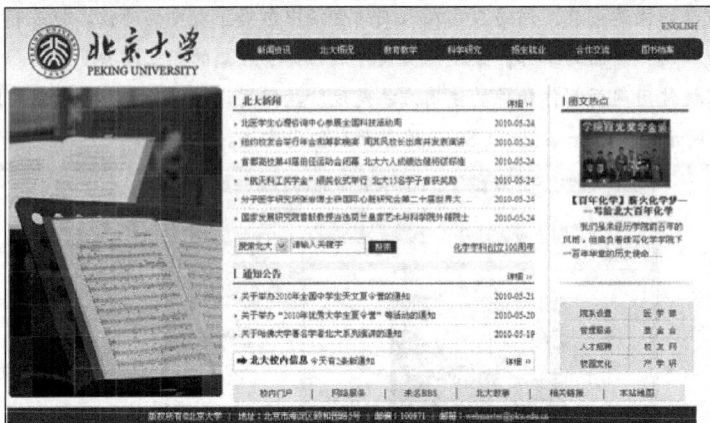

图1-2　北京大学网站

图 1-3 所示为海尔集团网站主页。从内容上看，其注重宣传企业的品牌形象及产品和服务。从结构上看，页面比较简洁，内容布局合理，值得学习和借鉴。

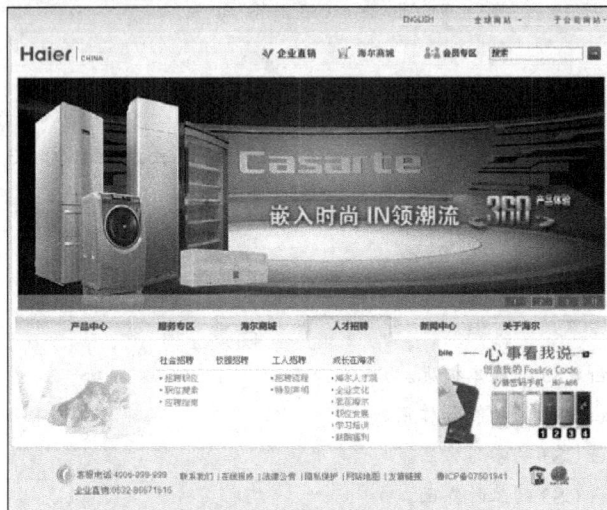

图1-3　海尔集团网站主页

图 1-4 所示为中国花城网站的主页。从内容上看，网站主题是以花为主，类别齐全。从页面设计来看，中栏以商品宣传为主，左右两栏以用户导购和服务为主，采用的是典型的三栏布局模式。

图1-4 中国花城网站主页

图 1-5 所示为 360 主页。主体部分的布局模式采用的是左右两栏结构，左栏相对较宽，右栏相对较窄，这也是一种常用的网页布局模式。由于门户网站众多的栏目和内容，因此，在设计网页时充分合理地划分栏目是非常重要的一项工作。

图1-5 童年网主页

图 1-6 所示为百度主页，这个页面比较简洁，除了网站标志和页脚信息，主体部分只有简单的一行文字和一些表单域，这种典雅的用户界面设计是值得借鉴的。

图1-6 百度主页

读者还可以多看看其他具有特色的网站，相信对学习网页设计与制作会有所裨益。

操作二 了解 Dreamweaver CS3

Dreamweaver 是美国 Macromedia 公司（1984 年成立于美国芝加哥，2005 年被 Adobe 公司并购）开发的集网页制作和网站管理于一身的所见即所得式网页编辑器，是针对专业网页设计师而设计的视觉化网页开发工具，它可以让设计师轻而易举地制作出跨越平台限制和跨越浏览器限制的充满动感的网页。Dreamweaver 与 Flash、Fireworks 一度被称为网页三剑客，但 Fireworks 近年来已逐渐被 Photoshop 取代，现在所说的新网页三剑客是指 Dreamweaver、Flash 和 Photoshop。

对于初学者来说，Deamweaver 的可视化效果让用户比较容易入门，具体表现在两个方面：一是静态页面的编排，这和其他可视化软件类似；二是交互式网页的制作，这是它与众不同的重要特征。利用 Deamweaver CS3 可以比较容易地制作交互式网页，很容易链接到 Access、MySQL、SQL Server 等数据库。

Dreamweaver 的主要作用是设计网页和管理网站，它在各个领域都得到广泛的应用，如个人网站、教育科研网站、企业网站、商业网站、政府网站、公益性网站，以及其他网站。

任务二 如何学好 Dreamweaver

下面通过一个情景模拟来介绍学好 Dreamweaver 的方法以及在学习过程中应该注意的问题，要求读者对学习 Dreamweaver 的方法有一个基本的认识。

情景模拟

学生：老师，您好！我是第一次接触 Dreamweaver，不知如何着手，您能指点一下吗？

老师：好的。不过每个人的基础都不一样，在学习 Dreamweaver 时采取的方法可能也会有所不同，别人的经验和方法不能生搬硬套，还是要结合个人的实际选取适当的学习方法（第 1 点，见图 1-7）。

学生：老师，我明白您的意思。

老师：平时还可以多登录一些网站，对这些网站的典型页面多观察、多思考，为下一步的学习奠定基础（第 2 点，见图 1-8），然后就是多学多练。

如何学好Dreamweaver?

第1，结合个人实际，选取适合自己的学习方法。

图1-7　学好 Dreamweaver 的第 1 点

如何学好Dreamweaver?

第1，结合个人实际，选取适合自己的学习方法。
第2，对网上的典型网页多观察多思考。

图1-8　学好 Dreamweaver 的第 2 点

学生：如何练呢？

老师：先尝试着使用 Dreamweaver 制作一些简单的网页，然后再制作复杂一点的，学会了基本操作后，再阅读一些理论性较强的教材，这样更容易理解（第 3 点，见图 1-9）。

学生：老师，需要很长时间吗，我怕坚持不下去。

老师：要有信心、决心和恒心，持之以恒是做一切事情的基础，在不知不觉中就会习惯了（第 4 点，见图 1-10）。

如何学好Dreamweaver?

第1，结合个人实际，选取适合自己的学习方法。
第2，对网上的典型网页多观察多思考。
第3，由实践到理论，由简单到复杂。

图1-9　学好 Dreamweaver 的第 3 点

如何学好Dreamweaver?

第1，结合个人实际，选取适合自己的学习方法。
第2，对网上的典型网页多观察多思考。
第3，由实践到理论，由简单到复杂。
第4，要有信心、决心和恒心，贵在坚持。

图1-10　学好 Dreamweaver 的第 4 点

学生：好，我会努力的！

老师：要将动手制作贯穿在学习的整个过程中，在初期阶段可以不必太重视网页制作术语，也不必关心太多的网页设计语言，在有一定的网页设计基础后，再学习更深入的东西。

学生：老师，有适合我们的参考书吗？

老师：有，这学期咱们选用的教材就比较合适，按项目组织结构，让读者在操作的过程中学习 Dreamweaver。每个项目都是完整的一个或几个网页，由浅入深逐步学习，既不枯燥也不乏味（第 5 点，见图 1-11），相信通过这些方法一定可以让你很快地掌握 Dreamweaver。

如何学好Dreamweaver?

第1，结合个人实际，选取适合自己的学习方法。
第2，对网上的典型网页多观察多思考。
第3，由实践到理论，由简单到复杂。
第4，要有信心、决心和恒心，贵在坚持。
第5，选择合适的参考书。

图1-11　学好 Dreamweaver 的第 5 点

任务三　认识 Dreamweaver 的界面

本任务以制作一个简单的网页为例，让读者认识 Dreamweaver CS3 的工作界面和工作过程。

操作一　创建站点

在 Dreamweaver 中，网页通常是在站点中制作的，因此，在使用 Dreamweaver 前首先需要定义一个站点。对于初学者来说，一定要养成先定义站点再制作网页的好习惯，这样也便于日后管理站点。

【操作步骤】

1. 运行 Dreamweaver CS3 中文版，弹出欢迎屏幕，如图 1-12 所示。

图1-12 Dreamweaver CS3 的欢迎屏幕

> **重要提示** 在欢迎屏幕中有 3 项列表：【打开最近的项目】、【新建】和【从模板创建】，它们与主界面【文件】菜单栏中的【打开最近的文件】和【新建】两个命令的作用是相同的。

2. 在欢迎屏幕中选择【新建】列表中的【Deamweaver 站点】命令，打开站点定义对话框，在【您打算为您的站点起什么名字？】文本框中输入站点名字，如图 1-13 所示。

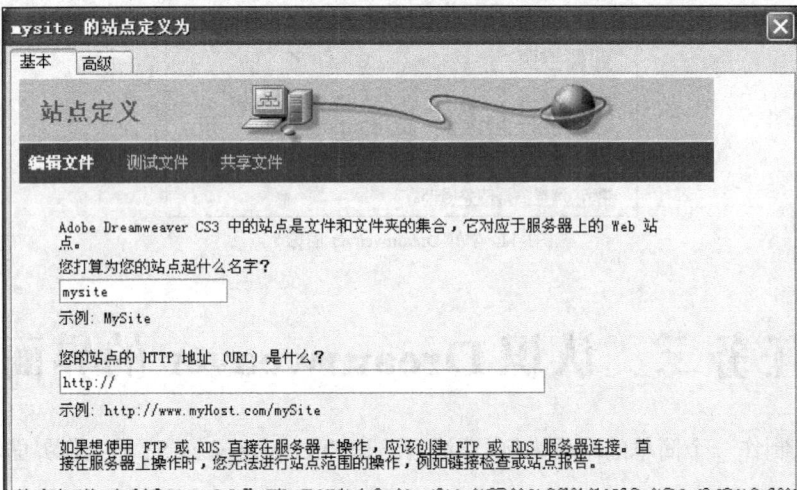

图1-13 输入站点名字

3. 单击 下一步(N)> 按钮，在打开的对话框中选择【否，我不想使用服务器技术】单选按钮。然后单击 下一步(N)> 按钮，在打开的对话框中选择第 1 项，文件存储位置根据实际情况确定，如图 1-14 所示。

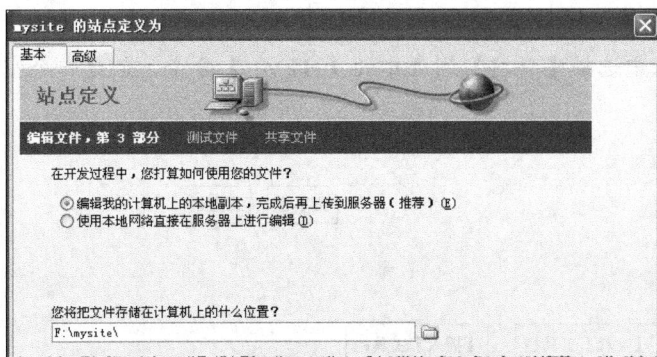

图1-14　设置文件的使用方式和存储位置

4. 单击 下一步(N) 按钮，在对话框的【您如何连接到远程服务器？】下拉列表中选择"无"选项。

5. 单击 下一步(N) 按钮，显示站点定义信息，然后单击 完成(D) 按钮完成设置，此时在工作界面的【文件】面板中将显示出刚创建的站点信息，如图 1-15 所示。

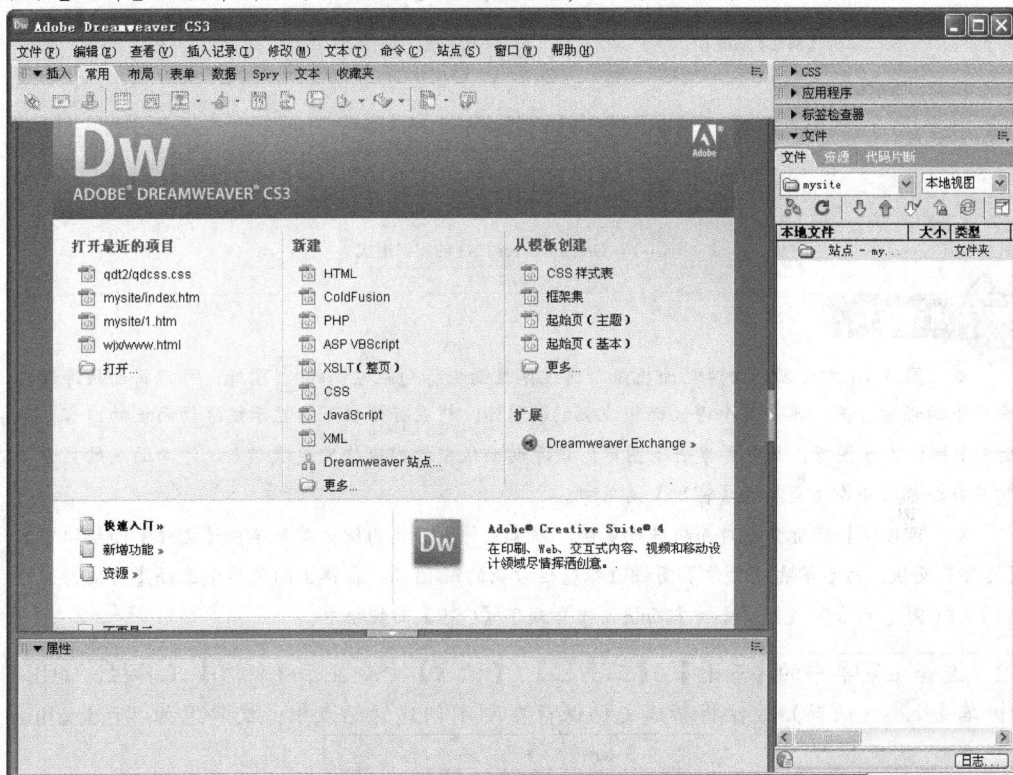

图1-15　定义站点结果

操作二　制作网页

操作一中定义了一个简单的静态网页站点，下面开始创建文件并添加内容。在创建文件之前，首先将"项目素材"文件夹下的内容复制到站点根文件夹下，然后进行下面的操作。

【操作步骤】

1. 在欢迎屏幕中选择【新建】列表中的【HTML】命令，创建一个空白的 HTML 文档，如图 1-16 所示。

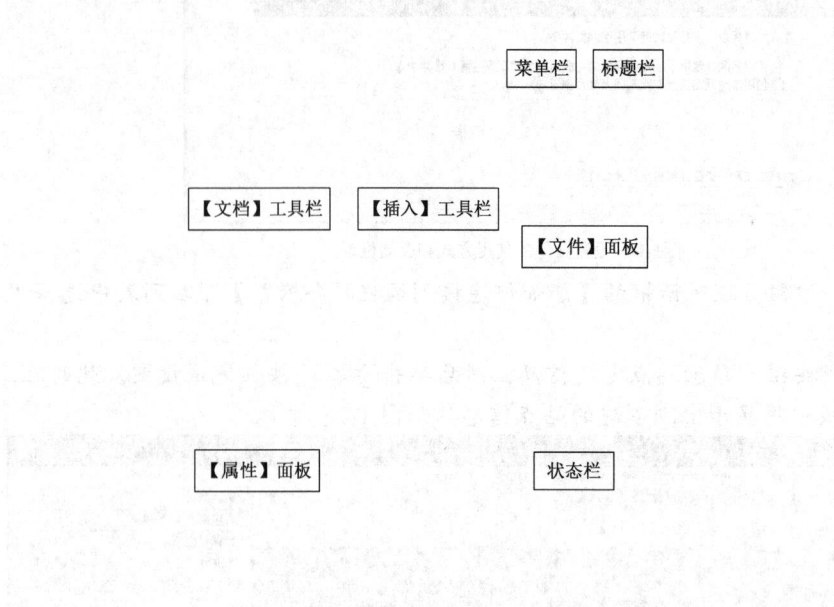

| 菜单栏 | 标题栏 |

| 【文档】工具栏 | | 【插入】工具栏 |

【文件】面板

| 【属性】面板 | 状态栏 |

图1-16 Dreamweaver CS3 的窗口组成

知识链接

❖ 图 1-16 右侧所示为浮动面板组。通过拖曳面板标题栏左侧的 ▦ 图标，可以将面板浮动在窗口中的任意位置。单击某个浮动面板左侧的 ▶ 图标，将在标题栏下面显示该浮动面板的内容，此时 ▶ 图标变为 ▼ 图标，如果再单击 ▼ 图标，该浮动面板中的内容将又隐藏起来。浮动面板的显示与隐藏命令都集中在主菜单的【窗口】菜单中。

❖ 可以根据实际需要对面板进行重组。以【文件】面板为例，首先单击【文件】面板组中的【文件】面板，然后单击【文件】面板组标题栏右侧的 ☰ 图标，在弹出的菜单中选择【将文件组合至】/【CSS】命令，这时【文件】面板便组合到了【CSS】面板组中。

2. 选择主菜单中的【查看】/【工具栏】/【标准】命令显示【标准】工具栏，如图 1-17 所示。单击 ▦ （保存）按钮将新建文档保存在刚刚创建的站点中，文件名为 "index.html"。

图1-17 【标准】工具栏

3. 单击【文档】工具栏中的 ▦ 设计 按钮将编辑区域切换到【设计】视图，在其中可以对网页进行编辑。

4. 单击【文档】工具栏中的 ▦ 代码 按钮，可以将编辑区域切换到【代码】视图，在其中可以编写或修改网页源代码。

5. 单击【文档】工具栏中的 ▦ 拆分 按钮，可以将编辑区域切换到【拆分】视图，在该视图中整个编辑区域分为上下两个部分，上边为【代码】视图，下边为【设计】视图。

![重要提示] 编辑区域是用于编辑网页和编写网页代码的区域，该区域有【设计】、【代码】和【拆分】3 种视图模式。

6. 将光标定位在文档的适当位置，然后在【插入】/【常用】面板中单击 ▦（表格）按钮，打开【表格】对话框，参数设置如图 1-18 所示，单击 确定 按钮，插入一个 2 行 1 列的表格。

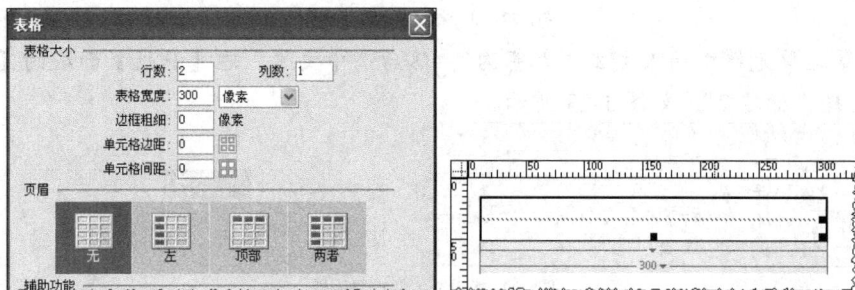

图1-18 插入表格

在 Dreamweaver CS3 窗口中，【插入】面板通常有两种表现形式，即制表符格式和菜单格式，如图 1-19 和图 1-20 所示。

图1-19 制表符格式

图1-20 菜单格式

![知识链接]

❖ 在制表符格式的【插入】面板的标题栏中，切换不同的菜单，【插入】面板的工具栏中即显示相应的系列工具按钮。通过单击【插入】面板左侧的向下箭头或向右箭头可进行按钮的隐藏或显示。在【插入】面板的标题栏上单击鼠标右键，在弹出的快捷菜单中选择【显示为菜单】命令，【插入】面板即由制表符格式变为菜单格式。

❖ 在菜单格式的【插入】面板中，单击左侧的向下箭头，在弹出的菜单中选择相应的选项，【插入】面板的工具栏中即显示相应的系列工具按钮。如果选择【显示为制表符】命令，【插入】面板即由菜单格式转变为制表符格式。

7. 在表格被选中的状态下，在【属性】面板的【对齐】下拉列表中选择"居中对齐"，如图 1-21 所示。如果没有显示【属性】面板，在主菜单中选择【窗口】/【属性】命令即可将其显示。

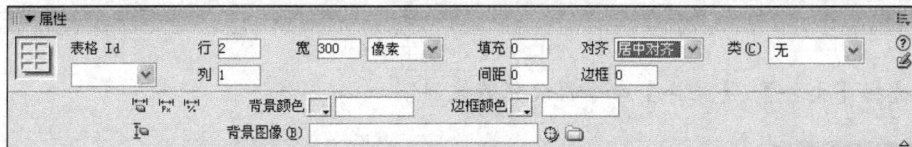

图1-21 表格【属性】面板

![重要提示] 在编辑区域选择一个对象，【属性】面板就会显示该对象的属性，通过【属性】面板也可以重新设置所选对象的属性。单击【属性】面板右下角的 △ 按钮可以隐藏高级设置项目，单击 ▽ 按钮又可以重新显示高级设置项目。

8. 将光标放在第 1 行单元格中，在单元格的【属性】面板中将【水平】选项设置为"居中对齐"，如图 1-22 所示。

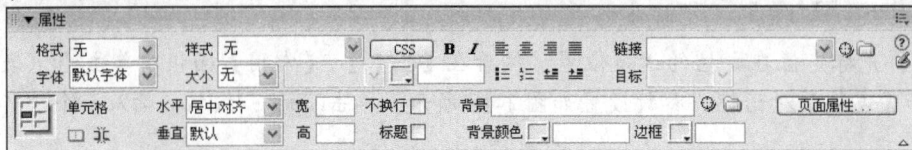

图1-22　单元格【属性】面板

9. 接着在单元格中输入文本"九寨沟"，然后选中文本，在【属性】面板的【格式】下拉列表中选择"标题 2"，如图 1-23 所示。

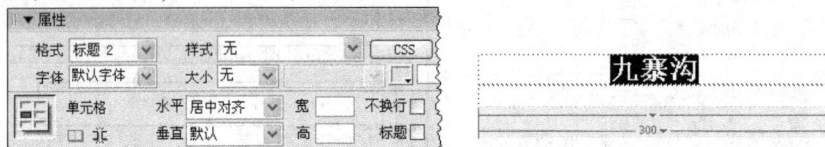

图1-23　插入文本并设置属性

10. 将光标置于第 2 行单元格中，在主菜单中选择【插入记录】/【图像】命令，打开【选择图像源文件】对话框，选择素材文件夹"images"下的图像文件"01.gif"，然后单击 确定 按钮（如果弹出【图像标签辅助功能属性】对话框，单击 取消 按钮即可）将图像文件插入到单元格中，如图 1-24 所示。

图1-24　插入图像

11. 在【文档】工具栏的【标题】文本框中输入"九寨沟"，它将显示在浏览器的标题栏中。如果窗口中没有显示【文档】工具栏，可以选择主菜单中的【查看】/【工具栏】/【文档】命令，打开【文档】工具栏，如图 1-25 所示。

图1-25　【文档】工具栏

12. 选择【文件】/【保存】命令再次保存文件。

课堂练习

（1）如何显示【标准】面板，请演示。

（2）如何转换【插入】面板的两种表现形式，请演示。

实训 熟悉 Dreamweaver CS3 界面

下面通过实训来增强读者对 Dreamweaver CS3 工作界面的组成、工具栏和面板的功能及基本操作的感性认识。

【实训目的】

❖ 进一步熟悉 Dreamweaver CS3 的工作界面。
❖ 进一步掌握 Dreamweaver CS3 中各种面板的使用方法。

【操作步骤】

1. 启动 Dreamweaver CS3 中文版。
2. 认识并熟悉窗口的各个组成部分。
3. 认识 3 种视图模式并进行实际操作，观察它们的区别。
4. 认识【插入】面板并进行制表符格式和菜单格式的转换。
5. 进行实际操作，熟悉【插入】面板、【属性】面板及某些浮动面板的显示与隐藏。

小结

本项目主要介绍了 Dreamweaver 的基本概况和用途，同时对一些优秀网站进行了赏析，并循序渐进地介绍了如何学好 Dreamweaver，最后通过实例操作介绍了软件的窗口组成等内容。通过本项目的学习，读者应该熟练掌握 Dreamweaver CS3 的窗口组成及其基本操作。

习题

一、问答题

1. 新网页三剑客指的是哪 3 种软件？
2. 如何才能学好 Dreamweaver？

二、操作题

1. 将【插入】面板由制表符格式转变为菜单格式，然后再由菜单格式转变为制表符格式。
2. 将【属性】面板显示出来，然后再隐藏起来。
3. 将【文件】面板组合至【历史记录】面板组，然后再重新组合至【文件】面板组。

项目二 定义和创建站点

本项目主要介绍网站制作的基本过程及相关知识。通过本项目的学习，读者可以掌握在 Dreamweaver CS3 中定义和创建站点的方法。

项目背景

网页制作通常是在站点中进行的，也就是说，在使用 Dreamweaver CS3 制作网页时首先需要定义一个基于本地计算机的或基于远程服务器的站点，然后在这个站点中制作网页。图 2-1 所示为在 Dreamweaver CS3 中创建的一个基于本地的站点。

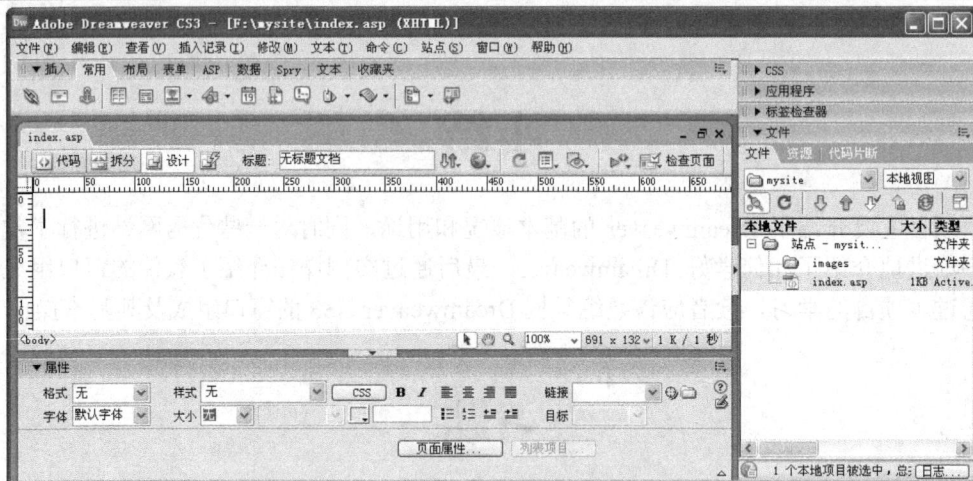

图2-1 在 Dreamweaver CS3 中创建的基于本地的站点

项目分析

本项目主要是让读者对使用 Dreamweaver CS3 定义和创建站点有一个总体认识，并学会其基本操作方法。首先介绍做好一个网站必须经历的基本过程及网页布局的基础知识，然后介绍在 Dreamweaver CS3 中定义和创建站点的基本方法。

学习目标

★ 了解做好一个网站的基本知识。

★ 掌握定义站点的基本方法。

★ 掌握创建文件夹和文件的基本方法。

★ 掌握首选参数的设置方法。

任务一 如何做好一个网站

随着互联网同人们的日常生活结合得越来越紧密，网站的数量也在迅速增加，而形成一个良好的网站制作流程习惯，并了解网页布局的基本知识，可以使网站制作者的效率大大提高。本任务主要介绍网站制作流程和网页布局的基本知识。

操作一 网站制作流程

制作网站需要做好前期策划、网页制作、网站发布、网站推广、后期维护等工作。

1. 前期策划

无论是大的门户网站还是只有少量页面的个人主页，都需要做好前期的策划工作。明确网站主题、网站名称、栏目设置、整体风格、所需要的功能及实现的方法等，这是制作一个网站的良好开端。

网站必须有一个明确的主题。特别是对于个人网站，必须找准一个自己最感兴趣的内容，做出自己的特色，这样才能给用户留下深刻的印象。一般来说，确定主题应该遵循以下原则：① 主题最好是自己感兴趣且擅长的；② 主题要鲜明，在主题范围内做到又全又精；③ 题材要新颖且符合自己的实际能力；④ 要体现自己的个性和特色。

网站必须有一个容易让用户记住的名称。网站的命名应该遵循以下原则：① 能够很好地概括网站的主题；② 在合情合理的前提下读起来琅琅上口；③ 简短便于记忆；④ 富有个性和内涵，能给用户更多的想象力和视觉冲击力。

网站栏目设置要合理。栏目设置是根据网站内容分类进行的，因此，网站内容分类必须合理，方便用户使用。不同类别的网站，内容差别很大，网站内容分类也没有固定的格式，需要根据不同的网站类型来设计。例如，一般信息发布型企业网站栏目应包括公司简介、产品介绍、服务内容、价格信息、联系方式、网上定单等基本内容；电子商务类网站要提供会员注册、详细的商品服务信息、信息搜索查询、定单确认、付款、个人信息保密措施、相关帮助等。

网站必须有自己的风格。网站风格是指站点的整体形象给用户的综合感受。这个"整体形象"包括站点的标志、色彩、版面布局、交互性、内容价值、存在意义、站点荣誉等诸多因素。例如，网易给用户的感觉是平易近人的，迪士尼网站给用户的感觉是生动活泼的。网站风格没有一个固定的模式，即使是同一个主题，任何两个人都不可能设计出完全一样的网站，就像一个作文题目不同的人会写出不同的文章一样。

2. 网页制作

在前期策划完成后，接着就进入网页设计与制作阶段。这一时期的工作按其性质可以分为3类：页面美工设计、静态页面制作和程序开发。

美工设计首先要对网站风格有一个整体定位，包括标准字、Logo、标准色彩、广告语等。然后再根据此定位分别做出首页、二级栏目页以及内容页的设计稿。首页设计包括版面、色彩、图像、动态效果、图标等风格设计，也包括 Banner、菜单、标题、板块等模块设计。在设计好各个页面的效果后，就需要制作成 HTML 页面。在大多数情况下，网页制作者需要实现的是静态页面。对于一个简单的网站，可能只有静态页面，这时就不需要程序开发了，但对于一个复杂的网站，程序开发是必须的。程序开发人员可以先行开发功能模块，然后再整合到 HTML 页面内，也可以用制作好的页面进行程序开发。为了程序能有很好的移植性和亲和力，还是推荐先开发功能模块，然后再整合到页面的方法。

3. 网站发布

发布站点前，必须确定网页的存储空间。如果自己有服务器，配置好后，直接发布到上面即可。如果自己没有服务器，则最好在网上申请一个空间来存放网页，并申请一个域名来指定站点在网上的位置。发布网页可直接使用 Dreamweaver CS3 中的"发布站点"功能进行上传。对于大型站点的上传一般都使用 FTP 软件，如 LeapFTP、CuteFTP 等，使用这种方法上传下载速度都很快。

4. 网站推广

网站推广活动一般发生在网站发布之后，当然也不排除一些网站在筹备期间就开始宣传的可能。网站推广是网络营销的主要内容，可以说，大部分的网络营销活动都是为了网站推广的需要，如发布新闻、搜索引擎登记、交换链接、网络广告等。

5. 后期维护

站点上传到服务器后，首先要检查运行是否正常，如果有错误要及时更正。另外，每隔一段时间，还应对站点中的内容进行更新，以便提供最新消息，吸引更多的用户。

操作二 网页布局的基本方式

网页是构成网站的基本元素。一个网页是否精彩与网页布局有着重要关系。常见的网页布局类型有"国"字型、"匡"字型、"三"字型、"川"字型等。

1. "国"字型

"国"字型也称"同"字型，即最上面是网站的标题以及横幅广告条，接下来是网站的主要内容，最左侧和最右侧分列一些小条目内容，中间是主要部分，最下面是网站的一些基本信息、联系方式、版权声明等。这是使用最多的一种结构类型，如图 2-2 所示。

图2-2 "国"字型布局

2. “匡”字型

“匡”字型也称拐角形，这种结构与“国”字型结构很相近，上面是标题及广告横幅，下面左侧是一窄列链接等，右列是很宽的正文，下面也是一些网站的辅助信息。图 2-3 所示页面就是这种结构。

图2-3　“匡”字型布局

3. “三”字型

这是一种比较简洁的布局类型，其页面在横向上被分隔为 3 部分，上部和下部放置一些标志、导航条、广告条、版权信息等，中间是正文内容。图 2-4 所示页面就是这种结构。

图2-4　“三”字型布局

4. “川”字型

即整个页面在垂直方向上被分为 3 列，内容按栏目分布在这 3 列中，最大限度地突出栏目的索引功能。图 2-5 所示页面就是这种结构。

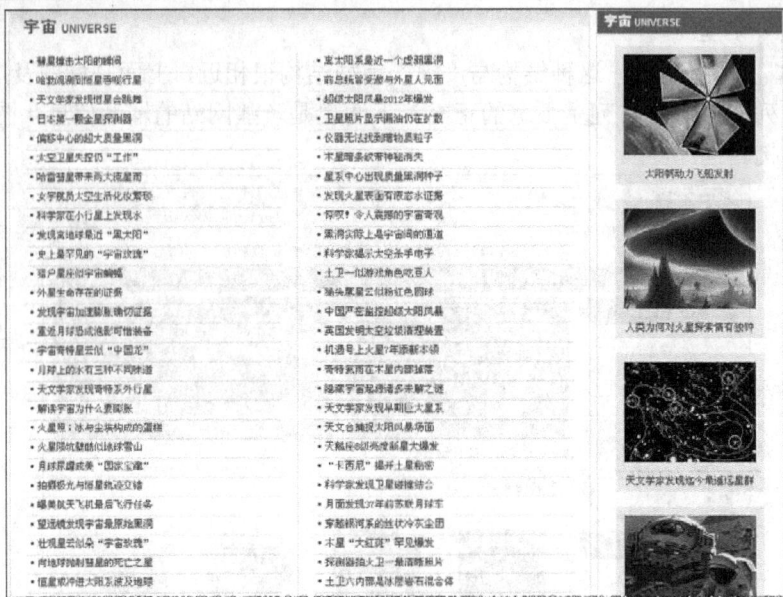

图2-5 "川"字型布局

5. 标题文本型

标题文本型是指页面内容以文本为主，最上面一般是标题，下面是正文的格式。

6. 框架型

框架型布局通常分为左右框架型、上下框架型和综合框架型。由于兼容性、美观性等原因，专业设计人员很少采用这种结构。

另外，还有封面型和 Flash 型布局。封面型基本上出现在一些网站的首页，大部分由一些精美的平面设计和一些动画组合而成，在页面中放几个简单的链接或者仅是一个"进入"的链接，甚至直接在首页的图片上做链接而没有任何提示。这种类型的网页布局大多用于企业网站或个人网站。Flash 型是指整个网页就是一个 Flash 动画，这是一种比较新潮的布局方式。其实，这种布局与封面型在结构上是类似的，只是使用了 Flash 技术。

任务二　创建站点

本任务主要介绍定义站点、创建文件夹和文件和设置首选参数的方法。

操作一　定义站点

在 Dreamweaver 中制作网页，首先需要定义一个站点。在定义站点时，首先需要确定是直接在服务器端编辑还是在本地计算机编辑，然后设置与远程服务器进行数据传递的方式等。下面介绍定义一个新站点的基本方法。

【操作步骤】

1. 启动 Dreamweaver CS3，如果是第 1 次运行该系统，将会弹出【工作区设置】对话框，如图 2-6 所示，选择【设计器】单选按钮并确认后进入主界面。

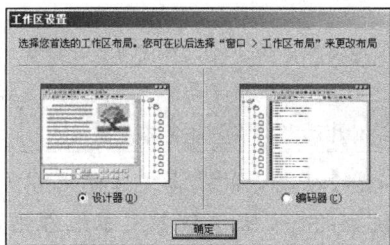

图2-6 【工作区设置】对话框

以后启动 Dreamweaver CS3 时，将不再显示图 2-6 所示的对话框，而是直接进入 Dreamweaver CS3 的操作界面。通过选择主菜单中的【窗口】/【工作区布局】子命令可以实现不同风格之间的切换。

2. 在主菜单中选择【站点】/【新建站点】命令，打开站点定义对话框，如图 2-7 所示。

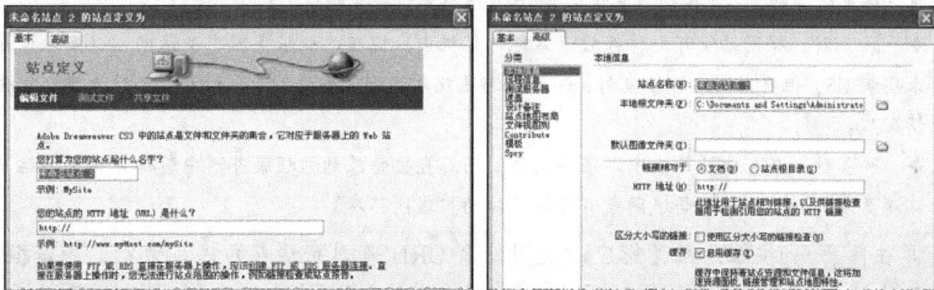

图2-7 站点定义对话框

知识链接

图 2-7 所示的对话框有【基本】和【高级】两个选项卡，用于控制站点定义的基本方式和高级方式。通过这两种方式都可以完成站点的定义工作，不同点如下。

❖ 【基本】：将会按照向导一步一步地进行，直至完成定义工作，适合初学者。

❖ 【高级】：可以在不同的步骤或者不同的分类中任意跳转，而且可以做更高级的修改和设置，适合在站点维护中使用。

3. 在如图 2-7 左图所示的【您打算为您的站点起什么名字？】文本框中输入网站的名称，如 "mysite"，如果还没有网站的 HTTP 地址，下方的文本框可不填。

4. 单击 下一步(N) 按钮进行下一步设置，在如图 2-8 左图所示的对话框中选择【是，我想使用服务器技术】单选按钮，下方会出现【哪种服务器技术？】下拉列表，有 7 种技术可供选择，如图 2-8 右图所示，这里选择 "ASP VBScript" 选项。

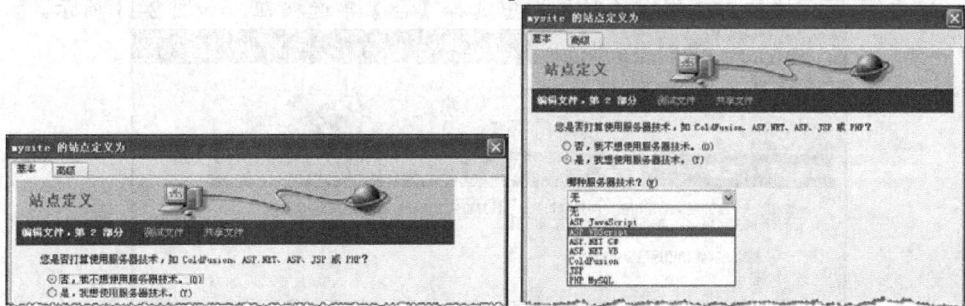

图2-8 设置是否使用服务器技术

17

　　在项目一中已经简单介绍了定义不使用服务器技术站点（通常称为静态站点）的基本过程，为了不重复，这里选择【是，我想使用服务器技术】单选按钮，以介绍定义使用服务器技术站点（即动态站点）的基本过程。

5. 单击 下一步(N) 按钮，在如图 2-9 所示的选择文件使用方式的对话框中选择第 1 种，然后单击【您将把文件存储在计算机上的什么位置？】文本框右侧的 图标，设置网页文件存储的文件夹。

知识链接

关于文件的使用方式共有 3 种选择。

❖ 第 1 种：将网站所有文件存放于本地计算机中，并且在本地对网站进行测试，当网站制作完成后再上传至服务器（要求本地计算机安装 IIS，适合单机开发的情况）。

❖ 第 2 种：将网站所有文件存放于本地计算机中，但在远程服务器中测试网站（本地计算机不要求安装 IIS，但要求网络环境良好，如果不满足就无法测试网站，适合于可以实时连接远程服务器的情况）。

❖ 第 3 种：在本地计算机中不保存文件，而是直接登录到远程服务器中编辑并测试网站（对网络环境要求苛刻，适合于局域网或者宽带连接的广域网环境）。

6. 单击 下一步(N) 按钮，在【您应该使用什么 URL 来浏览站点的根目录？】文本框中输入站点的 IP 地址（如果没有也可暂时不输入），然后单击 测试 URL(T) 按钮，如果出现测试成功提示框，说明本地的 IIS 正常，如图 2-10 所示。

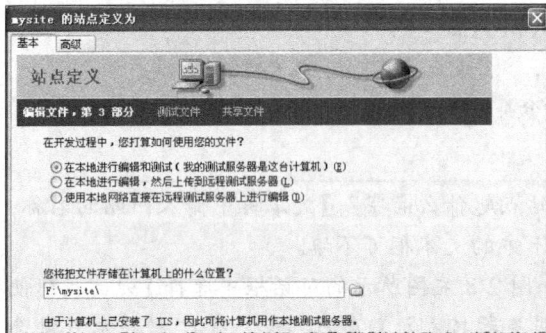

图2-9　选择文件使用方式

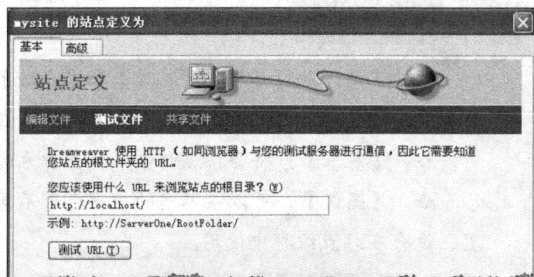

图2-10　输入并测试 URL

7. 单击 下一步(N) 按钮，在弹出的对话框中选择【否】单选按钮，如图 2-11 所示。

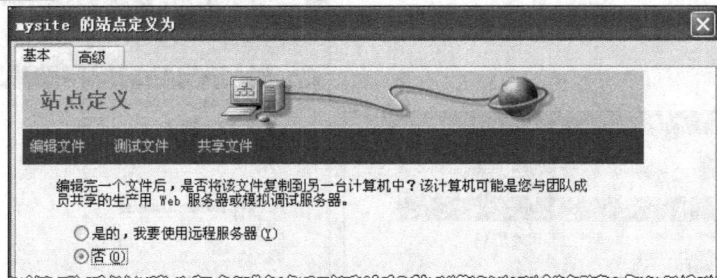

图2-11　是否将文件复制到另一台计算机

重要提示

前面的设置中选择的是在本地进行编辑和测试，因此，这里暂不需要使用远程服务器。等到网页文件制作完毕并测试成功后，可以利用 FTP 再传到服务器上供用户访问。

8. 单击 下一步(N) > 按钮，弹出如图 2-12 所示的对话框，表明初步设置已经完成。最后单击 完成(D) 按钮，结束设置工作。

站点定义完成后可以根据需要对站点进行编辑或删除操作。具体可以通过选择主菜单中的【站点】/【管理站点】命令打开【管理站点】对话框来进行设置，如图 2-13 所示。

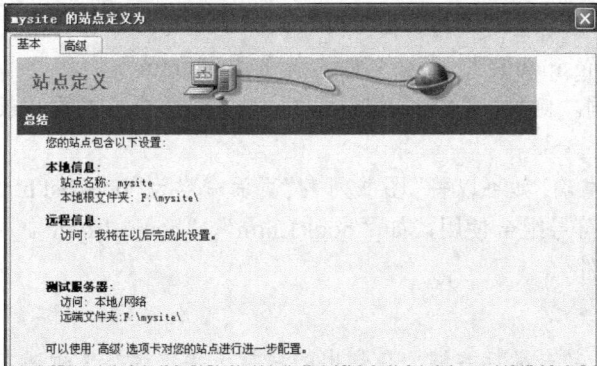

图2-12 设置完成时出现的对话框   图2-13 【管理站点】对话框

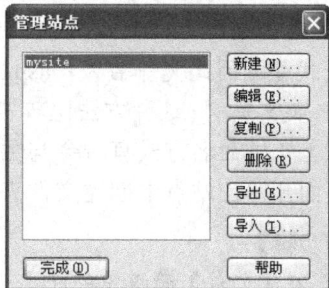

知识链接

下面对【管理站点】对话框中的内容进行简要介绍。

❖ 编辑(E)... ：在站点列表中选中要编辑的站点，然后单击该按钮将打开站点定义对话框重新对站点进行相关参数的设置，这与创建站点的过程是一样的。

❖ 复制(P)... ：在站点列表中选中要复制的站点，然后单击该按钮将复制一个站点，此时再对复制的站点进行编辑即可快速创建一个相似的站点。

❖ 删除(R) ：在站点列表中选中要删除的站点，然后单击该按钮将删除站点，在【管理站点】对话框中删除站点仅仅是删除了在 Dreamweaver CS3 中定义的站点信息，存在磁盘上的相对应的文件夹及其中的文件仍然存在。

❖ 导出(E)... ：在站点列表中选中要导出的站点，然后单击该按钮打开【导出站点】对话框，设置导出站点文件的路径和文件名称，最后保存即可。导出的站点定义文件的扩展名为".ste"。

❖ 导入(I)... ：在【管理站点】对话框中单击该按钮，打开【导入站点】对话框，选中要导入的站点文件，单击 打开(O) 按钮即可导入站点。

站点管理器主要用来管理文件及文件夹，在后期的网站维护中将起到非常重要的作用。

操作二　创建文件夹和文件

站点定义仅仅是制作网页的第 1 步，接着就需要结合规划方案在站点中创建文件夹和文件了。一个站点中创建哪些文件夹，通常是根据网站内容的分类确定的。网站内每个分支的所有文件都被统一存放在单独的文件夹内，根据包含的文件多少，又可以细分到子文件夹。文件夹的命名最好遵循一定的规则，以便于理解和查找。

文件夹创建好以后就可在各自的文件夹里面创建文件。首先要创建首页文件，一般首页文件名为"index.htm"或者"index.html"。如果页面是使用 ASP 语言编写的，那么文件名便为"index.asp"。如果是用 ASP.NET 语言编写的，则文件名为"index.aspx"。文件名的开头不能使用数字、运算符等符号，文件名最好也不要使用中文。文件的命名一般可采用以下 4 种方式。

❖ 汉语拼音：即根据每个页面的标题或主要内容，提取两三个概括字，将它们的汉语拼音作为文件名，如"公司简介"页面可提取"简介"这两个字的汉语拼音，文件名为"jianjie.htm"。

❖ 拼音缩写：即根据每个页面的标题或主要内容，提取每个汉字的第 1 个字母作为文件名，如"公司简介"页面的拼音是"gongsijianjie"，那么文件名就是"gsjj.htm"。

❖ 英文缩写：一般适用于专有名词。例如，"Active Server Pages"这个专有名词一般用 ASP 来代替，因此文件名为"asp.htm"。

❖ 英文原义：这种方法比较实用、准确，如可以将"图书列表"页面命名为"booklist.htm"。

以上 4 种命名方式有时会与数字、符号组合使用，如"book1.htm"、"book_1.htm"。

下面开始在站点中创建文件夹和文件。

【操作步骤】

1. 在【文件】面板中的根文件夹上单击鼠标右键，在弹出的快捷菜单中选择【新建文件夹】命令，创建一个文件夹，如图 2-14 所示。

2. 在"untitled"处输入新的文件夹名"images"，并按 Enter 键确认，如图 2-15 所示。

> **重要提示** "images"文件夹一般用来存放图像文件，但不要将所有图片都放入根文件夹下的"images"目录中，否则在网页较多时修改每个分支页面都要到此文件夹里去查找图片，比较麻烦。如果将各分支页面的图片存放在各自的"images"文件夹里修改起来就容易得多。

3. 在【文件】面板中的根文件夹上单击鼠标右键，在弹出的快捷菜单中选择【新建文件】命令，创建一个新文件，如图 2-16 所示。

图2-14 创建文件夹　　　　图2-15 创建所有的文件夹　　　　图2-16 创建文件

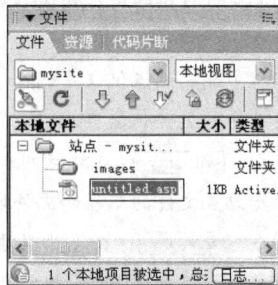

4. 在"untitled.asp"处输入新的文件名"index.asp"，并按 Enter 键确认，然后使用同样的方法在其他文件夹内创建相应的文件，如图 2-17 所示。

> **重要提示** 这里创建的文件扩展名为什么自动为".asp"呢？这是因为在定义站点的时候，选择了使用服务器技术"ASP VBScript"。如果选择不使用服务器技术，创建的文档扩展名通常为".html"或".htm"。

也可以通过选择主菜单中的【文件】/【新建】菜单命令，以及欢迎屏幕中的相应命令创建文件。

　　打开 Dreamweaver CS3，选择【设计器】风格的操作界面。右侧【文件】面板组中的【文件】面板就是站点管理器的缩略图。通常会显示如图 2-14 所示的两种状态之一。左图是没有定义站点时的状态，显示的是本地计算机的信息。右图是已定义站点的状态，显示的是当前站点的文件及文件夹，而且站点管理器的基本功能按钮也会显示在面板的工具栏中。

　　在图 2-17 右图中单击 （展开/折叠）按钮，将展开站点管理器，如图 2-18 所示。再次单击 按钮，将又切换回缩略图状态。如果站点管理器主菜单中的命令或者工具栏中的按钮显示为灰色，说明这部分功能目前不可用。只有当其可用时，才会正常显示。下面介绍站点管理器的主要组成部分。

- ❖　下拉菜单：包含站点管理器中的所有命令和选项。
- ❖　工具栏：包含 （连接到远端主机）、 （刷新）、 （站点文件）、 （测试服务器）、 （站点地图）、 （获取文件）、 （上传文件）、 （取出文件）、 （存回文件）、 （同步）、 （展开/折叠）等按钮和【显示】下拉列表。
- ❖　左侧窗口：显示网站的站点地图或者远程服务器中的文件列表。
- ❖　右侧窗口：显示本地计算机中所定义的网站文件夹和文件列表。

站点管理器主要用来管理文件及文件夹，在后期的网站维护中将起到非常重要的作用。

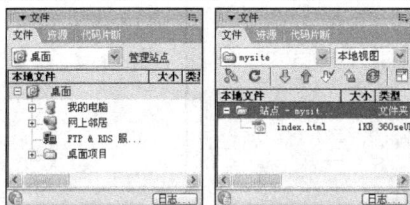

图2-17　【站点】选项卡　　　　　　　　　　　图2-18　【站点管理器】窗口

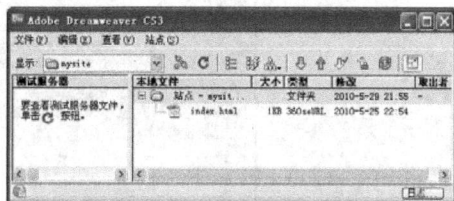

操作三　设置首选参数

　　在 Dreamweaver 中可以通过设置首选参数来定义 Dreamweaver 的使用规则。例如，新建文档默认的扩展名是什么，在文本处理中是否允许输入多个连续的空格，在定义文本或其他元素外观时是使用 CSS 还是 HTML 标签，不可见元素是否显示等。下面介绍设置首选参数的基本方法。

【操作步骤】

　　1．在主菜单中选择【编辑】/【首选参数】命令，打开【首选参数】对话框，在【常规】分类中勾选【允许多个连续的空格】等复选框，如图 2-19 所示。

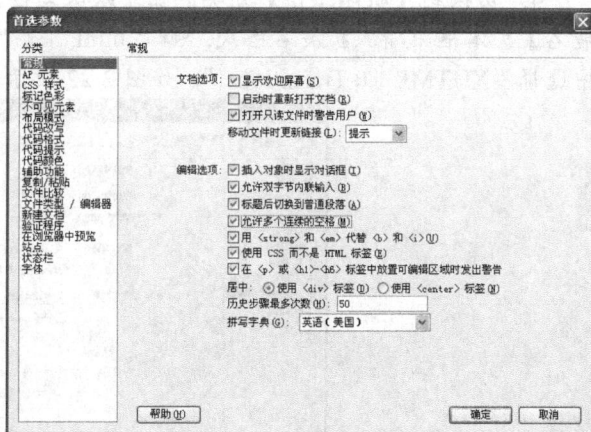

图2-19　【常规】分类

2．切换到【不可见元素】分类，如图 2-20 所示，在此可以定义不可见元素是否显示，只需勾选相应的复选框即可，建议全部选择。

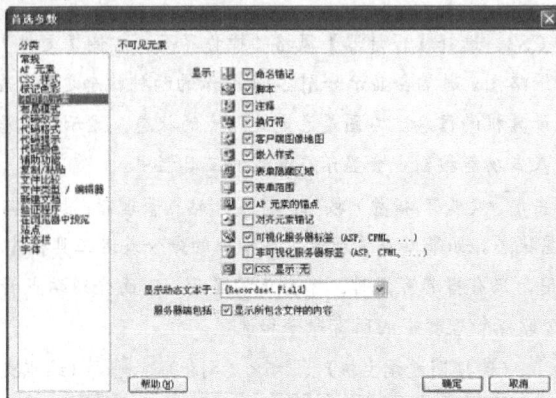

图2-20　【不可见元素】分类

3．切换到【复制/粘贴】分类，如图 2-21 所示，在此可以定义粘贴到 Dreamweaver 设计视图中的文本格式。

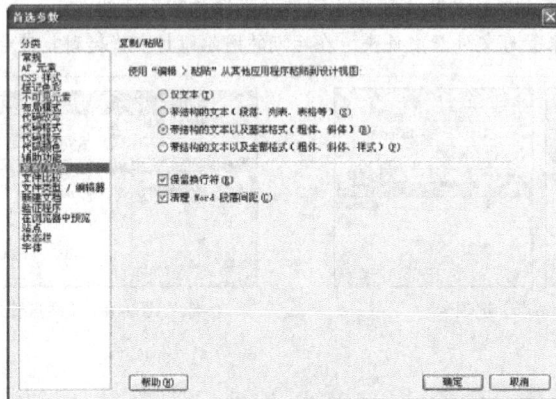

图2-21　【复制/粘贴】分类

4．切换到【新建文档】分类，在【默认文档】下拉列表中选择"HTML"，在【默认扩展名】文本框中输入扩展名格式，如".html"或".htm"等，在【默认文档类型】下拉列表中选择"XHTML 1.0 Transitional"，如图 2-22 所示。

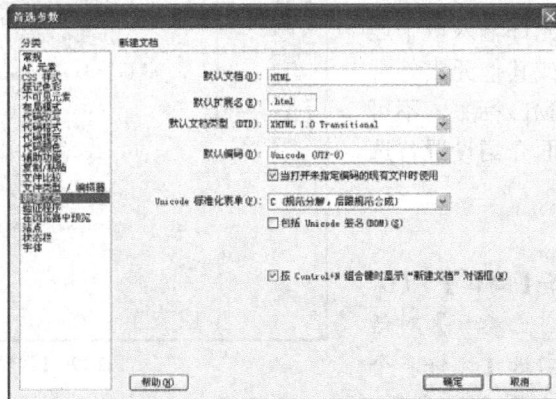

图2-22　【新建文档】分类

> **重要提示**
>
> 在【默认文档类型】下拉列表中包括 6 项，大体可分为 HTML 和 XHTML 两类。XHTML 是在 HTML 4.0 的基础上优化和改进的新语言，目的是基于 XML 应用。但不能简单地认为 XHTML 就是 HTML 5.0，这是因为 XHTML 有自己严格的约束和规范，因此应该是 XHTML 1.0。XHTML 非常简单易学，任何会用 HTML 的人都能使用 XHTML。由于用户是在可视化环境中编辑网页，因此并不需要关心二者实质性的区别，只要选择一种类型的文档，然后编辑器会生成一个标准的 HTML 或者 XHMTL 文档。

5. 单击 确定 按钮完成设置。确认主菜单中的【查看】/【可视化助理】/【不可见元素】命令是否已经勾选。

> **重要提示**
>
> 此时包括换行符在内的不可见元素会在文档中显示出来，以帮助设计者确定它们的位置。有经验的使用者可以根据自己的需要来修改其他首选参数，而初学者在不了解具体含义的情况下，最好不要随意修改它们，否则会给使用带来不必要的麻烦。

课堂练习

（1）自定义一个个人站点，以自己姓名的拼音字母命名，不使用服务器技术，站点内的网页在本地计算机进行编辑和测试。

（2）在自定义的站点内创建相应的文件夹和文件。

实训　创建个人站点

根据自己的爱好规划一个个人站点，要有明确的主题，并根据主题进行栏目规划和站点结构规划，然后在 Dreamweaver CS3 中定义站点，并创建相应的文件夹和文件。通过该实训，让读者学会规划、定义和创建站点的方法。

【实训目的】

❖ 了解有关站点规划的知识。

❖ 掌握定义和创建站点的基本方法。

❖ 掌握在站点中创建文件和文件夹的方法。

【操作步骤】

1. 选择一个自己喜欢的主题。

2. 根据主题进行内容分类和栏目规划。

3. 明确站点结构和相应的文件夹名称。

4. 定义一个站点，可以选择使用服务器技术也可以不使用。

5. 根据需要创建相应的文件夹和文件。

小结

本项目主要介绍了定义和创建站点的基本知识，概括起来主要有：网站制作流程、网页布局的基本方式、定义站点的方法、创建文件夹和文件的方法、首选参数的设置方法等。通过本项目的学习，读者可以学会在 Dreamweaver CS3 中定义和创建站点的基本方法。

习题

一、 问答题

1. 网站的制作流程是什么？
2. 网页布局的基本方式有哪些？

二、 操作题

在 Dreamweaver CS3 中定义一个名称为"jiaoyu"的站点，设置文件位置为"X:\jiaoyu"（X 为盘符），要求在本地计算机进行编辑和测试，并使用"ASP VBScript"服务器技术，然后创建"images"文件夹和"index.asp"主页文件。

项目三　编排世博会网页

对网页文本进行编排，不仅可使网页内容更加充实，而且可使页面更加美化。本项目以世博会网页为例，介绍在 Dreamweaver CS3 中设置网页文本的格式和属性的基本方法。通过本项目的学习，读者可掌握使用 Dreamweaver CS3 编排网页文本的基本操作。

项目背景

随着上海世博会的举办，人们对世博会的认识逐渐清晰起来。在上海世博会举办期间，人们可以亲临现场去领略其状观的场面，也可以足不出户通过世博会专题网站一睹其芳容。可以说，在网络技术飞速发展的今天，任何大型活动都有自己的专题网站，这已成为大势所趋。基于此背景，本项目选择以世博会为主题来介绍对网页文本进行格式化的基本方法。本项目编排的世博会网页如图3-1 所示。

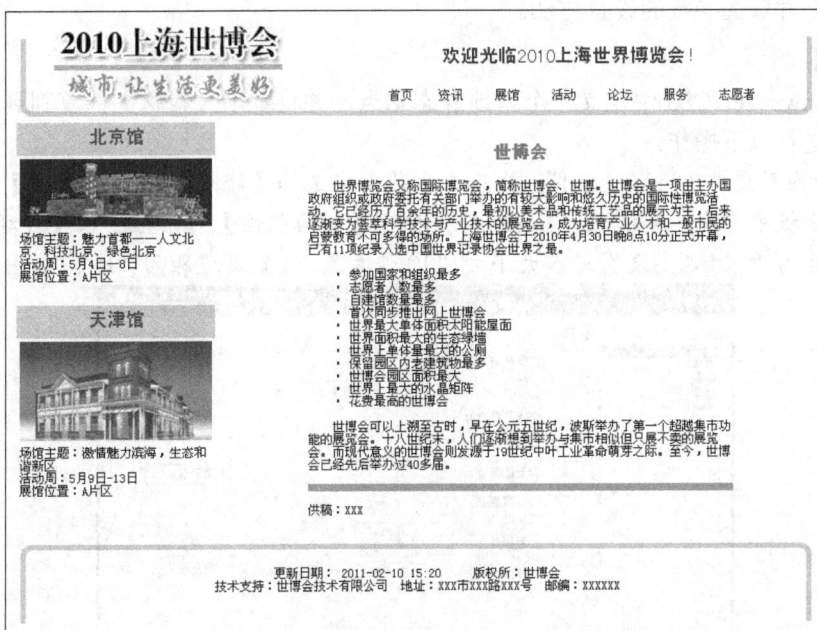

图3-1　世博会网页

项目分析

本项目的主要目的是让读者掌握在网页中编排文本的基本方法。由于是刚开始学习网页制作，对网页布局的方法和技术还没有掌握，因此，本项目将网页的基本框架布局已经做好，读者只需在这些网页中进行格式设置即可。本项目网页采用的是"匡"字型布局结构，在讲解中将按页眉、主体和页脚的顺序进行介绍。

学习目标

★ 掌握页面属性的设置方法。

★ 掌握字体、字号和颜色的设置方法。

★ 掌握换行和段落格式的设置方法。

★ 掌握文本样式和对齐方式的设置方法。

★ 掌握列表的使用方法，如编号列表和项目列表。

★ 掌握文本缩进和凸出的设置方法。

★ 掌握插入水平线和日期的方法。

任务一　设置页面属性

创建文档后，可以通过【页面属性】对话框来设置一些影响整个网页的参数。本任务主要介绍在【页面属性】对话框中设置文本的字体、大小、颜色，以及背景颜色、背景图像、页边距、网页标题和文档编码的基本方法。通过本任务的学习，读者能够对页面属性有一个全面的认识，并掌握参数的设置方法。

【操作步骤】

在 Dreamweaver CS3 中定义一个本地静态站点，并将本项目素材文件复制到站点根文件夹下，然后进行以下操作。

1. 打开网页文件"index.html"，然后在主菜单中选择【修改】/【页面属性】命令（也可在【属性】面板中单击 页面属性... 按钮），打开【页面属性】对话框。在【外观】分类中，设置页面字体为"宋体"，设置文本大小为"12 像素"，设置页边距为"0"，如图 3-2 所示。

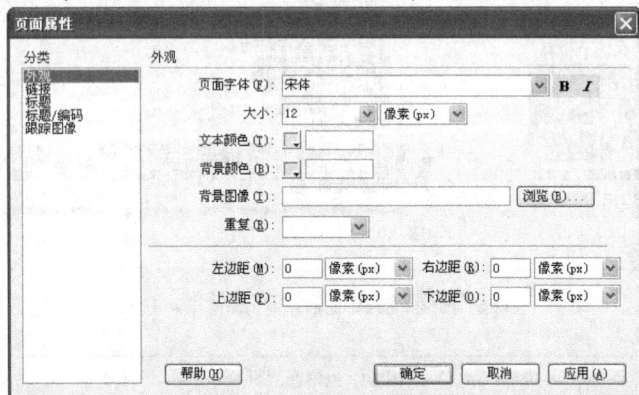

图3-2　设置文本字体、大小和页边距

> 重要提示
>
> 在【页面属性】对话框中设置的字体、大小、颜色等，对当前网页中的所有文本都起作用，除非通过【属性】面板或其他方式对当前网页中的某些文本的属性进行了单独定义。

2. 切换到【链接】分类，在【下划线样式】下拉列表中选择"始终无下划线"选项，如图 3-3 所示。

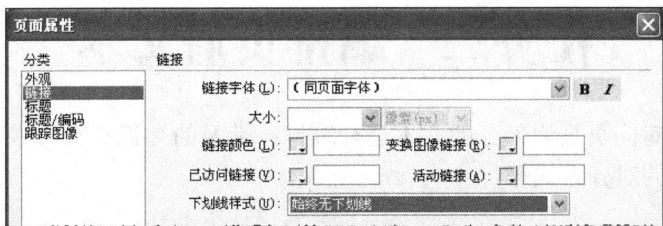

图3-3　设置超级链接样式

3．切换到【标题】分类，在【标题字体】下拉列表中选择"黑体"，在【标题3】下拉列表中选择"16像素"、颜色定义为"#6C9413"，如图3-4所示。

图3-4　设置网页中标题的属性

4．切换到【标题/编码】分类，在【标题】文本框中输入"世博会"，如图3-5所示，它将显示在浏览器的标题栏中。

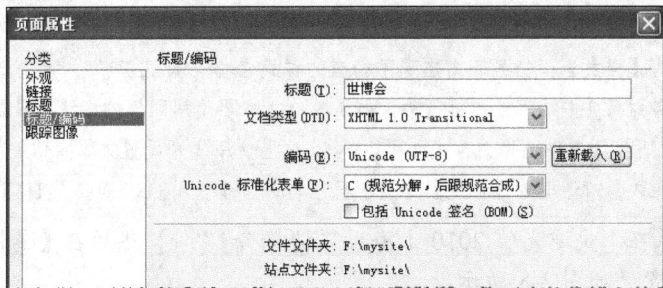

图3-5　设置显示在浏览器标题栏的标题

5．设置完毕后，单击 确定 按钮。

知识链接

❖　通过【页面属性】对话框的【外观】分类，可以设置当前网页文本的字体、大小、颜色以及网页的背景颜色、背景图像、页边距等。背景图像还可以通过【重复】选项来决定背景图像是重复还是不重复，是横向重复还是纵向重复。

❖　通过【页面属性】对话框的【链接】分类，可以设置当前网页超级链接文本的字体和大小，以及不同状态下链接文本的颜色等属性。

❖　通过【页面属性】对话框的【标题】分类，可以设置当前网页标题"标题1"～"标题6"的字体、大小、颜色等属性，通常保持默认设置。

❖　通过【页面属性】对话框的【标题/编码】分类，可以设置当前网页在浏览器标题栏显示的标题以及文档类型和编码。文档类型和编码如果在【首选参数】的【新建文档】分类中已进行了设置，这里将显示原设置值，如需要修改可以在此处进行重新设置。

任务二　编排页眉文本

本任务主要是对网页页眉部分的文本进行编排，涉及的知识点有文本字体、大小和颜色的设置，以及文本的对齐方式等。

【操作步骤】

1．在页眉中选中文本"欢迎光临 2010 上海世界博览会！"，如图 3-6 所示。

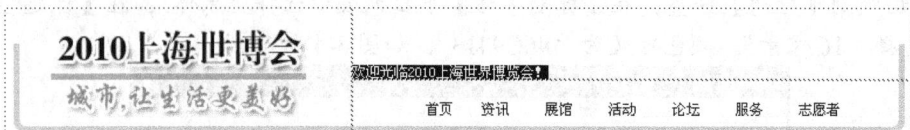

图3-6　选中文本

2．在【属性】面板中设置【字体】为"黑体"，【大小】为"18"，单位为"像素(px)"，在【颜色】文本框中输入"#FF0000"，如图 3-7 所示。

图3-7　设置字体格式

> **重要提示**
>
> 设置完"欢迎光临 2010 上海世界博览会！"的字体、大小和颜色后，在【属性】面板的【样式】下拉列表中出现了相应的样式名称"STYLE1"，如果继续设置其他样式，其名称将会按顺序依次排下去。如果其他文本要使用同样的设置，只要选中文本并在【样式】下拉列表中选择该样式即可。当然，这里使用样式设置文本字体等属性的前提是在【首选参数】对话框的【常规】分类中已经勾选了【使用 CSS 而不是 HTML 标签】复选框。

3．将光标定位在"欢迎光临 2010 上海世界博览会！"处，然后在【属性】面板中单击 ≡ 按钮使文本居中对齐，如图 3-8 所示。

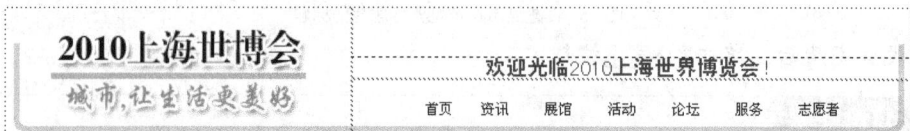

图3-8　设置文本居中对齐

页眉中的其他文本将按【页面属性】对话框中设置的值进行显示，没有设置的选项将以默认格式显示。页眉中的超级链接文本没有显示下画线，这就是因为在【页面属性】对话框的【链接】分类中，【下划线样式】选择了"始终无下划线"选项。

> **重要提示**
>
> 广义的文本字体属性通常包括文本的字体、字号、颜色等，可以通过【属性】面板中的【字体】、【大小】、【颜色】等选项或【文本】菜单中的【字体】、【大小】、【颜色】等命令来设置。表格中文本的【属性】面板不仅包括文本的相关参数选项，还包括单元格的相关参数选项，而非表格中文本的【属性】面板只包括文本的相关参数选项。图 3-9 所示为非表格中文本的【属性】面板。

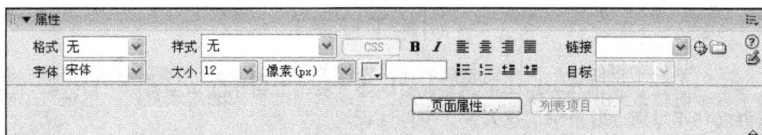

图3-9 文本的【属性】面板

知识链接

设置网页中某一部分文本的字体属性可以通过【属性】面板中的【字体】选项来操作。在【字体】下拉列表中，有些字体列表每行有 3～4 种不同的字体，这些字体以逗号隔开。浏览器在显示时，首先会寻找第 1 种字体，如果没有就继续寻找下一种字体，以确保计算机在缺少某种字体的情况下，网页的外观不会出现大的变化。

如果【字体】下拉列表中没有需要的字体，可以选择【字体】下拉列表中的"编辑字体列表…"选项打开【编辑字体列表】对话框进行添加，如图 3-10 所示。

在【属性】面板的【大小】下拉列表中，文本大小有两种表示方式，一种用数字表示，另一种用中文表示。如果选择"无"选项，则表示采用系统默认的大小。当选择数字时，其后面会出现字体大小单位列表，通常选择"像素（px）"。

单击【属性】面板上的【文本颜色】按钮■，打开调色面板，面板上显示的颜色有 216 种，均为网页安全色。单击系统颜色拾取器◉按钮，还可以打开【颜色】拾取器调色板，从中选择更多的颜色。通过设置【红】、【绿】、【蓝】的值（取值范围为"0～255"），可以有"256×256×256"种颜色供选择。

文本的对齐方式通常有 4 种：【左对齐】、【居中对齐】、【右对齐】和【两端对齐】。可以依次通过单击【属性】面板中的▤按钮、▤按钮、▤按钮和▤按钮来实现，也可以通过在主菜单或右键快捷菜单中选择【文本】/【对齐】级联菜单命令来实现。如果同时设置多个段落的对齐方式，则需要先选中这些段落。

图3-10 【编辑字体列表】对话框

课堂练习

编排文档格式如图 3-11 所示，要求如下。

（1）文档的页边距全部为"20像素"，在浏览器标题栏显示的标题为"一切始于世博会"。

（2）设置文档题目"校园作家与文学博客"的字体为"黑体"，字体大小为"24像素"，颜色为"#FF0000"，对齐方式为"居中显示"。

（3）设置正文文本字体为"宋体"，大小为"18像素"，然后在开头空两个汉字的位置。

一切始于世博会

"一切始于世博会"，一句简单的话，蕴涵着深刻的含义。它是人们对世博会云集了各个时代最先进的文明成果和最新潮的产品及概念模式的由衷赞叹，也是对上海承办2010年世博会对于中国重大意义的再认识。

图3-11 一切始于世博会

任务三 编排网页主体文本

本任务主要是对网页主体部分的文本进行编排，涉及的知识点有文本标题格式，文本的字体、大小和颜色，文本对齐方式，列表的应用等。

操作一 编排左侧栏目文本

下面开始编排网页左侧栏目中的文本。

【操作步骤】

1. 在左侧栏目中选中文本"北京馆"，在【属性】面板的【字体】下拉列表中选择"黑体"，在【大小】下拉列表中选择"18"，单位为"像素"，在【颜色】文本框中输入"#006633"，这时在【样式】列表框中出现样式名称"STYLE2"，如图3-12所示。

图3-12 设置文本格式

2. 将光标分别定位在文本"场馆主题：魅力首都——人文北京、科技北京、绿色北京"和"活动周：5月4日—8日"的后面，然后在主菜单中选择【插入记录】/【HTML】/【特殊字符】/【换行符】命令插入换行符，如图3-13所示。

3. 在左侧栏目中选中文本"天津馆"，在【样式】下拉列表中选择"STYLE2"。

4. 将光标分别定位在文本"场馆主题：激情魅力滨海，生态和谐新区"和"活动周：5月9日—13日"的后面，然后按 Shift+Enter 组合键插入换行符，如图3-14所示。

图3-13 插入换行符   图3-14 插入换行符

> **重要提示**
>
> 在文本末尾插入换行符后，出现了文本换行标志 。该标志的显示与否与在【首选参数】的【不可见元素】分类中【换行符】的设置有关，如果在【换行符】选项前面的复选框中划上"√"即显示，否则不显示。

至此，网页左侧栏目的文本就编排完了。

知识链接

在文档窗口中，每按一次 Enter 键就会生成一个段落。按 Enter 键的操作通常称为"硬回车"，段落就是带有硬回车的文本组合。由硬回车生成的段落，其 HTML 标签是"<p>文本</p>"。使用硬回车划分段落后，段落与段落之间会产生一个空行间距。如果希望文本换行后不产生段落间距，可以采取插入换行符的方法。插入换行符可以在主菜单中选择【插入】/【HTML】/【特殊字符】/【换行符】命令，也可以按 Shift+Enter 组合键。其 HTML 标签是"
"。使用换行符只能使文本换行，但这不等于重新开始一个段落，只有按 Enter 键才是重新开始一个段落。

如果以 CSS 样式的方式设置了一个段落的字体、大小和颜色属性，按 Enter 键后下一段文本会继承这一属性。如果要取消这一属性，需要在【属性】面板的【样式】下拉列表中选择"无"。

通过【文本】/【样式】级联菜单命令可以对文本设置简单的样式，如下画线、删除线等。在【属性】面板中，单击 **B** 按钮或 _I_ 按钮也可以给文本设置粗体或斜体样式。

在【插入】工具栏中选择【文本】选项，将出现【文本】工具栏，如图 3-15 所示。【文本】工具栏的最后一项为字符按钮，单击该按钮将出现字符下拉列表，如图 3-16 所示，其中所列符号都可以通过选择相应选项插入到文本中。选择【其他字符】选项，将打开【插入其他字符】对话框，如图 3-17 所示，可以从中选择插入一些特殊符号。插入特殊字符也可以通过【插入记录】/【HTML】/【特殊字符】级联菜单命令进行。

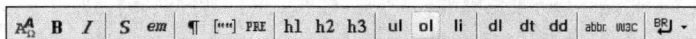

图3-15 【文本】工具栏

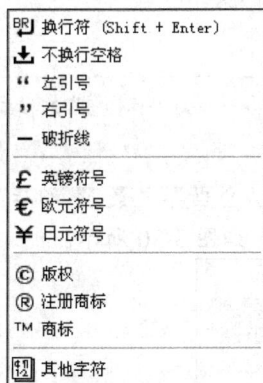

图3-16 字符列表　　　　　图3-17 【插入其他字符】对话框

课堂练习

文本编排如图 3-18 所示，要求如下。

（1）将页面默认字体设置为"宋体"，大小设置为"14像素"。

（2）将标题"天下一家观赏贴士"设置为"标题2"样式，然后使其居中对齐。

（3）将文本"上海、米兰、北京"的字体设置为"楷体"，大小设置为"16像素"，颜色设置为"#FF0000"。

（4）将正文中的3个小标题加粗显示，并添加下画线。

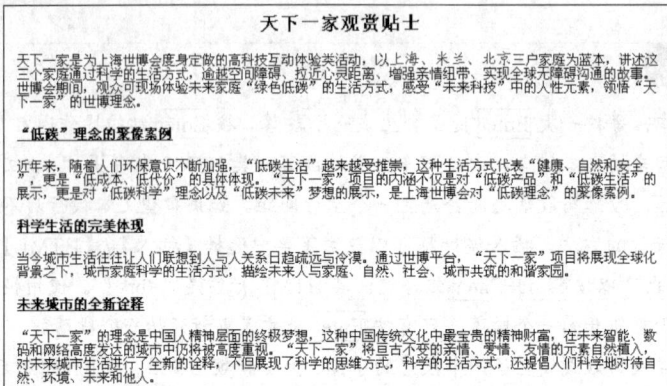

图3-18 文本编排

操作二 编排右侧正文文本

下面开始编排网页右侧栏目中的文本。

【操作步骤】

1．在网页右侧选中文档标题文本"世博会"，并在【属性】面板的【格式】下拉列表中选择"标题3"样式，然后单击 ≡ 按钮使标题文本居中显示，如图3-19所示。

图3-19 设置标题样式

> **重要提示**　这里"标题3"的样式不是默认样式，这是因为在任务一中对"标题3"的样式进行了重新定义。

2．将光标定位在文本"已有 11 项纪录入选中国世界记录协会世界之最。"的后面，按 Enter 键使文本分段，然后按照同样的方法对其他文本进行分段，如图3-20所示。

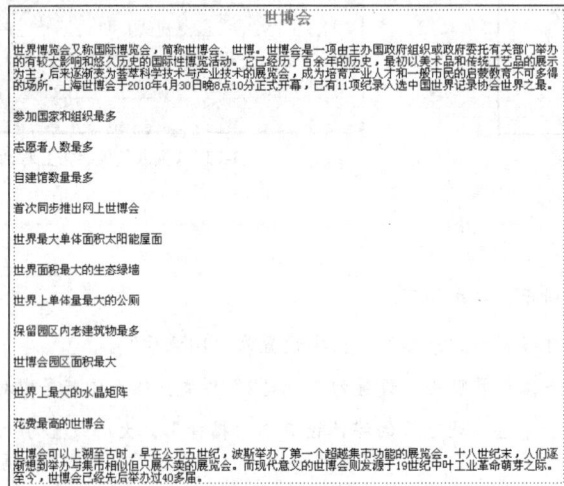

图3-20 划分段落

3. 分别将光标定位在第一段和最后一段的开头，然后连续按 4 次空格键，使文本首行空出两个汉字的位置。

4. 选中第一段和最后一段中间的所有文本，并在【属性】面板中单击 ⊟ 按钮使文本按照项目列表方式排列，如图 3-21 所示。

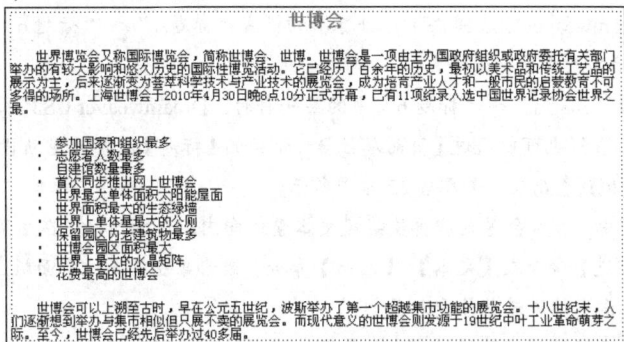

图3-21　项目列表

5. 选中所有正文文本，然后在【属性】面板中单击两次 ⊟ 按钮使所选择的文本缩进两次，如图 3-22 所示。

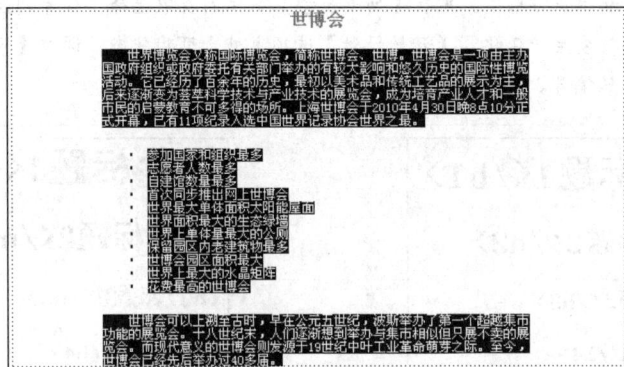

图3-22　文本缩进

6. 将光标定位在最后一段文本的后面，然后在主菜单中选择【插入记录】/【HTML】/【水平线】命令，在文档中插入一条水平线。

如果对插入的水平线不满意，可以通过【属性】面板对其进行修改。

7. 选中水平线，在【属性】面板中将其高度设置为"5"，没有"阴影"效果，如图 3-23 所示。

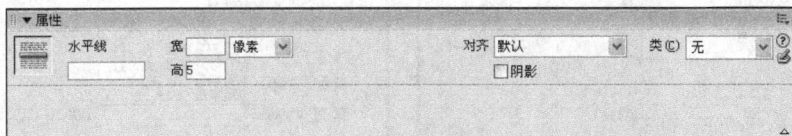

图3-23　修改水平线属性

8. 将光标定位在水平线后面，然后按 Enter 键，接着输入文本"供稿：XXX"，如图 3-24 所示。

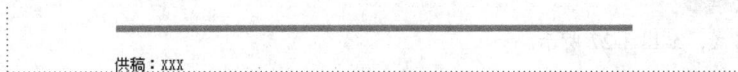

图3-24　输入文本

至此，网页右侧栏目的文本就编排完了。

知识链接

在设计网页时，一般都会加入一个或多个文档标题，用来对页面内容进行概括或分类。为了使文档标题醒目，Dreamweaver CS3 提供了 6 种标准的样式"标题1"～"标题6"，可以在【属性】面板的【格式】下拉列表中进行选择。

当将标题设置为"标题1"～"标题6"中的某一种时，Dreamweaver CS3 会按其默认设置显示，如图 3-25 左图所示。当然也可以通过【页面属性】对话框的【标题】分类来重新设置"标题1"～"标题6"的字体、大小和颜色属性，如图 3-25 右图所示。

在文档排版过程中，有时会遇到需要使某段文本整体向内缩进的情况。在主菜单或右键快捷菜单中选择【文本】/【缩进】命令或【文本】/【凸出】命令，或者单击【属性】面板上的 按钮或 按钮，可以使段落整体向内缩进或整体向外凸出。

列表是一种简单而实用的段落排列方式，最经常使用的两种列表是项目列表和编号列表。通过选择【文本】/【列表】/【属性】命令打开【列表属性】对话框可以对列表的样式进行更改，如图 3-26 所示。当在【列表类型】下拉列表中选择"项目列表"时，对应的【样式】下拉列表中的选项有"默认"、"项目符号"和"正方形"。当在【列表类型】下拉列表中选择"编号列表"时，对应的【样式】下拉列表中的选项发生了变化，【开始计数】选项也处于可用状态，通过【开始计数】选项，可以设置编号列表的起始编号。

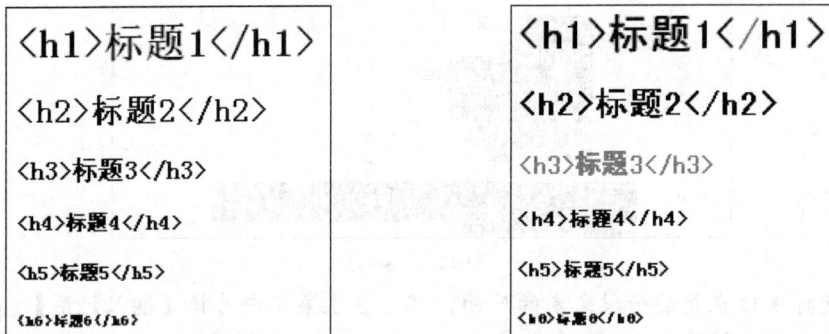

图3-25　"标题1"～"标题6"

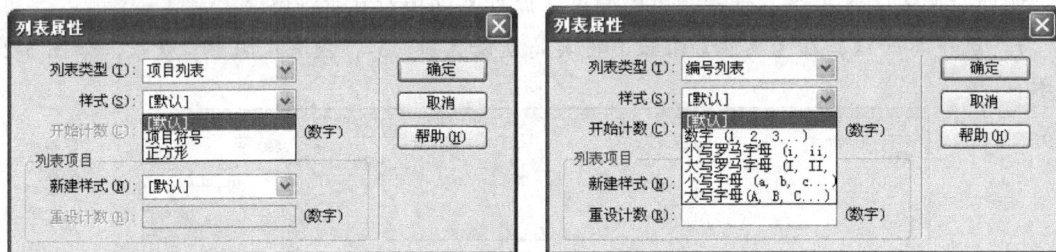

图3-26　【列表属性】对话框

课堂练习

编排文档格式，如图 3-27 所示。

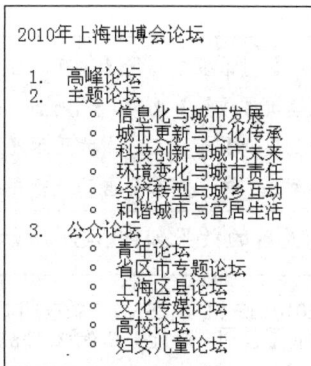

2010年上海世博会论坛

1. 高峰论坛
2. 主题论坛
   ○ 信息化与城市发展
   ○ 城市更新与文化传承
   ○ 科技创新与城市未来
   ○ 环境变化与城市责任
   ○ 经济转型与城乡互动
   ○ 和谐城市与宜居生活
3. 公众论坛
   ○ 青年论坛
   ○ 省区市专题论坛
   ○ 上海区县论坛
   ○ 文化传媒论坛
   ○ 高校论坛
   ○ 妇女儿童论坛

图3-27 列表嵌套的应用

任务四 编排页脚文本

本任务主要是对网页页脚部分的文本进行编排，涉及的知识点有插入日期的方法等。

【操作步骤】

1. 将光标定位在页脚"更新日期:"文本的后面，然后在主菜单中选择【插入记录】/【日期】命令，打开【插入日期】对话框。

2. 在【日期格式】中选择"1974-03-07"，并勾选【储存时自动更新】复选框，如图3-28所示。

3. 设置完毕后，单击 确定 按钮，效果如图3-29所示。

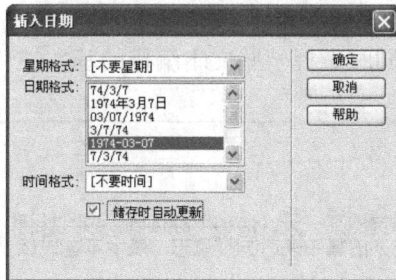

图3-28 【插入日期】对话框

更新日期: 2010-05-31   版权所:世博会
技术支持:世博会技术有限公司 地址:xxx市xxx路xxx号 邮编:xxxxxx

图3-29 插入的日期

4. 如果对日期格式不满意，可以单击插入的日期，显示日期的【属性】面板，然后单击 编辑日期格式 按钮，打开【插入日期】对话框进行重新设置，如图3-30所示。

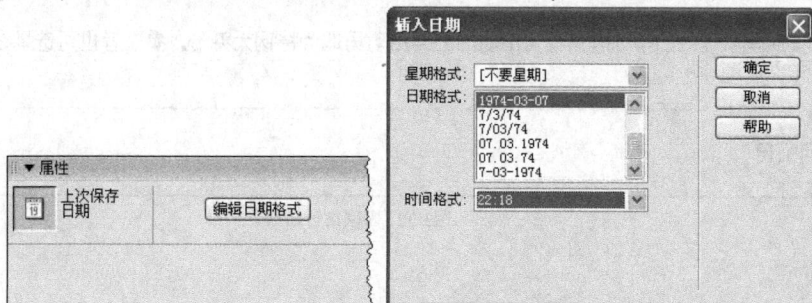

图3-30 重新设置日期格式

重要提示

只有在【插入日期】对话框中勾选【储存时自动更新】复选框的前提下，才能够做到单击日期显示日期编辑【属性】面板，否则插入的日期仅仅是一段文本而已。另外，只有第1次打开【插入日期】对话框时，才显示【储存时自动更新】复选框。以后每次对网页进行更新或修改时，该日期都会自动进行更新。

5. 单击 确定 按钮，重新设置后的效果如图 3-31 所示。

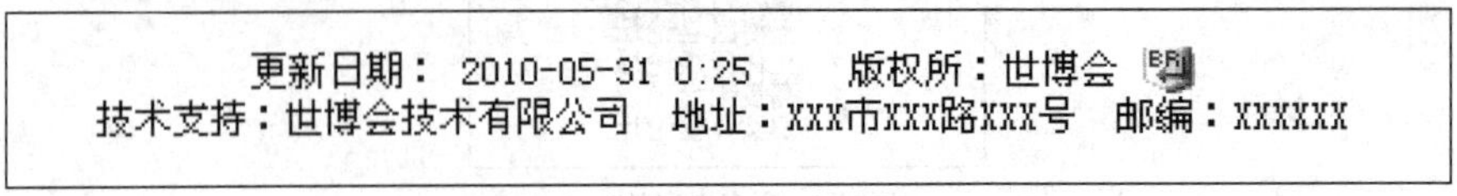

| 更新日期： 2010-05-31 0:25 | 版权所：世博会 |
| 技术支持：世博会技术有限公司 | 地址：XXX市XXX路XXX号 | 邮编：XXXXXX |

图3-31 重新设置后的日期格式

6. 最后在主菜单中选择【文件】/【保存】命令保存文件。

课堂练习

（1）新建两个文档并插入日期，一个勾选【储存时自动更新】复选框，另一个不勾选【储存时自动更新】复选框，然后分别保存。

（2）稍过一段时间后，对这两个文档的内容分别进行修改并保存，然后比较这两个文档的日期有什么变化。

实训　设置"国家馆日活动"的文档格式

本实训将对编排网页文本的基本知识加以巩固，同时掌握一些文本编排的基本技巧和基本操作。本实训完成后的具体效果如图 3-32 所示。

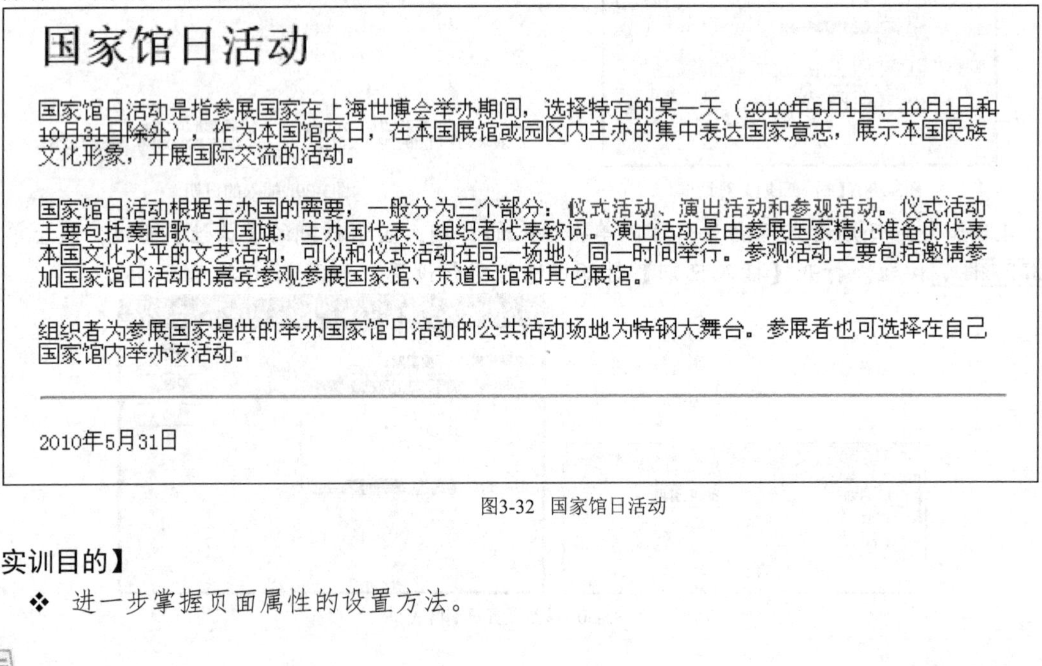

国家馆日活动

国家馆日活动是指参展国家在上海世博会举办期间，选择特定的某一天（2010年5月1日、10月1日和10月31日除外），作为本国馆庆日，在本国展馆或园区内主办的集中表达国家意志，展示本国民族文化形象，开展国际交流的活动。

国家馆日活动根据主办国的需要，一般分为三个部分：仪式活动、演出活动和参观活动。仪式活动主要包括奏国歌、升国旗，主办国代表、组织者代表致词。演出活动是由参展国家精心准备的代表本国文化水平的文艺活动，可以和仪式活动在同一场地、同一时间举行。参观活动主要包括邀请参加国家馆日活动的嘉宾参观参展国家馆、东道国馆和其它展馆。

组织者为参展国家提供的举办国家馆日活动的公共活动场地为特钢大舞台。参展者也可选择在自己国家馆内举办该活动。

2010年5月31日

图3-32 国家馆日活动

【实训目的】

❖ 进一步掌握页面属性的设置方法。

❖　进一步掌握标题和字体的设置方法。

❖　进一步掌握列表和文本缩进的应用。

❖　进一步掌握插入水平线和日期的方法。

【操作步骤】

1. 打开实训素材文件"shixun.html"，然后设置页面属性：设置页面字体为"宋体"，文本大小为"14 像素"，页边距全部为"10"，浏览器标题栏显示的标题为"国家馆日活动"。

2. 将文档标题"国家馆日活动"格式设置为"标题 1"样式。

3. 为正文第一段括号内的文本"2010 年 5 月 1 日、10 月 1 日和 10 月 31 日除外"添加删除线。

4. 将正文第二段中"仪式活动、演出活动和参观活动"的字体设置为"黑体"，颜色设置为"#FF0000"。

5. 将所有文本进行一次缩进显示。

6. 在正文后插入一条水平线。

7. 在水平线下面插入日期，设置日期格式为"1974 年 3 月 7 日"，勾选【储存时自动更新】复选框。

8. 保存文件。

小结

Dreamweaver CS3 是"所见即所得"式的网页编辑器，插入文本非常方便，既可以直接在 Dreamweaver CS3 文档窗口中输入文本，也可以将 Word 等文档中的文本复制粘贴到 Dreamweaver CS3 文档窗口中，还可以通过在主菜单中选择【文件】/【导入】命令进行导入。由于本项目的重点是介绍在 Dreamweaver CS3 中对网页文本进行编排的基本方法，所以对文本的复制、粘贴和导入方法没有单独介绍，只是在项目实训中涉及，所以希望读者在课下能够自行学习。通过对本项目内容的学习，读者能够对网页文本编排的基本知识和方法有更进一步地认识和理解。

习题

一、问答题

1. 通过【页面属性】对话框和【属性】面板都可以设置文本的字体、大小和颜色，它们有何差异？

2. 常用的列表类型有哪些？

二、操作题

编排"上海 2010"文档格式，如图 3-33 所示。

上海2010

《上海2010》是2010年上海世界博览会唯一授权拍摄的官方电影，更是世博会历史上首部官方电影。从1851年首届英国伦敦世博会至2010年中国上海世博会，世博会的历史将跨越159个年头，因此我们将影片设定为159分钟，其中上部79分钟，下部80分钟。我们将以2010年上海世界博览会的筹备和举办作为拍摄主体，并将在全球范围进行展映和播放，还将在之后用作市场发行、全球性限量收藏等多方用途。

2010年，人类将在不懈努力的进程中稍息片刻，将整个世界带到一个特定的区域，反思匆匆走过的一段历程，总结过去、凝聚力量。

- 这是一次不同文化共同检视进步成果的盛会——世界博览会。
- 这是一个人口最稠密国家中，经历着最快速成长的动态城市——上海。
- 这是一场占世界25%的人口与另外75%人口的对话——《上海2010》。

《上海2010》将以上海世博会的举办为核心事件，围绕世界各国和国际组织的参展进程，中国上海迎接世博会到来而呈现的崭新面貌，讲述博览会内外的动人故事，纪录不同人群在"城市，让生活更美好"的主题下，为改善人类未来生活进行的创造和努力。

图3-33　编排文档格式

项目四　编排旅游网页

网页中的图像和媒体，不仅可使页面更加美观，而且可以更好地配合文本传递信息。本项目以旅游网页为例，介绍有关图像和媒体的基本知识及其在网页中的应用。通过本项目的学习，读者可学会在网页中应用图像和媒体的基本技能。

项目背景

随着网络技术的飞速发展，规模大小不等的各类旅游网站应运而生。如果想外出旅游，只要上网就可以查询到各种各样的旅游信息。甚至，人们可以足不出户，通过网络观看世界各地的风景，包括图片、视频等。这不能不让人们感慨，因特网提供的旅游信息太丰富了。正是基于此背景，本项目选择以旅游为主题来学习在网页中插入图像和媒体并进行属性设置的基本方法。本项目编排的旅游网页如图4-1所示。

图4-1　旅游网页

项目分析

本项目的主要目的是让读者学会在网页中插入图像和媒体并进行属性设置的基本方法。由于是刚开始学习网页制作，因此，本项目已经将网页的基本框架布局做好，读者只需在这些网页中插入图像和媒体并进行属性设置即可。

学习目标

★ 了解网页中常用图像的基本格式及其作用。
★ 了解插入图像占位符的方法。
★ 掌握在网页中插入图像的方法。
★ 掌握通过【属性】面板设置图像属性的方法。
★ 掌握插入 Flash 动画的方法。
★ 掌握制作网站相册的基本方法。

任务一　设置页眉

本任务主要是对网页页眉部分的图像进行设置，包括网站站标和图像占位符，涉及的知识点有图像的基本类型和作用，图像的插入方法，图像占位符的作用、插入方法及其属性设置等。

【操作步骤】

在 Dreamweaver CS3 中定义一个本地静态站点，并将本项目素材文件复制到站点根文件夹下，然后进行以下操作。

1. 打开网页文件"index.html"，将光标定位在页眉左侧的单元格内，在主菜单中选择【插入记录】/【图像】命令，打开【选择图像源文件】对话框。

> **重要提示**　也可通过在【插入】/【常用】面板的【图像】下拉菜单中单击圆按钮，或直接拖曳【插入】/【常用】面板中的圆·按钮至页面的光标处打开该对话框。

2. 通过【查找范围】下拉列表选择图像文件"logo.jpg"，如图 4-2 所示。

> **重要提示**　在【相对于】下拉列表中有"文档"和"站点根目录"两个选项，当选择"文档"时，【URL】将使用文档相对路径"images/logo.jpg"，当选择"站点根目录"时，【URL】将使用站点根目录相对路径"/images/logo.jpg"。如果勾选【预览图像】复选框，选定图像的预览图会显示在对话框的右侧。

3. 单击　确定　按钮打开【图像标签辅助功能属性】对话框，在【替换文本】下拉列表框中输入文本"站标"，如图 4-3 所示，然后单击　确定　按钮将图像插入到网页中。

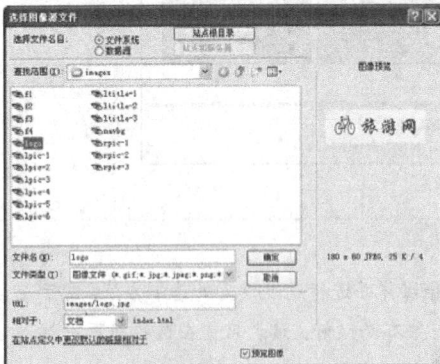

图4-2　【选择图像源文件】对话框

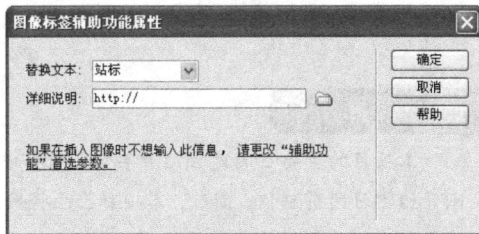

图4-3　【图像标签辅助功能属性】对话框

| 重要提示 | 如果不想在每次插入图像时出现【图像标签辅助功能属性】对话框，可在【首选参数】对话框的【辅助功能】分类中取消勾选【图像】复选框，如图4-4所示。 |

4. 将光标定位在右侧的单元格内，在主菜单中选择【插入记录】/【图像对象】/【图像占位符】命令。

| 重要提示 | 也可通过在【插入】/【常用】面板的【图像】下拉菜单中单击■按钮打开【图像占位符】对话框。 |

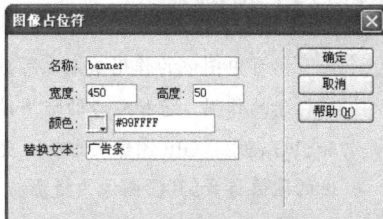

5. 在【图像占位符】对话框的【名称】文本框中输入"banner"，在【宽度】文本框中输入"450"，在【高度】文本框中输入"50"，在【颜色】文本框中输入"#99FFFF"，在【替换文本】文本框中输入"广告条"，然后单击 确定 按钮，如图4-5所示。

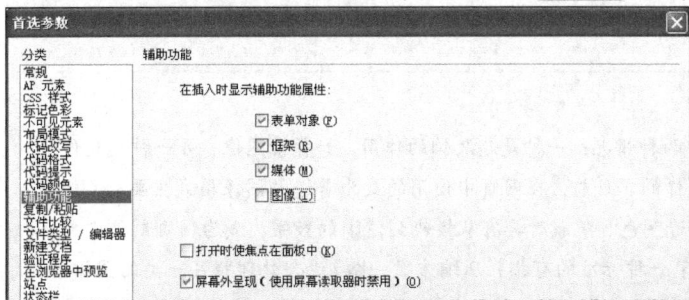

图4-4　【首选参数】对话框的【辅助功能】分类　　　　　图4-5　【图像占位符】对话框

| 重要提示 | 在【名称】文本框中不能输入中文，可以是字母和数字的组合，但不能以数字开头。 |

6. 确认插入的图像占位符处于被选中状态，然后在【属性】面板中单击■按钮使其位于单元格的中间，如图4-6所示。

图4-6　设置图像占位符居中对齐

| 重要提示 | 如果对插入的图像占位符不满意，可以通过【属性】面板对其进行修改，如图像的宽度、高度、颜色、替换文本及名称等。

图像占位符只是作为临时代替图像的符号，在设计阶段使用的占位工具之一。在发布站点之前，可通过【属性】面板图像占位符的【源文件】属性设置实际需要的图像文件，这时【图像占位符】将自动变成图像。 |

7. 将光标定位在网站站标下面的表格单元格内，单击【背景】文本框后面的□按钮，打开【选择图像源文件】对话框，选择图像文件"navbg.gif"，如图4-7所示。

图4-7 设置图像占位符居中对齐

8. 选择【文件】/【保存】命令保存文件。

> **重要提示**
>
> 在制作网页的过程中，要养成随时保存文件的好习惯，防止发生意外导致制作的文件因没有保存而丢失。

知识链接

网页中图像的作用基本上可分为两种情况：一种是起装饰的作用，如背景图像；另一种是起传递信息的作用，它和文本的作用是一样的。目前，在网页中使用的最为普遍的图像格式主要是 GIF和 JPG。由于 GIF 图像文件小、支持透明色、下载时具有从模糊到清晰的效果，成为网页制作中首选的图像格式。JPG 图像为摄影提供了一种标准的有损耗压缩方案，比较适合处理照片一类的图像。

网站站标是网站的图形标志，通常放在网站首页或每个网页左上角的位置。平常所说的 Logo 也是网站的图形标志，主要是供其他网站建立友情链接使用的。网站的站标在内容和大小上可以与 Logo相同，也可以不同。网站的站标在大小设置上（一般为"150 像素×60 像素"）要比 Logo 自由一些，Logo 的大小要遵循统一的规格，因为它是供其他网站做链接使用的。Logo 的规格通常有 3 种：88像素×31 像素、120 像素×60 像素和 120 像素×90 像素，其中 88 像素×31 像素的 Logo 是最普遍的。

许多网站在页眉部分通常还有公益性或商业性的广告，平时所说的 Banner（中文意思是旗帜、横幅或标语），又称为网络广告，即属于此。从表现形式上，Banner 可以是静态的 GIF 图片，也可以是使用多帧图像做成的动画。

课堂练习

请分别使用以下 3 种方式在文档窗口中依次插入 3 幅图像，插入图像后的效果如图 4-8 所示。

❖ 在主菜单中选择【插入】/【图像】命令。

❖ 在【插入】/【常用】面板的【图像】下拉菜单中单击🖼按钮。

❖ 在【文件】/【文件】面板中用鼠标选中文件，然后拖到文档中。

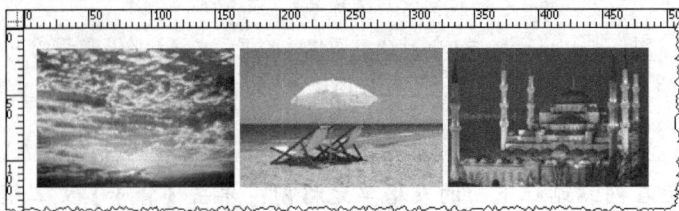

图4-8 在文档中插入图像

任务二　设置主体部分

本任务主要是对贺卡网页主体部分的图像和 Flash 动画进行设置，涉及的知识点有图像属性参数设置，如图像大小、替换文本、垂直边距和水平边距、图像边框以及插入 Flash 动画的方法等。

操作一　编排左侧栏目

本操作主要是编排左侧栏目中的图像。

【操作步骤】

1. 将光标定位在左侧栏目"迷人之城"上面的单元格内，然后在主菜单中选择【插入记录】/【图像】命令，将图像文件"lpic-1.jpg"插入到单元格内，其【属性】面板如图 4-9 所示。

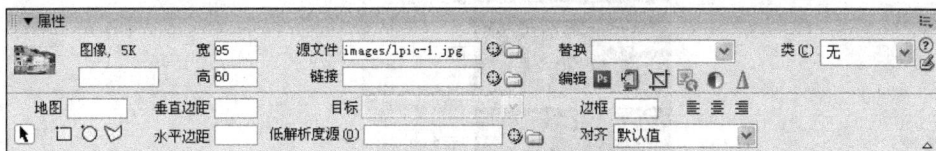

图4-9　图像【属性】面板

> **重要提示**
>
> 　　在【属性】面板的【宽】和【高】文本框中显示了刚刚插入图像的原始宽度和高度，在【源文件】文本框中显示了图像的地址。可以通过单击【源文件】文本框后面的□按钮打开【选择图像源文件】对话框，或将文本框后面的⊛图标拖曳到【文件】面板中需要的图像文件上松开鼠标来重新定义源文件。

2. 将光标定位在"亲水圣地"上面的单元格内，然后将图像文件"lpic-2.jpg"插入到单元格内，如图 4-10 所示。

3. 将光标定位在"九寨沟"左侧的单元格内，然后将图像文件"lpic-3.jpg"插入到单元格内，其【属性】面板如图 4-11 所示。

图4-10　插入图像

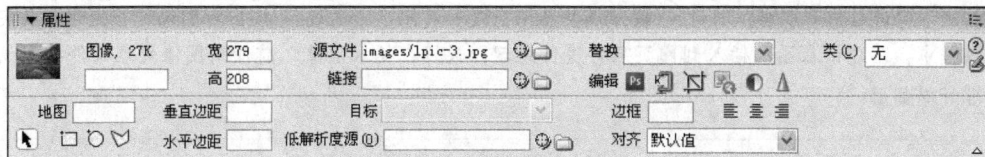

图4-11　图像【属性】面板

4. 确认图像处于被选中状态，然后在图像【属性】面板的【宽】和【高】文本框中分别输入"140"和"50"，如图 4-12 所示。

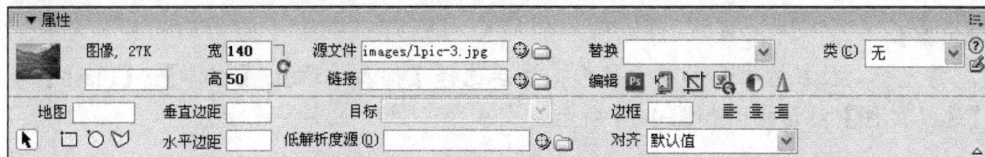

图4-12　设置图像显示大小

> **重要提示** 在【属性】面板中输入宽度和高度只是改变了图像的显示尺寸，单击其后面的 ↻ 图标将恢复图像的原始大小，然后可重新进行定义。

5. 接着在图像【属性】面板的【替换】文本框中输入文本"九寨沟"。

> **重要提示** 替换文本的作用是，当由于网速或者其他原因导致图像不能立即显示时，替换文本就可以优先显示出来，让用户知道该处的大致内容以决定是否等待。

6. 运用同样的方法在"丽江古城"、"云台山"、"鼓浪屿"左侧的单元格内分别插入图像"lpic-4.jpg"、"lpic-5.jpg"、"lpic-6.jpg"，如图 4-13 所示。

图4-13 插入图像

7. 选择【文件】/【保存】命令保存文件。

> **知识链接**
>
> 在图像【属性】面板的【图像】文本框中，可以定义图像的名称，在创建图像高级 CSS 样式时将使用到图像名称。
>
> 在图像【属性】面板的【编辑】项后面有 6个按钮，其中通过 按钮调用图像处理软件对图像进行处理，通过 按钮对图像进行优化，通过 按钮对图像进行裁剪，通过 按钮对图像进行重新取样，通过 按钮调整图像亮度和对比度，通过 按钮对图像进行锐化。在实际操作中，不建议在图像插入到网页后再进行处理，最好在插入图像之前使用图像处理软件将图像处理好以备用。

操作二 编排右侧栏目

本操作主要是编排右侧栏目中的 Flash 动画和图像。

【操作步骤】

1. 将光标定位在右上角的单元格内，然后选择【插入记录】/【媒体】/【Flash】命令，打开【选择文件】对话框，如图 4-14 所示。

图4-14 【选择文件】对话框

> **重要提示**
>
> 　　也可通过在【插入】/【常用】面板的【媒体】下拉菜单中单击 按钮打开【选择文件】对话框。

2. 选择 Flash 动画文件 "city.swf"，然后单击 确定 按钮插入 Flash 动画，如图 4-15 所示。

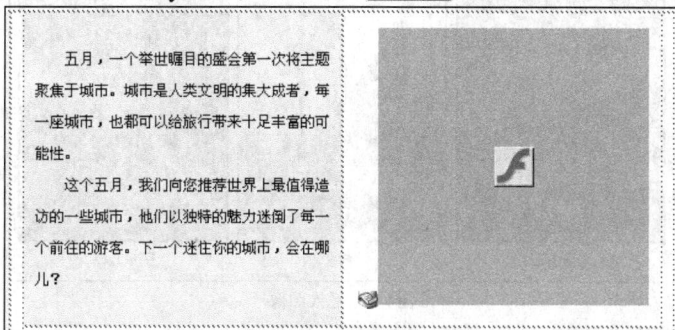

图4-15 插入 Flash 动画

> **重要提示**
>
> 　　Flash 动画【属性】面板如图 4-16 所示，同时勾选【循环】和【自动播放】复选框，在浏览器加载网页后将自动循环播放 Flash 动画。在【属性】面板中单击 ▶ 播放 按钮可以在网页编辑窗口中播放 Flash 动画，单击 ■ 停止 按钮停止播放动画。

图4-16 Flash 动画【属性】面板

> **重要提示**
>
> 　　如果文档中包含两个以上的 Flash 动画，在预览所有的 Flash 动画时，按 Ctrl＋Alt＋Shift＋P 组合键，将播放所有的 Flash 动画。
>
> 　　通过【插入】/【媒体】菜单可以插入 Flash 动画、Flash 文本、Flash 按钮、Flash 视频、图像查看器、ActiveX 等。

3．在文本"大马士革"上面的单元格内插入图像文件"rpic-1.jpg"，在【属性】面板中设置其垂直边距和水平边距均为"0"，边框为"2"，如图4-17所示。

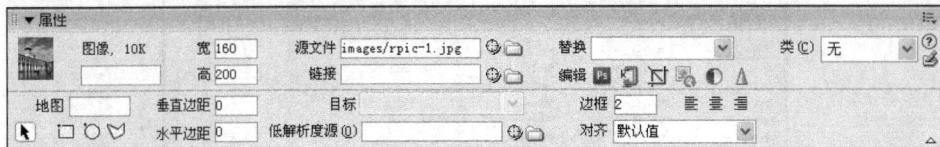

图4-17　设置图像属性

知识链接

❖　【垂直边距】：设置图像在垂直方向与文本或其他页面元素的间距。

❖　【水平边距】：设置图像在水平方向与文本或其他页面元素的间距。

❖　【边框】：设置图像边框的宽度。

4．运用同样的方法在文本"华沙"、"空中之城"上面的单元格内分别插入图像"rpic-2.jpg"和"rpic-3.jpg"，并进行同样的属性设置，如图4-18所示。

大马士革　　　　　　华沙　　　　　　空中之城

图4-18　插入图像

5．最后在主菜单中选择【文件】/【保存】命令保存文件。

知识链接

在网页中，经常出现文本和图像混排的现象。在学习表格等网页布局技术之前，如何做到这一点呢？这就需要用到【属性】面板的【对齐】选项，【对齐】选项调整的是图像周围的文本或其他对象与图像的位置关系。在【对齐】下拉列表中共有10个选项，其中经常用到的是"左对齐"和"右对齐"两个选项。另外，使用【对齐】下拉列表中的选项和使用【属性】面板上的 ≡ ≡ ≡ 3个对齐按钮是不一样的。前者直接作用于图像标记"<IMG>"，后者直接作用于段落标记"<P>"或布局标记"<DIV>"。在实际效果上也是不一样的，读者可以亲自尝试看看其结果的异同。

使用Dreamweaver CS3主菜单中的【命令】/【创建网站相册】命令，还可以创建网站相册。这一命令通过JavaScript调用Fireworks来处理一系列图像，自动为图像文件创建缩略图，并完成缩略图与大图的链接。在使用这个命令之前，需要确认系统已安装Fireworks，图像文件在一个文件夹下，图像文件为GIF或JPEG格式。这些条件都具备，就可以开始创建工作了。

在网页制作中，媒体也是经常使用的，这里所说的媒体主要包括Flash、图像查看器、Flash文本、Flash按钮、FlashPaper、Flash视频、Shockwave、Applet、ActiveX、插件等。其中最为常用的是Flash动画，因此，本项目对在网页中插入Flash动画的方法进行了介绍，有兴趣的读者可以自行研究其他媒体的使用方法。

课堂练习

请在图 4-19 所示的第 1 段文本前面插入图像文件 "emeishan.jpg"，在【属性】面板中，设置图像水平边距为 "10"，图像与周围文本对齐方式为 "左对齐"。

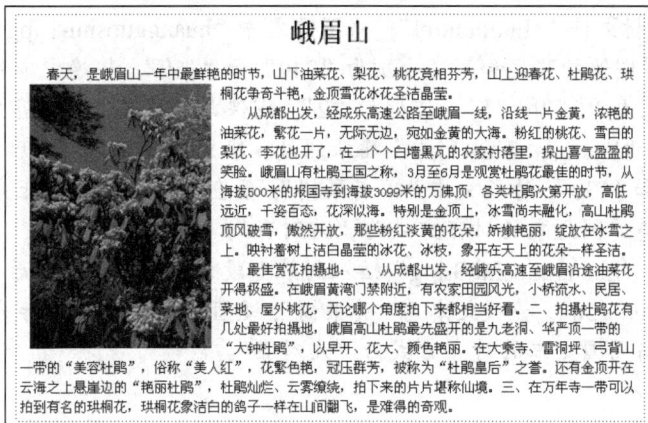

图4-19 图文混排

实训 编排"黄果树瀑布"网页

本实训将对插入和设置图像的基本知识加以巩固，同时强化图文混排的基本技能，如图 4-20 所示。

图4-20 图文混排

【实训目的】

❖ 进一步掌握在网页中插入图像的方法。

❖ 进一步掌握设置图像属性的方法。

❖ 进一步掌握图文混排的方法。

【操作步骤】

1. 打开实训素材文件"shixun.html"，将图像文件"huangguoshu-1.jpg"插入到第 1 段文本的前面，然后设置图像的宽度和高度分别为"240"和"150"，替换文本为"黄果树"，垂直边距和水平边距分别为"0"和"5"，边框为"2"，图像与周围文本的对齐方式为"左对齐"。

2. 将图像文件"huangguoshu-2.jpg"插入到第 3 段文本的前面，然后设置图像的宽度和高度分别为"160"和"130"，替换文本为"黄果树"，垂直边距和水平边距分别为"0"和"5"，边框为"2"，图像与周围文本的对齐方式为"右对齐"。

3. 将图像文件"huangguoshu-3.jpg"插入到第 1 段文本的前面，然后设置图像的宽度和高度分别为"240"和"150"，替换文本为"黄果树"，垂直边距和水平边距分别为"0"和"5"，边框为"2"，图像与周围文本的对齐方式为"左对齐"。

小结

本项目主要介绍了图像在网页中的应用和设置方法，概括为以下几点。

❖ 图像的基本类型和作用。

❖ 在网页中插入图像的方法。

❖ 通过【属性】面板设置图像属性的方法。

❖ 在网页中插入 Flash 动画的方法。

通过对这些内容的学习，希望读者能够掌握图像和 Flash 动画在网页中的具体应用及其属性设置的基本方法。

习题

一、 问答题

1. 网页中常用的图像格式有哪些？

2. 图像占位符的作用是什么？它和直接插入图像有何异同？

3. 就本项目所学知识，简要说明实现图文混排的方法。

二、 操作题

编排"巴音布鲁克草原"文档，制作后的效果如图 4-21 所示。

巴音布鲁克草原

　　巴音布鲁克位于天山山脉中部的山间盆地中，四周为雪山环抱，是新疆最重要的畜牧业基地之一。水源补给以冰雪溶水和降雨混合为主，部分地区有地下水补给，形成了大量的沼泽草地和湖泊。巴音布鲁克蒙古语意为"富饶的泉水"。远在2600年前，这里即有姑师人活动。1771年，土尔扈特、和硕特等蒙部，在渥巴锡的率领下，从俄国伏尔加河流域举义东归，清政府特赐水草肥美之地给他们，将他们安置在巴音布鲁克草原和开都河流域定居。

　　巴音布鲁克草原位于和静县西北，伊犁谷底东南，中部天山南麓，海拔约2500米，面积约2.3万平方公里，是典型的禾草草甸草原，也是天山南麓最肥美的夏牧场。巴音布鲁克草原东西长270公里，南北宽136公里，四周山体海拔在3000米以上。巴音布鲁克草原居住着蒙、汉、藏、哈等9个民族，民族风情灿烂多彩，一年一度的草原那达慕盛会，赛马、射箭等比赛活动更让游人留恋忘返。

　　著名的天鹅湖就坐落在草原上，天鹅湖实际上是由众多相互串联的小湖组成的大面积沼泽地。这里水草丰茂，气候湿爽，风光旖旎，栖息着我国最大的野生天鹅种群。清晨，当远处的蒙古包升起袅袅炊烟的时候，大大小小的天鹅们，有的开始休憩，有的开始觅食，有的展翅掠出湖面，飞过马背、羊群和蒙古包，在远方的山谷里盘旋。太阳升起的时候，雪山的倒影渐渐清晰起来，野鸭、百灵、云雀等水鸟在湖面上掀起了热闹的"鸟语大合唱"，而休息的天鹅数量越来越多。天鹅睡觉的姿势也卓尔不凡，它们将颈插于翅下，或卧于地面，或单腿立于草丛，或飘浮于水面。傍晚是天鹅觅食的高峰期。这时，天鹅们都在湖里跳起了精美绝伦的"水中芭蕾"。它们时而倒立，身体几乎垂直地伸入水面；时而捕捉漂浮的草茎，脖颈来回转动；时而蹲入草丛，搜寻细嫩的小草叶。天鹅硕长的脖颈使它拥有优雅的体态，觅食时，它的脖颈可任意弯曲扭动，划出一道道柔滑的弧线。

图4-21 设置图像属性

项目五　制作导航网页

一个网站中有很多网页，这些网页之间是互相关联的。那么在网页制作中，使用什么方法可以将这些网页关联起来呢？本项目将以导航网页为例，介绍有关超级链接的基本知识及其在网页中的应用。通过本项目的学习，读者可掌握在网页制作中设置各种超级链接的方法。

项目背景

在 Internet 上有很多综合性或专业性的导航网站，它们本身不一定向用户提供具体内容，但它们将 Internet 上的网站分门别类地进行了汇总，使用户可以很方便地通过这些网站的指引到达目的网站。在这些网站中，超级链接的作用可以说发挥得淋漓尽致。本项目以导航网页为例来学习在网页中设置超级链接的基本方法。本项目编排的导航网页如图 5-1 所示。

图5-1　名站导航网页

项目分析

本项目编排的网页页面可分为页眉、主体和页脚 3 个部分。页眉部分使用了文本超级链接和图像超级链接；主体部分使用了图像热点超级链接、鼠标经过图像超级链接、导航条超级链接和下载超级链接；页脚部分使用了电子邮件链接。本项目的页面已经预先设计好，读者只需在其中设置各种超级链接即可。

- ★ 了解超级链接的种类和作用。
- ★ 掌握文本超级链接的设置方法。
- ★ 掌握图像超级链接的设置方法。
- ★ 掌握图像热点超级链接的设置方法。
- ★ 掌握鼠标经过图像和导航条的设置方法。
- ★ 掌握下载超级链接的设置方法。
- ★ 掌握电子邮件链接的设置方法。
- ★ 掌握锚记超级链接的设置方法。

任务一 设置页眉

本任务是对网页页眉部分的超级链接进行设置，包括文本超级链接和图像超级链接，它们是比较常用的超级链接形式。

操作一 设置文本链接

用文本做链接载体就是文本超级链接，它是最常见的超级链接类型。创建文本超级链接比较常用的方式主要有两种，一种是在【超级链接】对话框中设置超级链接，另一种是在【属性】面板中创建超级链接。对于文本超级链接，还可以通过【页面属性】对话框设置文本的颜色、下画线等样式。

【操作步骤】

在 Dreamweaver CS3 中定义一个本地静态站点，并将本项目素材文件复制到站点根文件夹下，然后进行以下操作。

1. 打开网页文件"index.html"，选中文本"网易"，然后在主菜单中选择【插入记录】/【超级链接】命令（或在【插入】/【常用】面板中单击██按钮），打开【超级链接】对话框。

> **重要提示**
>
> 此时，在【超级链接】对话框的【文本】文本框中自动出现了文本"网易"，如果没有提前输入文本，也可以在文本框中直接输入。

2. 在【超级链接】对话框的【链接】下拉列表框中输入绝对地址"http://www.163.com"，在【目标】下拉列表中选择"_blank"选项，在【标题】文本框中输入当鼠标经过链接时的提示信息"网易"，如图 5-2 所示。

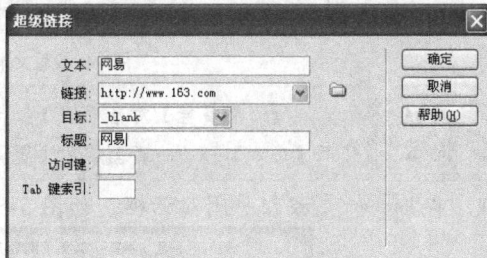

图5-2 【超级链接】对话框

可以通过【访问键】选项设置链接的快捷键，也就是同时按下 Alt 键和 26 个字母键中的一个将焦点切换至文本链接，还可以通过【Tab 键索引】选项设置 Tab 键切换顺序。

3. 单击 确定 按钮关闭对话框，"网易"超级链接设置完毕。

4. 选中文本"搜狐"，在【属性】面板的【链接】下拉列表中输入"http://www.sohu.com"，在【目标】下拉列表中选择"_blank"，如图 5-3 所示。

图5-3 通过【属性】面板设置超级链接

如果链接目标是网站内的某个文件，也可以将【链接】下拉列表框右侧的图标拖曳到【文件】面板中的该文件上，即可建立到该文件的链接。

在【目标】下拉列表中共有 4 个选项："_blank"表示打开一个新的浏览器窗口；"_parent"表示回到上一级的浏览器窗口；"_self"表示在当前的浏览器窗口；"_top"表示回到最顶端的浏览器窗口。

下面通过【页面属性】对话框设置文本超级链接的状态。

5. 在主菜单中选择【修改】/【页面属性】命令（或在【属性】面板中单击 页面属性… 按钮），打开【页面属性】对话框，切换至【链接】分类。

6. 在【链接颜色】文本框中输入颜色代码"#000000"（也可单击右侧的图标，打开调色板，选择适合的颜色）。

7. 用相同的方法为【已访问链接】和【活动链接】设置颜色"#000000"，为【变换图像链接】设置颜色"#FF0000"。

8. 在【下划线样式】下拉列表中选择"仅在变换图像时显示下划线"选项，如图 5-4 所示。

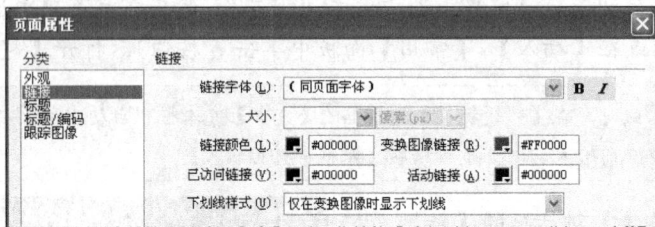

图5-4 设置文本超级链接状态

在【页面属性】对话框的【链接】分类中，也可以设置超级链接的字体和大小，为了同【外观】分类中页面字体设置保持一致，这里不再进行设置。

9. 单击 确定 按钮关闭对话框，如图 5-5 所示。

图5-5 文本超级链接状态

操作二　设置图像链接

给图像添加链接，使其可以指向其他的网页或者文档，这就是图像超级链接。本操作将通过图像【属性】面板来设置页眉中的图像超级链接。

【操作步骤】

1. 选中标有"新闻"字样的图像文件"tu-1.jpg"，然后在【属性】面板中单击【链接】文本框后面的 按钮，打开【选择文件】对话框。

2. 选中目标文件"xinwen.html"，如图 5-6 所示，单击 确定 按钮关闭对话框。

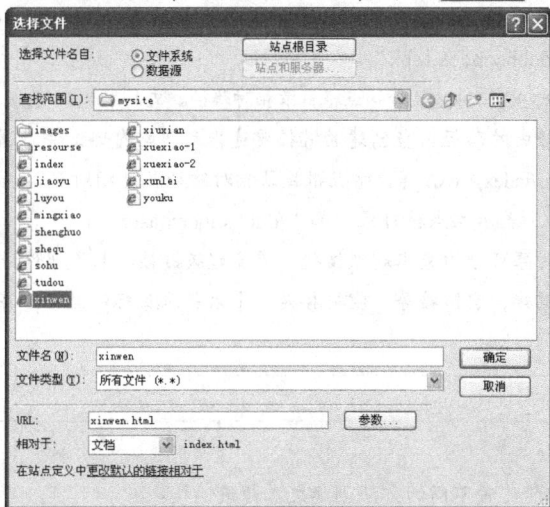

图5-6　【选择文件】对话框

知识链接

【相对于】下拉列表中有"文档"和"站点根目录"两个选项。

❖　如果选择"文档"选项，将使用文档相对路径来链接，省略与当前文档 URL 相同的部分。文档相对路径的链接标志是以"../"开头或者直接是文档名称、文件夹名称，参照物为当前使用的文档。如果在还没有命名保存的新文档中使用文档相对路径，那么 Dreamweaver CS3 将临时使用一个以"file://"开头的绝对路径。通常，当网页是静态网页，不包含应用程序，且文档中不包含多重参照路径时，建议选择文档相对路径。因为这些网页可能在光盘或者不同的计算机中直接被浏览，文档之间需要保持紧密的联系，只有文档相对路径能做到这一点。

❖　如果选择【站点根目录】选项，那么此时使用站点根目录相对路径来链接，即从站点根文件夹到文档所经过的路径。站点根目录相对路径的链接标志是首字符"/"，它以站点的根目录为参照物，与当前的文档无关。通常当网页包含应用程序，文档中包含复杂链接及使用多重的路径参照时，需要使用站点根目录相对路径。

3. 在【属性】面板的【目标】下拉列表中选择"_blank"选项。

4. 在【属性】面板的【替换】文本框中输入"新闻"，如图 5-7 所示。

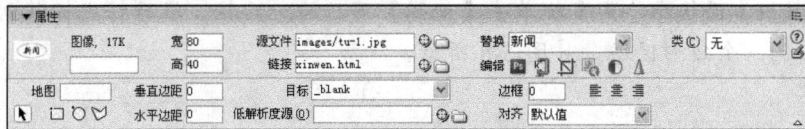

图5-7　设置图像超级链接

5. 保存网页。

知识链接

超级链接由网页上的文本、图像等元素，赋予了可以链接到其他网页的 Web 地址而形成，让网页之间形成一种互相关联的关系。正是因为有大量的超级链接存在，互联网才形成了一个内容详实丰富的立体结构。超级链接根据路径可分为两种类型。

（1）绝对路径，就是某个文件在网络上的完整地址，包括所使用的传输协议、服务器名、路径、文件名等。当创建的超级链接要连接到网站以外的其他网站的某个文件时，必须使用绝对地址，如"http://www.dowebs.org/dobbs/index.aspx"。

（2）相对路径，又分文档相对路径和站点根目录相对路径。文档相对路径就是指以当前文档所在位置为起点到被链接文档经由的路径。当创建的链接要连接到网站内部文件时通常使用文档相对路径，如"index.asp"、"../dobbs/index.aspx"等。站点根目录相对路径就是指所有路径都开始于当前站点的根目录，以"/"开始，"/"表示站点根目录，如"/dobbs/index.aspx"。

超级链接根据使用对象可分为文本超级链接、图像超级链接、电子邮件链接、锚记超级链接、图像地图链接、下载超级链接、空链接等。空链接是一个未指派目标的链接，在【属性】面板【链接】文本框中输入"#"即可。

课堂练习

（1）运用本任务介绍的几种不同的方法创建文本超级链接。

（2）举例说明什么是绝对超级链接和相对超级链接。

任务二　设置网页主体

本任务是对网页主体部分的超级链接进行设置，包括图像热点（也称图像地图）、鼠标经过图像、导航条、下载超级链接等，其中鼠标经过图像和导航条是基于图像的比较特殊的链接形式，属于图像对象的范畴。

操作一　设置图像热点链接

在图像的一般链接中，一幅图像只能链接一个对象。但使用图像热点技术却可以在一幅图像上划出一个或多个区域，针对区域来设置图像链接对象。

【操作步骤】

1. 选中网页主体部分左侧栏目中的图像"xuexiao.jpg"。

2. 在【属性】面板中，用鼠标单击【地图】下面的□按钮，然后将光标移到图像上，按住鼠标左键绘制一个矩形区域，如图5-8所示。

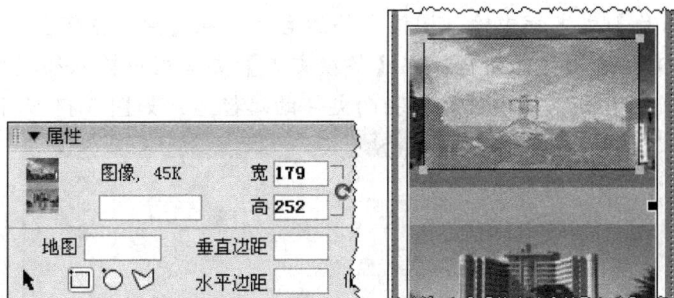

图5-8　设置矩形区域

> **重要提示**　图像地图的形状共有 3 种形式，即矩形、圆形和多边形，分别对应【属性】面板的□、○和⌵ 3 个按钮。

3. 确保已选定矩形图像地图，然后在【属性】面板中设置各项属性参数，如图 5-9 所示。

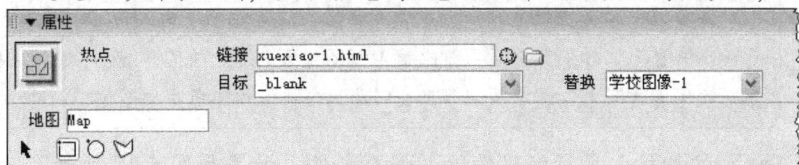

图5-9　设置图像地图的属性参数

4. 运用相同的方法设置下面图像的热点超级链接，如图 5-10 所示。

图5-10　图像地图在游览器中的效果

> **重要提示**　要编辑图像地图，可以选择【属性】面板中的 ▶（指针热点工具）按钮。该工具可以对已经创建好的图像地图进行移动、调整大小或层之间的向上、向下、向左、向右移动等操作。还可以将含有地图的图像从一个文档复制到其他文档或者复制图像中的一个或几个地图，然后将其粘贴到其他图像上，这样就将与该图像关联的地图也复制到了新文档中。

5. 保存文件。

操作二　设置鼠标经过图像

鼠标经过图像是一种特殊的超级链接，下面进行设置。

【操作步骤】

1. 将光标置于网页主体部分中间的栏目内，然后在主菜单中选择【插入记录】/【图像对像】/【鼠标经过图像】命令（或者在【插入】/【常用】面板中单击 ▣（鼠标经过图像）按钮），打开【插入鼠标经过图像】对话框。

2. 在【图像名称】文本框中输入图像文件的名称。在【原始图像】和【鼠标经过图像】右边的文本框中定义图像文件的路径。在【替换文本】文本框中输入替换文本提示信息。在【按下时，前往的URL】文本框中设置所指向文件的路径名，如图 5-11 所示。

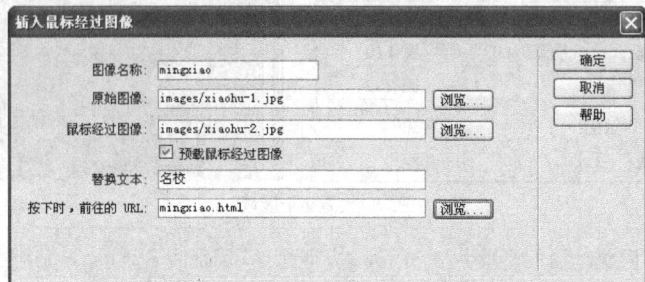

图5-11　【插入鼠标经过图像】对话框

重要提示　网页以第 1 幅图像的尺寸大小作为标准，在显示第 2 幅图像时，将按照第 1 幅的尺寸大小来显示。如果第 2 幅图像比第 1 幅图像大，那么将缩小显示；反之，则放大显示。第 2 幅图像有可能会发生失真现象，因此，在制作和选择两幅图像时，尺寸应保持一致。

3. 单击 确定 按钮插入鼠标经过图像并保存文件，效果如图 5-12 所示。

图5-12　插入鼠标经过图像

知识链接

鼠标经过图像是指在网页中，当鼠标经过或者按下按钮时，按钮的形状、颜色等属性会随之发生变化，如发光、变形或者出现阴影，使网页变得生动有趣。

鼠标经过图像有两种状态。① 原始状态：在网页中的正常显示状态。② 变换图像：当鼠标经过或者按下按钮时显示的变化图像。

操作三　设置导航条

导航条也是一种特殊的超级链接，下面进行设置。

【操作步骤】

1. 将光标置于网页主体部分的右侧栏目内，然后在主菜单中选择【插入记录】/【图像对像】/【导航条】命令（或者在【插入】/【常用】面板中单击 （导航条）按钮），打开【插入导航条】对话框。

2. 下面开始设置【插入导航条】对话框，如图 5-13 所示。

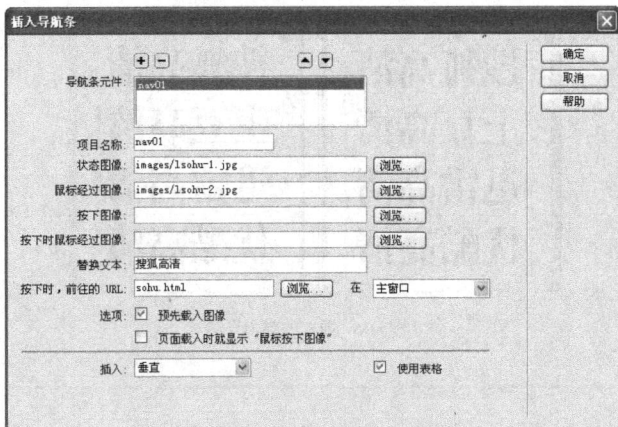

图5-13 【插入导航条】对话框

（1） 在【项目名称】文本框中输入图像名称"nav01"（建议不用中文）。

（2） 单击【状态图像】选项右边的 浏览... 按钮选择状态图像"lsohu-1.jpg"。

（3） 单击【鼠标经过图像】选项右边的 浏览... 按钮选择鼠标经过图像"lsohu-2.jpg"。

（4） 在【替换文本】文本框中输入图像的提示信息"搜狐高清"。

（5） 在【按下时，前往的 URL】文本框中设置所指向的目标地址"sohu.html"（其右侧的【在】下拉列表中只有"主窗口"一项，相当于链接的【目标】属性为"_top"。如果当前的文档包含框架，那么列表中会显现其他的框架页）。

（6） 确保勾选【预先载入图像】复选框（浏览器读取页面信息时就会将全部图像一起下载到缓存里面，这样导航条在变化时，便不会发生延迟。如果该选项未被选中，则移动光标到翻转图上时可能会有延迟）。

> **重要提示**　【页面载入时就显示"鼠标按下图像"】复选框一般不选。如果选择该复选框，页面被载入时将显示按下图像状态而不是默认的一般状态图像。

（7） 在【插入】列表中设置"水平"或"垂直"方向，这里选择【垂直】选项。

（8） 勾选【使用表格】复选框，导航条将被放在表格内。

3. 单击对话框上方的 + 按钮，继续添加导航条中的其他图像，如图 5-14 所示。

图5-14 【插入导航条】对话框

4. 单击 确定 按钮并保存文件，效果如图 5-15 所示。

图5-15 插入的导航条

知识链接

　　导航条是由一组按钮或者图像组成的，这些按钮或者图像链接各分支页面，起到导航的作用，包括以下 4 种状态。

　　（1）状态图像：用户还未单击按钮或按钮未交互时显现的状态。

　　（2）鼠标经过图像：当鼠标指针移动到按钮上时，元素发生变换而显现的状态。例如，按钮可能变亮、变色、变形，从而让用户知道可以与之交互。

　　（3）按下图像：按钮被单击后显现的状态。例如，当用户单击按钮时，新页面被载入且导航条仍是显示的，但被单击过的按钮会变暗或者凹陷，以表明此按钮已被按下。

　　（4）按下时鼠标经过图像：按钮被单击后，鼠标指针移动到被按下元素上时显现的图像。例如，按钮可能变暗或变灰，可以用这个状态暗示用户：在站点的这个部分该按钮已不能被再次单击。

　　制作导航条不一定要包括所有 4 种状态的导航条图像。即使只有一般状态图像和鼠标经过图像，也可以创建一个导航条，不过最好还是将 4 种状态的图像都包括，这样会使导航条看起来更生动一些。

　　如果要对导航条进行修改，可以通过【设置导航栏图像】行为进行修改。方法是在导航条中选中其中一个按钮，打开【行为】面板，在【行为】面板的动作栏中双击事件下方的名称，打开【设置导航栏图像】对话框，在该对话框中可以重新设置图像的源文件及所指向的 URL。这个对话框和当初插入导航条的对话框是一样的，但又多了一个【高级】选项卡。如果焦点在当前的按钮，而其他的按钮同时也发生变化，那么就必须设置【变成图像文件】和【按下时，变成图像文件】这两项。由此看来，【设置导航栏图像】动作是导航条功能的一个补充和延伸，是为方便导航条创建后的修改而设立的。

课堂练习

　　（1）练习在网页中设置图像热点超级链接的方法。

　　（2）练习在网页中插入鼠标经过图像的方法。

　　（3）练习在网页中插入导航条的方法。

操作四　设置下载链接

　　如果要在网站中提供资料下载，就需要为文件提供下载超级链接，实际上其设置方法与文本、图像超级链接的设置方法是一样的。

【操作步骤】

1. 选中文本"未名湖介绍"，在【属性】面板中单击【链接】下拉列表框右边的▭按钮，设置要链接的文件"weiminghu.doc"，如图5-16所示。

图5-16　设置下载超级链接

2. 选中文本"笑话集中营"，在【属性】面板中单击【链接】下拉列表框右边的▭按钮，设置要链接的文件"xiaohua.zip"。

3. 选中文本"图片下载"，在【属性】面板中单击【链接】下拉列表框右边的▭按钮，设置要链接的文件"tsg.jpg"。

4. 保存文件，如图5-17所示。

5. 在浏览器中浏览，单击下载超级链接"未名湖介绍"，将弹出【文件下载】对话框，如图5-18所示。单击 保存(S) 按钮将打开【另存为】对话框，这时可以将文件保存到自己的计算机上。

资源下载：未名湖介绍　笑话集中营　图片下载

图5-17　下载超级链接

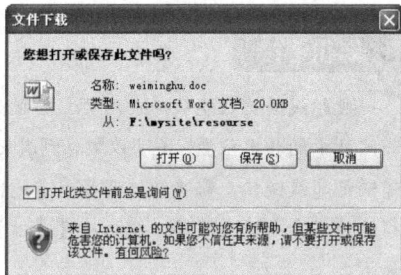

图5-18　【文件下载】对话框

重要提示

下载超级链接并不是一种特殊的链接，只是下载超级链接所指向的文件是特殊的。一般指向非网页文件，如压缩文件（文件的扩展名是".zip"、".rar"等）、Word 文件、Excel 文件、图像文件等。如果浏览器自身不能直接打开文件，这时会弹出【文件下载】对话框，如果浏览器能够直接打开文件，如 JPEG 图像文件，将不会弹出【文件下载】对话框。

课堂练习

（1）练习设置图像热点链接的方法。

（2）练习设置导航条的方法。

任务三　设置页脚

创建电子邮件链接与一般的文本链接不同，因为电子邮件链接是将浏览者的本地电子邮件管理软件（如 Outlook Express、Foxmail 等）打开，而不是向服务器发出请求，因此它的添加步骤也与普通链接有所不同。本任务主要是设置页脚中的电子邮件链接。

【操作步骤】

1. 将光标置于页脚中"联系我们："的后面，然后在主菜单中选择【插入记录】/【电子邮件】命令（或在【插入】/【常用】面板中单击 按钮），打开【电子邮件链接】对话框。

2. 在【文本】文本框中输入在文档中显示的信息，在【E-Mail】文本框中输入电子邮箱的完整地址，这里均输入"youandme@163.com"，如图5-19所示。

3. 单击 确定 按钮创建电子邮件链接，如图5-20所示。

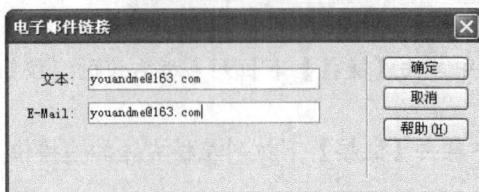

图5-19 【电子邮件链接】对话框

图5-20 电子邮件链接

> **重要提示**
>
> "mailto:"、"@"和"."这3个元素在电子邮件链接中是必不可少的。有了它们，才能构成一个正确的电子邮件链接。

知识链接

一般超级链接只能从一个网页文档跳转到另一个网页文档，使用锚记超级链接不仅可以跳转到同一网页中的指定位置，还可以跳转到其他网页中指定的位置，包括同一站点内的和不同站点内的。创建锚记超级链接，需要经过两步：首先需要命名锚记，即在文档中设置标记，这些标记通常放在文档的特定主题处或顶部，然后在【属性】面板中设置指向这些锚记的超级链接。创建方法具体说明如下。

（1）插入锚记：将光标置于需要插入锚记的位置，选择【插入记录】/【命名锚记】命令（或者在【插入】/【常用】面板中单击 （命名锚记）按钮），打开【命名锚记】对话框，在【锚记名称】文本框中输入锚记名称，如"a"，单击 确定 按钮将在光标处插入一个锚记，按照相同的方法可以在文档中插入多个锚记。

（2）创建锚记超级链接：在文档中选中链接文本，然后在【属性】面板的【链接】下拉列表框中输入锚记名称，如"#a"，如图5-21所示。

关于锚记超级链接目标地址的写法应该注意以下几点。

❖ 如果链接的目标锚记位于同一文档中，只需在【属性】面板的【链接】文本框中输入一个"#"符号，然后输入链接的锚记名称，如"#a"。

❖ 如果链接的目标锚记位于同一站点的其他网页中，则需要先输入该网页的路径和名称，然后再输入"#"符号和锚记名称，如"index.htm#a"、"bbs/index.htm#a"。

❖ 如果链接的目标锚记位于因特网上某一站点的网页中，则需要先输入该网页的完整地址，然后再输入"#"符号和锚记名称，如"http://www.yx.com/yx/20080326.htm#b"等。

图5-21 插入锚记超级链接

课堂练习

(1) 练习创建电子邮件链接的方法。

(2) 练习创建锚记超级链接的方法。

实训 设置"海滨之城"中的超级链接

本实训将对常用超级链接进行设置，以进一步巩固超级链接的设置方法，如图 5-22 所示。

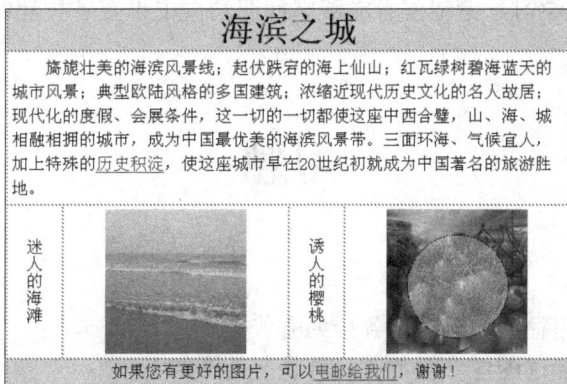

图5-22 设置超级链接

【实训目的】

❖ 进一步掌握设置文本超级链接及其状态的方法。

❖ 进一步掌握设置图像超级链接的方法。

❖ 进一步掌握设置图像热点链接的方法。

❖ 进一步掌握设置电子邮件链接的方法。

【操作步骤】

1. 打开实训素材文件"shixun.html"，然后在【页面属性】对话框的【链接】分类中设置链接颜色和已访问链接颜色均为"#006600"，变换图像链接颜色为"#FF0000"，下画线样式为"变换图像时隐藏下划线"。

2. 设置文本超级链接：将文本中的"历史积淀"的链接地址设置为"lishi.html"，目标窗口为"_blank"。

3. 设置图像超级链接：将"迷人的海滩"右侧单元格中图像的链接地址设置为"images/tu1-2.jpg"，替换文本为"迷人的海滩"，目标窗口为"_blank"，图像的边距和边框均为"0"。

4. 设置图像热点链接：在"诱人的樱桃"右侧单元格中图像上面创建一个椭圆形热点，并设置其链接地址为"images/tu2-1.jpg"，替换文本为"诱人的樱桃"，目标窗口为"_blank"。

5. 设置电子邮件链接：给文本"电邮给我们"设置电子邮件链接，邮箱地址为"us@163.com"。

小结

本项目主要介绍了超级链接在网页中的应用，概括起来主要有以下几点。

❖ 设置文本和图像超级链接的方法。
❖ 设置图像热点超级链接的方法。
❖ 设置鼠标经过图像和导航条的方法。
❖ 设置下载超级链接的方法。
❖ 设置电子邮件链接的方法。
❖ 创建锚记和设置锚记超级链接的方法。

通过对这些内容的学习，希望读者能够掌握在网页中设置各种超级链接的基本方法并能够熟练应用。

习题

一、 问答题

1. 超级链接根据路径和使用对象各分为哪些类型？
2. 导航条与鼠标经过图像一般各有几种状态的图像？
3. 文本超级链接有几种状态？
4. 图像超级链接与文本超级链接有什么不同？
5. 如何创建空链接？

二、 操作题

设置网页中的超级链接，如图 5-23 所示。

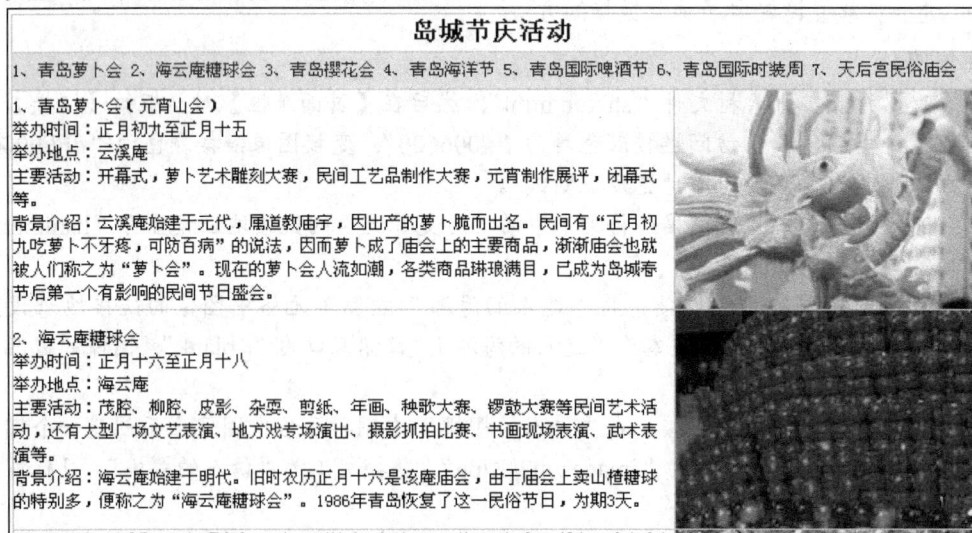

岛城节庆活动

1、青岛萝卜会 2、海云庵糖球会 3、青岛樱花会 4、青岛海洋节 5、青岛国际啤酒节 6、青岛国际时装周 7、天后宫民俗庙会

1、青岛萝卜会（元宵山会）
举办时间：正月初九至正月十五
举办地点：云溪庵
主要活动：开幕式，萝卜艺术雕刻大赛，民间工艺品制作大赛，元宵制作展评，闭幕式等。
背景介绍：云溪庵始建于元代，属道教庙宇，因出产的萝卜脆而出名。民间有"正月初九吃萝卜不牙疼，可防百病"的说法，因而萝卜成了庙会上的主要商品，渐渐庙会也就被人们称之为"萝卜会"。现在的萝卜会人流如潮，各类商品琳琅满目，已成为岛城春节后第一个有影响的民间节日盛会。

2、海云庵糖球会
举办时间：正月十六至正月十八
举办地点：海云庵
主要活动：茂腔、柳腔、皮影、杂耍、剪纸、年画、秧歌大赛、锣鼓大赛等民间艺术活动，还有大型广场文艺表演、地方戏专场演出、摄影抓拍比赛、书画现场表演、武术表演等。
背景介绍：海云庵始建于明代。旧时农历正月十六是该庵庙会，由于庙会上卖山楂糖球的特别多，便称之为"海云庵糖球会"。1986年青岛恢复了这一民俗节日，为期3天。

图5-23 设置超级链接

项目六　制作名师工作室网页

读者在浏览网页时可以发现，这些网页就像报纸排版一样，被划分成了很多区域或板块。那么在网页制作中，使用什么方法可以实现区域和板块的划分呢？本项目将以名师工作室网页为例，介绍使用表格进行网页布局的基本方法。通过本项目的学习，读者可学会使用表格进行网页布局的基本技能。

项目背景

近年来，许多地方的教育主管部门纷纷开展了中小学名师培养工程，以便造就一批高素质、有特色的专家型名师，从而进一步加强中小学教师队伍建设。其中中小学名师培养工程的一项重要工作就是帮助中小学名师建立网上"名师工作室"，以便于名师之间的相互交流与学习。正是基于此背景，本项目将制作一个名师工作室的主页面。通过本页面的制作，学习使用表格进行网页布局的基本方法。本项目制作的页面如图6-1所示。

图6-1　名师工作室网页

项目分析

从布局上看，本项目制作的页面可分为页眉、主体和页脚3个部分，主体又分为左侧和右侧两部分，属于典型的"匡"字型结构。从布局技术上看，页面使用了网页布局的传统工具——表格，来对页面进行组织，其中用到了表格的嵌套、使用表格制作细线效果等。

学习目标

★ 了解表格的组成及其基本作用。
★ 掌握创建、编辑表格和嵌套表格的基本方法。
★ 掌握设置表格宽度、高度、边距、间距及边框的基本方法。
★ 掌握设置表格边框颜色、背景色和背景图像的基本方法。
★ 掌握设置单元格宽度、高度、边框颜色、背景色和背景图像的基本方法。
★ 掌握设置表格对齐和单元格对齐的基本方法。

任务一　制作页眉

　　表格是网页排版的灵魂，是页面布局的重要方法，它可以将网页中的文本、图像等内容有效地组合成符合设计效果的页面。本任务主要是使用表格来布局网页页眉的内容，用到的基础知识主要包括插入表格、表格属性设置、插入嵌套表格的方法、单元格属性设置等。

操作一　设置网站标识

　　本操作主要介绍使用表格定位网站标识的方法。

【操作步骤】

　　在 Dreamweaver CS3 中定义一个本地静态站点，并将本项目素材文件复制到站点根文件夹下，然后进行以下操作。

　　1. 在主菜单中选择【文件】/【新建】命令，在网站根文件夹下新建一个 HTML 文档，并保存为"index.html"。

　　2. 在主菜单中选择【修改】/【页面属性】命令，打开【页面属性】对话框，在【外观】分类中将文本大小设为"12 像素"，页边距全部设为"0"；在【标题/编码】分类中将【标题】设为"楠楠名师工作室"，然后单击 确定 按钮。

　　3. 将光标置于页面中，然后在主菜单中选择【插入记录】/【表格】命令（或在【插入】/【常用】面板中单击 按钮），打开【表格】对话框，参数设置如图 6-2 所示，单击 确定 按钮插入表格。

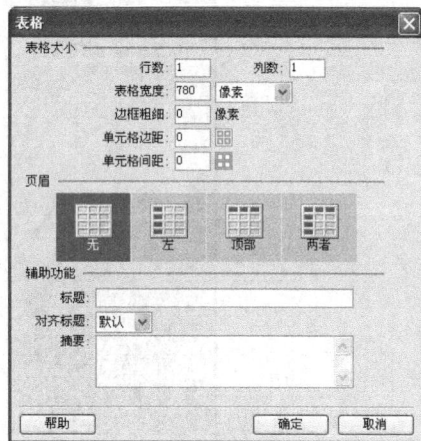

图6-2 【表格】对话框

　　4. 确认表格处于被选中状态，然后在【属性】面板中将表格的【对齐】选项设置为"居中对齐"，如图 6-3 所示。

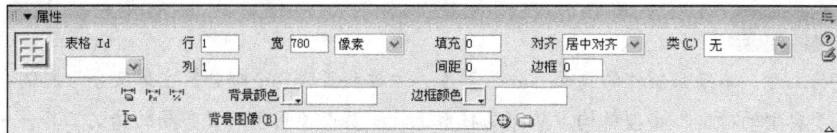

图6-3 表格【属性】面板

知识链接

【表格】对话框中的相关选项说明如下。

❖ 【表格宽度】：用于设置表格的宽度，单位有"百分比"和"像素"两种。

❖ 【边框粗细】：用于设置表格边框的宽度，以"像素"为单位，"0"表示没有边框。

❖ 【单元格边距】：又称填充，用于设置单元格内容与单元格边框之间的距离，默认值为"3"，以"像素"为单位。

❖ 【单元格间距】：用于设置单元格之间的距离，默认值为"3"，以"像素"为单位。

❖ 【页眉】：用于在表格中添加行、列标题。

❖ 【标题】：用于设置在表格外的表格标题。

❖ 【对齐标题】：用于设置表格标题相对于表格的显示位置。

❖ 【摘要】：用于设置表格的说明文字，其不会显示在浏览器中。

表格【属性】面板中的相关选项说明如下。

❖ 【表格 Id】：用于设置表格的名称。

❖ 【行】和【列】：用于设置表格的行数和列数。

❖ 【宽】和【高】：用于设置表格的宽度和高度，单位有"%"和"像素"两种。

❖ 【填充】和【间距】：用于设置单元格的边距和间距。

❖ 【对齐】：用于设置表格的对齐方式，有"默认"、"左对齐"、"居中对齐"和"右对齐"4种。

❖ 【边框】：用于设置表格的边框宽度。

❖ 【背景颜色】：用于设置表格的背景颜色。

❖ 【背景图像】：用于设置表格的背景图像。

❖ 【边框颜色】：用于设置整个表格的格线颜色。

❖ 【类】：用于设置表格的类 CSS 样式。

5. 将光标置于单元格内，在【属性】面板中单击【背景】选项右侧的 图标，打开【选择图像源文件】对话框，在"images"文件夹中选择"top.jpg"文件，完成背景图像的设置。

6. 在单元格【属性】面板中将【高】选项的值设置为"120"像素，如图6-4所示。

图6-4　设置单元格属性

操作二　制作导航栏

本操作主要介绍使用表格制作导航栏的方法。

【操作步骤】

1. 将光标置于上一个表格的外面，然后在主菜单中选择【插入记录】/【表格】命令插入一个 1 行 1 列，宽度为"780 像素"的表格，设置边框、边距和间距均为"0"，并在【属性】面板中将表格的对齐方式设置为"居中对齐"。

> **重要提示**　如果要在一个表格的外面继续插入表格，首先需选中该表格或者将光标放在该表格的外面，然后再插入表格。

2. 将光标置于单元格内，然后在主菜单中选择【修改】/【表格】/【拆分单元格】命令，打开【拆分单元格】对话框，参数设置如图 6-5 所示，然后单击 确定 按钮将单元格拆分成 3 个单元格。

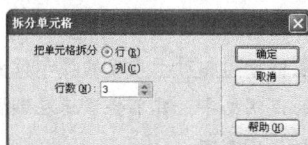

图6-5　拆分单元格

3. 将光标置于第 1 行单元格内，在【属性】面板中设置其高度为"5"，然后将光标置于第 3 行单元格内，设置其高度也为"5"。

4. 单击 代码 按钮进入【代码】视图，分别删除第 1 行和第 3 行单元格代码中的不换行空格符号" "，如图 6-6 所示。

```
27  <table width="780" border="0" align="center" cellpadding="0" cellspacing="0">
28    <tr>
29      <td height="5"> </td>
30    </tr>
31    <tr>
32      <td> </td>
33    </tr>
34    <tr>
35      <td height="5"> </td>
36    </tr>
37  </table>
```

图6-6　删除不换行空格符号

> **重要提示**　在设置单元格高度或宽度为较小数值时，为了达到实际效果，必须将源代码中该单元格内的" "（不换行空格符）删除。

5. 单击 设计 按钮返回【设计】视图，其效果如图 6-7 所示。

图6-7　删除不换行空格符号后的效果

6. 将光标置于中间的单元格中，在【属性】面板中设置单元格的水平对齐方式为"居中对齐"，高度为"30"，背景图像为"navigate.jpg"，如图 6-8 所示。

图6-8　设置单元格属性

7. 在中间的单元格中插入一个 1 行 6 列，宽度为"480 像素"的表格，设置填充、间距和边框均为"0"，如图 6-9 所示。

图6-9 插入表格

8. 将光标置于第1个单元格内，然后单击文档窗口左下角相应的"<tr>"标签来选择该行，如图6-10所示。

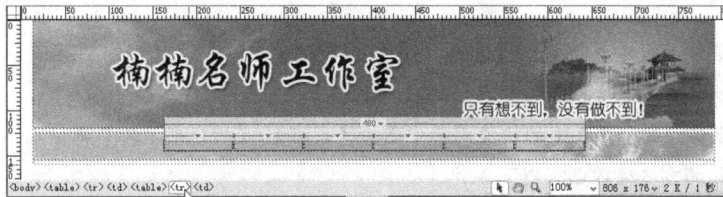

图6-10 选择行

> **重要提示**
>
> 上述方法只能用来选择行，下面两种方法可用来选择表格的行或列。
>
> ① 当鼠标位于表格欲选择的行首或列顶时，鼠标变成黑色箭头，这时单击鼠标左键，便可选择行或者列。
>
> ② 按住鼠标左键从左至右或者从上至下拖曳，将欲选择的行或列选中。

9. 在【属性】面板中，将单元格的水平对齐方式设置为"居中对齐"，宽度设置为"80"，高度设置为"30"，如图6-11所示。

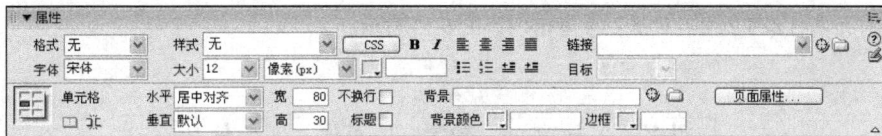

图6-11 设置单元格属性

10. 在单元格中输入相应的文本，如图6-12所示。

图6-12 输入文本

11. 保存文件。

> **知识链接**
>
> 　　一个完整的表格包括行、列、单元格、单元格间距、单元格边距（填充）、表格边框和单元格边框。表格边框可以设置粗细和颜色等属性，单元格边框粗细不可设置。
>
> 　　一个包括 n 列表格的宽度＝2×表格边框＋$(n+1)$×单元格间距＋$2n$×单元格边距＋n×单元格宽度＋$2n$×单元格边框宽度（1 个像素）。掌握这个公式是非常有用的，在运用表格布局时，精确地定位网页就是通过设置单元格的宽度或者高度来实现的。
>
> 　　在表格操作中，选择表格是经常的操作，可以通过以下4种方法来选择整个表格。
>
> ❖ 单击表格左上角或者单击表格中任何一个单元格的边框线。
>
> ❖ 将光标置于表格内，选择主菜单中的【修改】/【表格】/【选择表格】命令，或单击鼠标右键，在弹出的快捷菜单中选择【表格】/【选择表格】命令。
>
> ❖ 按住鼠标左键由表格的左上角至右下角拖曳，选中其中所有的单元格，并选择主菜单中的【编辑】/【全选】命令。
>
> ❖ 将光标移至欲选择的表格内，单击文档窗口左下角对应的"<table>"标签。

知识链接

单元格的合并与拆分是表格操作中经常使用到的基本操作，其中拆分单元格的方法通常有以下3种。

❖ 在主菜单中选择【修改】/【表格】/【拆分单元格】命令。

❖ 单击单元格【属性】面板左下方的 ⵉⵉ 按钮。

❖ 单击鼠标右键，在弹出的快捷菜单中选择【表格】/【拆分单元格】命令。

合并单元格的方法通常也有以下3种。

❖ 在主菜单中选择【修改】/【表格】/【合并单元格】命令。

❖ 单击单元格【属性】面板左下方的 ⵤ 按钮。

❖ 单击鼠标右键，在弹出的快捷菜单中选择【表格】/【合并单元格】命令。

课堂练习

制作一个表格，要求：设置表格边框为"1"，边距和间距均为"2"，页眉为"两者"，表格标题为"成绩单"，表格的对齐方式为"居中对齐"，单元格宽度均为"60"，数据单元格对齐方式为"居中对齐"，文本内容可以自行设置，参考示例如图6-13所示。

成绩单

姓名	语文	数学	英语	总分
陈波	90	95	100	285
李晓	90	95	95	280
王海	90	98	95	283
李楠	98	96	98	292

图6-13　制作成绩单

任务二　制作主体页面

本任务主要是使用表格布局网页主体部分的内容，用到的基础知识主要包括表格的嵌套，利用表格制作细线边框等。

操作一　制作左侧区域

本操作主要介绍使用嵌套表格对左侧区域的内容进行定位。

【操作步骤】

1. 将光标置于导航栏表格的后面，然后单击【插入】/【常用】面板中的 ⊞ 按钮插入一个1行2列，宽度为"780像素"的表格，设置填充和间距均为"1"，边框为"0"，背景颜色为"#7FBAF2"，如图6-14所示。

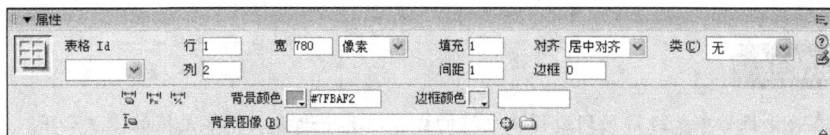

图6-14 表格参数设置

2. 将光标置于左侧单元格内，设置其水平对齐方式为"居中对齐"，垂直对齐方式为"顶端"，单元格宽度为"252"，如图 6-15 所示。

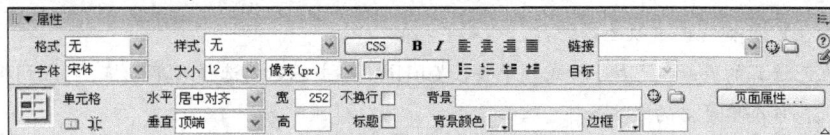

图6-15 设置单元格属性

3. 在左侧单元格中插入图像"xuexi.jpg"，如图 6-16 所示。

图6-16 插入图像

4. 在图像的后面继续插入一个 2 行 1 列，宽度为"96%"的表格，设置填充为"10"，间距和边框均为"0"，如图 6-17 所示。

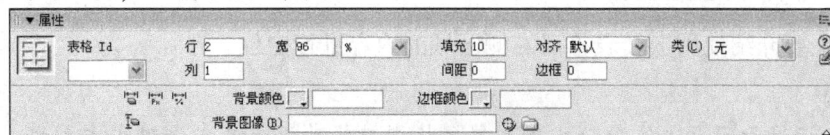

图6-17 插入表格

重要提示 嵌套表格的宽度一定不要大于当前单元格的宽度，否则前面定制的单元格宽度就会发生变化。

5. 将表格第 1 行单元格的水平对齐方式设置为"居中对齐"，然后插入图像"hua.jpg"，将第 2 行单元格的水平对齐方式设置为"左对齐"，然后输入文本，如图 6-18 所示。

图6-18 设置左侧单元格内容

6. 保存文件。

知识链接

（1）在表格操作中，经常用到选择单元格的操作。其中选择相邻单元格的方法如下。

① 在开始的单元格中按住鼠标左键并拖曳到最后的单元格。

② 将光标置于开始的单元格内，按住 Shift 键不放，单击最后的单元格。

（2）选择不相邻的行、列或单元格的方法如下。

① 按住 Ctrl 键，单击欲选择的行、列或单元格。

② 在已选择的连续单元格、行或列中按住 Ctrl 键，单击想取消选择的单元格、行或列将其去除。

（3）选择单个单元格的方法如下。

① 先将光标置于单元格内，按住 Ctrl 键，并单击单元格。

② 将光标置于单元格内，然后单击文档窗口左下角的"<td>"标签。

如果要删除表格的内容而不想删除表格，可以选择一个或多个单元格，但不能选择行、列或者整个表格。只有这样，被选择的行、列或者单元格内的内容被删除后，表格的结构或属性才不会发生变化。

操作二　制作右侧区域

本操作主要介绍使用嵌套表格对右侧区域的内容进行定位。

【操作步骤】

1. 将光标置于网页主体部分右侧的单元格内，然后设置其水平对齐方式为"右对齐"，垂直对齐方式为"顶端"，背景颜色为"#FFFFFF"。

2. 在单元格中插入一个 8 行 1 列，宽度为"98%"的表格，设置填充和边框均为"0"，间距为"1"，背景颜色为"#7FBAF2"，如图 6-19 所示。

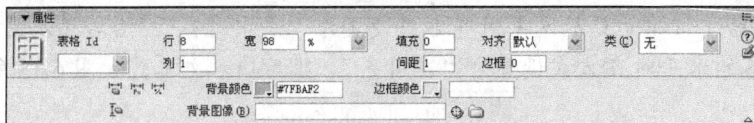

图6-19　插入表格

3. 将第 1、3、5、7 个单元格的水平对齐方式设置为"左对齐"，高度为"25"，背景颜色为"#E3EFFD"，如图 6-20 所示，然后输入相应的文本。

图6-20　设置单元格属性

4. 将第 2、4、6、8 个单元格的水平对齐方式设置为"居中对齐"，垂直对齐方式为"顶端"。背景颜色为"#FFFFFF"，效果如图 6-21 所示。

5. 在"名师研修"下面的单元格中插入一个 5 行 2 列，宽度为"98%"的表格，填充、间距和边框均为"0"，如图 6-22 所示。

◇名师研修

◇课例研究

◇课题研究

◇名师导教

图6-21　设置单元格属性

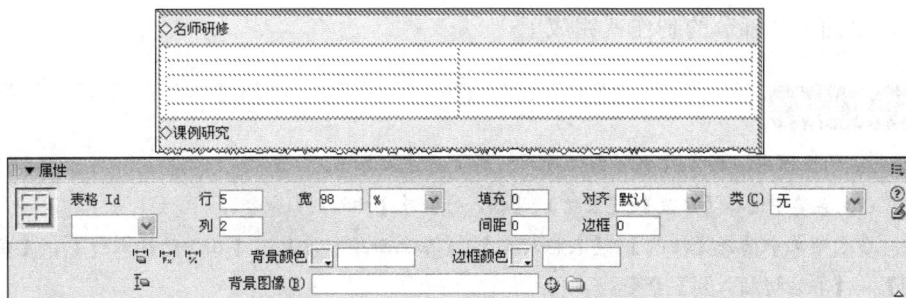

图6-22　插入表格

6. 将表格中所有单元格的宽度设置为"50%"，高度设置为"19"，水平对齐方式设置为"左对齐"，如图 6-23 所示。

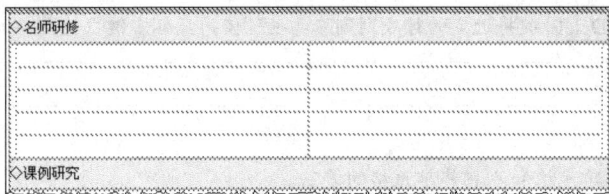

图6-23　设置单元格属性

7. 将光标放在表格中，然后单击鼠标右键，在弹出的快捷菜单中选择【表格】/【选择表格】命令选择表格，然后在主菜单中选择【编辑】/【拷贝】命令复制表格。

8. 将光标分别放在"课例研究"、"课题研究"、"名师导教"下面的单元格中，然后在主菜单中选择【编辑】/【粘贴】命令粘贴表格。

> **重要提示**　如果表格的结构形式相同，可以复制该表格到新的位置，这样会省时省力。

9. 在单元格中输入相应的文本，暂时添加空链接"#"，如图 6-24 所示。

图6-24　添加内容

10. 保存文件。

现在，页面主体部分的制作就完成了。

知识链接

在表格的操作中，经常需要增加行或列，其主要方法如下。

❖ 在主菜单中选择【修改】/【表格】/【插入行】或【插入列】命令。

❖ 在主菜单中选择【插入】/【表格对象】/【在上面插入行】、【在下面插入行】、【在左边插入列】、【在右边插入列】命令。

❖ 在主菜单中选择【修改】/【表格】/【插入行或列】命令。

如果要删除行或列，可以先将光标置于要删除的行或列中，或者将要删除的行或列选中，然后在主菜单栏中选择【修改】/【表格】/【删除行】或【删除列】命令。最简捷的方法就是选定要删除的行或列，然后在键盘上按 Delete 键将选定的行或列删除。也可使用鼠标右键快捷菜单进行以上操作。

课堂练习

（1）练习选择相邻单元格和不相邻单元格的方法。

（2）练习在表格中添加行、列或删除行、列的方法。

任务三　制作页脚

页脚主要存放一些诸如版权信息、联系方式等内容。网页的页脚部分占用的空间相对比较小，但它所显示的信息却不是可有可无的，一般与页眉部分相呼应，有时候也是对网页的一种补充。

【操作步骤】

1. 将光标放在网页主体部分最外层表格的后面，然后插入一个 3 行 1 列，宽度为"780 像素"的表格。填充、间距和边框均为"0"，对齐方式为"居中对齐"，如图 6-25 所示。

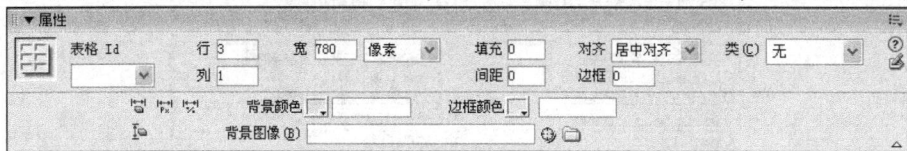

图6-25　表格属性设置

2. 将第 1 行单元格的高度设置为"5"，并将源代码中的" "删除。

3. 将第 2 行单元格的背景颜色设置为"#0066FF"，高度设置为"8"，并将源代码中的" "删除。

4. 将第 3 行单元格水平对齐方式设置为"居中对齐"，高度为"40"，然后输入相应的文本，如图 6-26 所示。

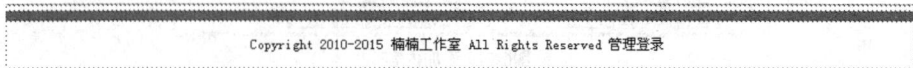

Copyright 2010-2015 楠楠工作室 All Rights Reserved 管理登录

图6-26　输入内容

5．保存文件。

页脚部分制作完毕。至此，网页的整个页面制作完毕。

实训　制作参考咨询网页

本实训将使用表格制作参考咨询网页，以进一步巩固表格的基本操作，如图 6-27 所示。

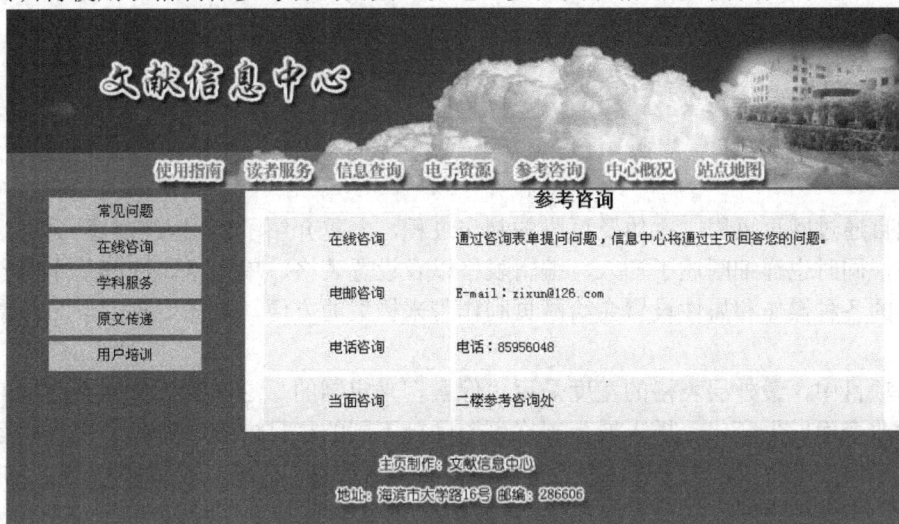

图6-27　制作参考咨询网页

【实训目的】

❖　进一步掌握插入表格的方法。

❖　进一步掌握表格属性设置的基本方法。

❖　进一步掌握单元格属性设置的基本方法。

❖　进一步掌握使用表格进行页面布局的基本方法。

【操作步骤】

1．将实训素材文件复制到站点根文件夹下，然后创建一个网页文件"shixun.html"。

2．设置页面默认字体为"宋体"，大小为"12 像素"，页边距全部为"0"。

3．制作页眉部分。插入一个 1 行 1 列，宽度为"770 像素"的表格，设置填充、间距和边框均为"0"，对齐方式为"居中对齐"，然后在单元格中插入图像"logo.jpg"。

4．制作主体部分。

（1）插入一个 1 行 2 列，宽度为"770 像素"的表格。设置间距为"2"，填充和边框均为"0"，对齐方式为"居中对齐"，背景颜色为"#3266CC"。其中，左侧单元格的宽度为"200 像素"，水平对齐方式为"居中对齐"，垂直对齐方式为"顶端"，右侧单元格的水平对齐方式为"居中对齐"，垂直对齐方式为"顶端"，背景颜色为"#FFFFFF"。

（2）在左侧单元格中插入一个 5 行 1 列，宽度为"70%"的表格。设置间距为"5"，填充和边框均为"0"，所有单元格水平对齐方式为"居中对齐"，高度为"25 像素"，背景颜色为"#CCCCCC"，并在单元格中输入相应文本。

73

（3）在右侧单元格中插入 1 个 4 行 2 列，宽度为"96%"的表格。设置间距为"5"，填充和边框均为"0"，表格标题为"参考咨询"，标题对齐方式为"默认"，字体大小为"16 像素"。其中第 1 列单元格水平对齐方式为"居中对齐"，宽度为"160 像素"，高度为"40 像素"，背景颜色为"#D2FFFF"，并在单元格中输入相应文本。第 2 列单元格的水平对齐方式为"左对齐"，背景颜色为"#D2FFFF"，并输入相应文本。

5. 制作页脚部分。

插入一个 1 行 1 列，宽度为"770 像素"的表格。设置填充、间距和边框均为"0"，对齐方式为"居中对齐"，然后在单元格中插入图像"foot.jpg"。

小结

本项目通过网页页眉、主体及页脚的制作过程，着重介绍了使用表格对网页进行布局的基本方法，同时也详细阐述了插入、编辑表格以及设置表格、单元格属性等基本内容。熟练掌握表格的各种操作和属性设置会给网页制作带来极大的方便，是需要重点学习和掌握的内容之一。

在本项目中，最外层表格的宽度是用"像素"来定制的，这样网页文档不会随着浏览器分辨率的改变而发生变化。插入嵌套表格可以区分不同的栏目内容，使各个栏目相互独立，但嵌套表格最好不要层次太多，否则会加长网页的打开时间。在没有设置 CSS 样式的情况下，在一个文档中表格不能在水平方向并排，而只能在垂直方向按顺序排列。

习题

一、问答题

1. 如何选择整个表格？
2. 如何设置表格的边框粗细及边框颜色？
3. 如何进行单元格的合并与拆分？

二、操作题

使用表格制作课程表，如图 6-28 所示。

2009-2010学年上学期晚上课程表					
	初一	初二	初三	高一	高二	高三
星期一	语文	数学	物理	化学	化学	英语
星期二	英语	英语	英语	英语	英语	数学
星期三	语文	语文	政治	物理	语文	化学
星期四	数学	英语	数学	语文	数学	物理
星期五	英语	物理	化学	数学	物理	数学
星期六	语文两周一次	数学	英语			英语
星期日		语文	数学	语文两周一次	语文两周一次	生物

图6-28 课程表

项目七 制作论坛网页

框架能够将网页分割成几个独立的区域，使每个区域显示独立的内容。框架的边框还可以隐藏，使其看上去与普通网页没有任何不同。本项目将以论坛网页为例，介绍创建、编辑和保存框架以及设置框架组和框架属性的基本方法。通过本项目的学习，读者可学会使用框架创建网页的基本技能。

项目背景

网络上所说的"论坛"一般是指 BBS。BBS 的英文全称是"Bulletin Board System"，翻译为中文就是"电子公告板"。最早的 BBS 与一般街头和校园内的公告板性质无异。个人计算机开始普及之后，由于爱好者们的努力，BBS 的功能得到了很大扩充。现在，通过 BBS 系统可随时获取各种最新的信息，也可以通过 BBS 系统与别人讨论各种有趣的话题，还可以利用 BBS 系统来发布一些启事等。目前的 BBS 大致可以分为 5 类：校园 BBS、商业 BBS、专业 BBS、情感 BBS 和个人 BBS。

论坛网页的布局技术与普通网页有所不同，框架是经常使用的方法之一。本项目以一个简单的论坛网页为例，介绍使用框架进行论坛网页布局的基本方法。本项目制作的论坛网页如图7-1所示。

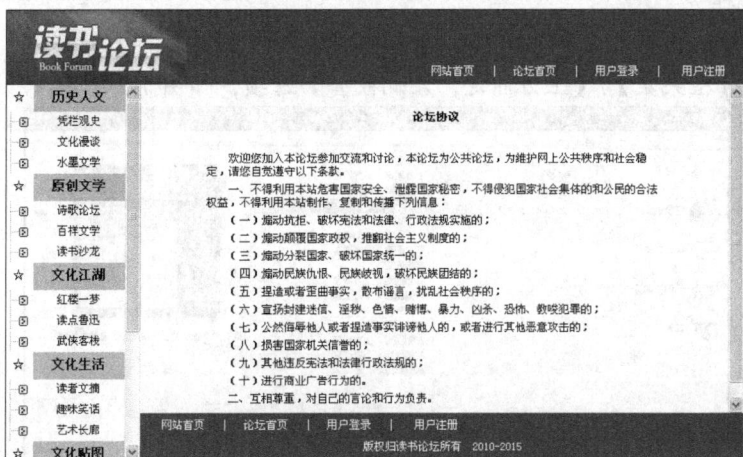

图7-1 论坛网页

项目分析

本项目制作的论坛网页由 4 个框架组成：顶部框架、左侧框架、右上侧框架和右下侧框架。在具体创建时，可以先创建一个"上方固定，左侧嵌套"的框架集，然后再将右侧框架拆分成上下两个框架，并进行相关属性设置即可。在框架中显示的网页可以提前做好，也可以在框架中直接制作。由于具体的网页内容制作不是本项目的重点，因此，在框架中显示的页面均已提前做好，只需在框架中打开即可。

任务一　创建论坛框架网页

本任务将介绍使用框架创建论坛网页的基本方法，用到的基础知识主要包括创建框架、拆分框架、保存框架等。

操作一　创建框架

当创建框架网页时，Dreamweaver 会建立一个未命名的框架集文件，每个框架中包含一个文档。也就是说，一个包含 3 个框架的框架集实际上存在 4 个文件：一个是框架集文件，另外 3 个是分别包含于各自框架内的文件。本操作主要介绍创建论坛网页框架的基本方法。

【操作步骤】

在 Dreamweaver 中定义一个本地静态站点，并将本项目素材文件复制到站点根文件夹下，然后进行以下操作。

1. 在主菜单中选择【文件】/【新建】命令，打开【新建文件】对话框，然后依次选择【示例中的页】/【框架集】/【上方固定，左侧嵌套】选项，如图 7-2 所示。

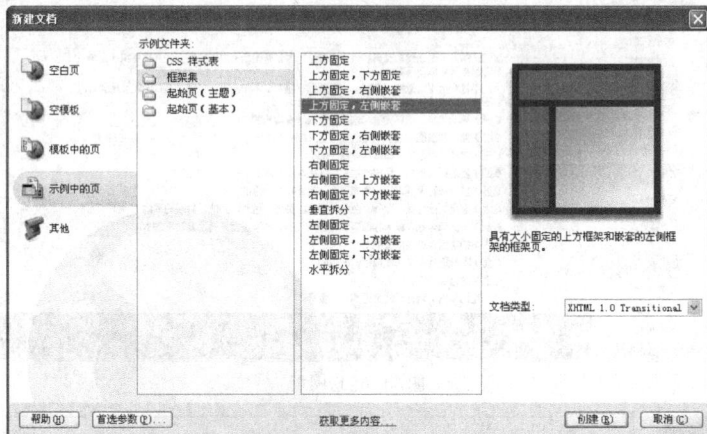

图7-2　选择【上方固定，左侧嵌套】选项

2. 单击 创建(R) 按钮，弹出【框架标签辅助功能属性】对话框，在【框架】下拉列表中包含 "mainFrame"、"topFrame" 和 "leftFrame" 3 个框架选项，每选择其中一个框架，就可以在其下面的【标题】文本框中为框架指定一个标题名称，这里保持默认设置，如图 7-3 所示。

重要
提示

如果不想在创建框架时出现【框架标签辅助功能属性】对话框，可以在【首选参数】对话框的【辅助功能】分类中进行设置，也可单击 取消(C) 按钮跳过这一步。

知识链接

创建框架网页的方法通常有以下几种。

❖ 在欢迎屏幕中选择【从模板创建】分类中的【框架集】选项。

❖ 在主菜单中选择【文件】/【新建】命令，打开【新建文件】对话框，然后依次选择【示例中的页】/【框架集】示例文件夹中的相关选项。

❖ 在当前网页中单击【插入】/【布局】面板中的【框架】工具按钮。

❖ 在当前网页中选择主菜单中的【插入记录】/【HTML】/【框架】命令。

❖ 在主菜单中选择【查看】/【可视化助理】/【框架边框】命令，显示出当前网页的边框，然后手动设计。

3. 单击 确定 按钮，创建的框架集如图 7-4 所示。

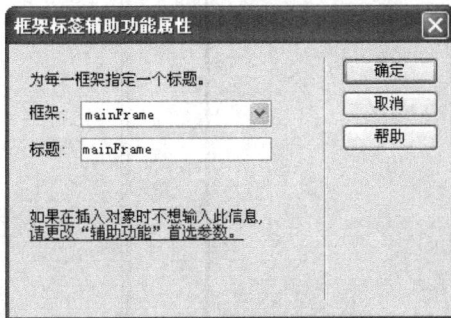

图7-3 【框架标签辅助功能属性】对话框

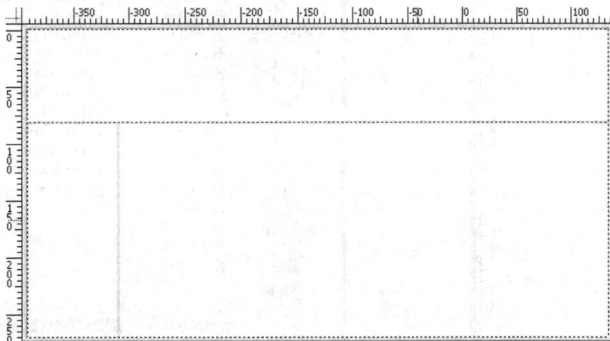

图7-4 创建框架集

虽然 Dreamweaver CS3 已预先提供了多种框架集，但并不一定能够满足实际需要，许多时候要根据实际情况对框架集进行编辑。

4. 将光标置于右下侧的"mainFrame"框架内，在【插入】/【布局】面板中单击▊（底部框架）按钮，插入一个框架，框架标题保持默认设置为"bottomFrame"，如图 7-5 所示。

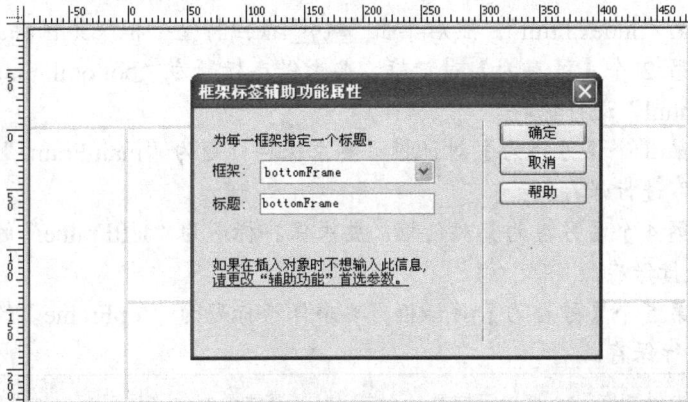

图7-5 拆分框架

重要提示

也可以在主菜单中选择【修改】/【框架页】/【拆分上框架】或【拆分下框架】命令，将该框架拆分为上下两个框架。如果要删除多余的框架，将其边框拖到父框架边框上或拖离页面即可。

操作二　保存框架

　　每一个框架都包含一个文档，因此一个框架集会包含多个文件。在保存文件的时候，不能只简单地保存一个文档，要将整个网页文档都保存下来。本操作将介绍保存框架网页的基本方法。

【操作步骤】

　　1. 在主菜单中选择【文件】/【保存全部】命令，整个框架边框的内侧会出现一个阴影框，同时弹出【另存为】对话框。因为阴影框出现在整个框架集边框的内侧，所以要求保存的是整个框架集，如图7-6所示。

图7-6　保存整个框架集

　　2. 输入文件名"index.html"，然后单击 保存(S) 按钮将整个框架集保存。

　　3. 接着出现第 2 个【另存为】对话框，要求保存标题为"bottomFrame"的框架，输入文件名"bottom2.html"进行保存。

　　4. 接着出现第 3 个【另存为】对话框，要求保存标题为"mainFrame"的框架，输入文件名"main2.html"进行保存。

　　5. 接着出现第 4 个【另存为】对话框，要求保存标题为"leftFrame"的框架，输入文件名"left2.html"进行保存。

　　6. 接着出现第 5 个【另存为】对话框，要求保存标题为"topFrame"的框架，输入文件名"top2.html"进行保存。

> **重要提示**　此时每一个框架里都是一个空文档，需要像制作普通网页一样进行制作，当然也可以在该框架内直接打开已经预先制作好的文档。

　　7. 将光标置于顶部框架内，在主菜单中选择【文件】/【在框架中打开】命令，打开文档"top.htm"，然后依次在各个框架内打开文档"left.htm"、"main.htm"、"bottom.htm"，如图7-7所示。

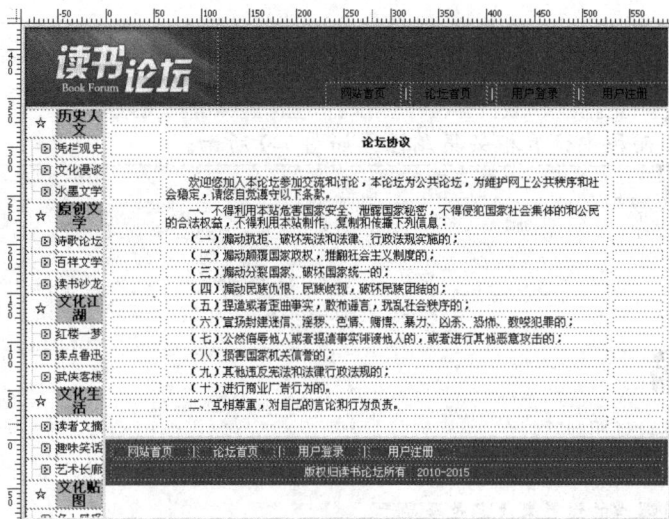

图7-7　在框架内打开文档

8. 最后在主菜单中选择【文件】/【保存全部】命令再次将文档进行保存。

> **重要提示**　如果仅仅是修改了某一个框架中的内容，可以选择【文件】/【保存框架】命令进行保存，如果要以其他名字保存，可选择【文件】/【框架另存为】命令。

课堂练习

(1) 新建一个"左侧固定，下方嵌套"的框架网页。

(2) 将创建的框架网页进行保存。

(3) 在左侧框架中直接添加网页内容。

(4) 在其他两个框架中打开已经提前制作好的网页并保存。

任务二　设置论坛框架网页

论坛框架网页创建好以后，框架的大小、边框宽度、是否有滚动条等不一定符合实际要求，这就需要对其进行设置。本任务将介绍通过【属性】面板设置框架和框架集属性的基本方法。

操作一　设置框架属性

本操作主要介绍框架和框架集属性的设置方法。

【操作步骤】

首先设置框架集属性。

1. 在主菜单中选择【窗口】/【框架】命令，打开【框架】面板，在面板中单击框架集边框将整个框架集选中，如图 7-8 所示，在文档窗口中被选择的框架集边框将显示为虚线。

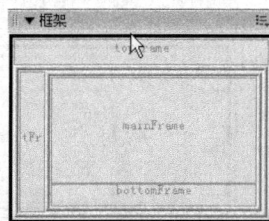

图7-8　选择整个框架集

重要提示　在文档窗口中，当鼠标靠近框架集边框且出现上下箭头时，单击整个框架集的边框也可将其选择。

2. 在【属性】面板中设置框架集属性，如图 7-9 所示。

图7-9　设置框架集属性

知识链接

框架集属性参数说明如下。

❖　【边框】：设置框架集是否有边框，包括"是"、"否"和"默认"3 个选项，选择"默认"选项将由浏览器端的设置来决定是否显示。

❖　【边框颜色】：设置整个框架集的边框颜色。

❖　【边框宽度】：设置整个框架集的边框宽度。

❖　【行】：该选项显示为【行】或【列】是由框架集的结构决定的，用于设置行列选定范围。

❖　【单位】：设置行或列的尺寸单位，包括"像素"、"百分比"和"相对"3 个选项。

3. 在【属性】面板中，单击框架集预览图底部，然后设置相应参数，如图 7-10 所示。

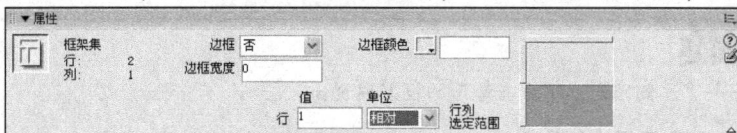

图7-10　设置框架集属性

重要提示

❖　以"像素"为单位设置框架大小时，尺寸是绝对的，即这种框架的大小永远是固定的。若网页中其他框架用不同的单位设置框架的大小，则浏览器首先为这种框架分配屏幕空间，再将剩余空间分配给其他类型的框架。

❖　以"百分比"为单位设置框架大小时，框架大小将随框架集大小按所设的百分比发生变化。在浏览器分配屏幕空间时，它比"像素"类型的框架后分配，比"相对"类型的框架先分配。

❖　以"相对"为单位设置框架大小时，这种类型的框架在前两种类型的框架分配完屏幕空间后再分配，它占据前两种框架的所有剩余空间。

4. 在【框架】面板中单击第 2 层框架集边框，将第 2 层框架集选中，如图 7-11 所示。
5. 设置第 2 层框架集属性，如图 7-12 所示。

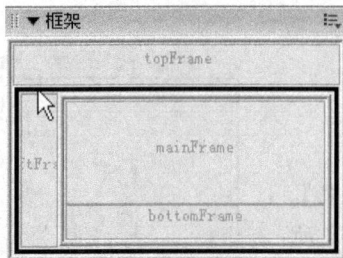

图7-11　选择第 2 层框架集

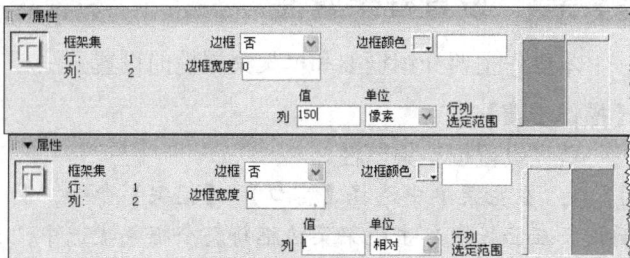

图7-12　设置第 2 层框架集属性

6. 在【框架】面板中单击第 3 层框架集边框，将第 3 层框架集选中，如图 7-13 所示。

7. 设置第 3 层框架集属性，如图 7-14 所示。

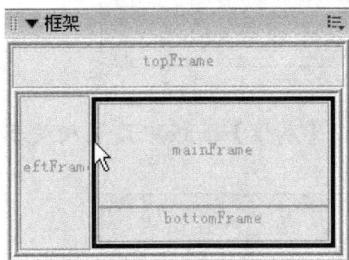

图7-13 选择第 3 层框架集

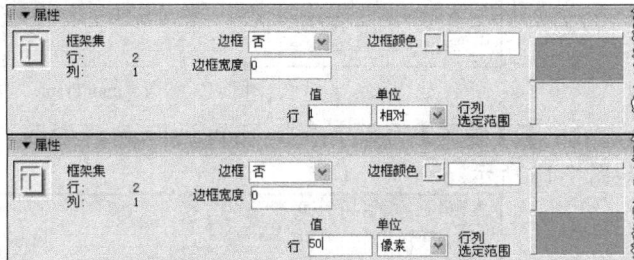

图7-14 设置第 3 层框架集属性

下面设置各个框架的属性。

8. 在【框架】面板中单击"topFrame"框架，然后在【属性】面板中设置相关参数，如图 7-15 所示。

图7-15 设置"topFrame"框架属性

重要提示

按下 Alt 键，在欲选择的框架内单击鼠标左键也可将框架选中。

知识链接

框架属性参数说明如下。

❖ 【框架名称】：用于设置框架标题名称，可作为超级链接的目标窗口。

❖ 【源文件】：用于定位该框架中显示的网页文件。

❖ 【边框】：用于设置框架是否有边框，包括"是"、"否"和"默认"3 个选项。

❖ 【滚动】：用于设置是否为可滚动窗口。

❖ 【不能调整大小】：用于设置在浏览器中是否可以手动设置框架的尺寸大小。

❖ 【边框颜色】：用于设置框架的边框颜色。

❖ 【边界宽度】和【边界高度】：用于设置边框与内容之间的距离，以像素为单位。

9. 在【框架】面板中单击"leftFrame"框架，然后在【属性】面板中设置相关参数，如图 7-16 所示。

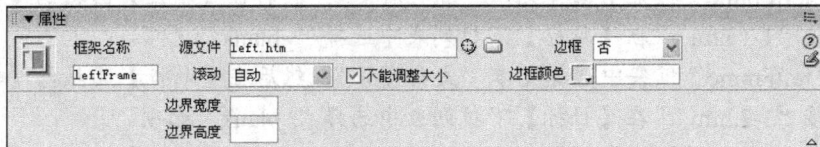

图7-16 设置"leftFrame"框架属性

10. 在【框架】面板中单击"mainFrame"框架，然后在【属性】面板中设置相关参数，如图 7-17 所示。

图7-17 设置"mainFrame"框架属性

11. 在【框架】面板中单击"bottomFrame"框架，然后在【属性】面板中设置相关参数，如图 7-18 所示。

图7-18 设置"bottomFrame"框架属性

12. 保存所有文件。

操作二　设置框架中链接的目标窗口

本操作主要介绍在框架网页中设置超级链接目标窗口的方法。

【操作步骤】

1. 在"topFrame"框架中选择文本"网站首页"，然后在【属性】面板的【链接】文本框中添加空链接"#"，在【目标】下拉列表中选择"_blank"选项。

2. 选择文本"论坛首页"，然后在【属性】面板的【链接】文本框中添加链接"main.htm"，在【目标】下拉列表中选择"mainFrame"选项，如图 7-19 所示。

图7-19 【目标】选项中的列表

> **重要提示**
>
> 在使用框架的文档中，增加了与框架有关的目标窗口，如图 7-19 所示，可以在一个框架内使用链接而改变另一个框架的内容。

3. 选择文本"用户登录"，然后在【属性】面板的【链接】文本框中添加链接"login.htm"，在【目标】下拉列表中选择"mainFrame"选项。

4. 选择文本"用户注册"，然后在【属性】面板的【链接】文本框中添加链接"reg.htm"，在【目标】下拉列表中选择"mainFrame"选项。

5. 在"leftFrame"框架中选择文本"凭栏观史"，然后在【属性】面板的【链接】文本框中添加链接"1-1.htm"，在【目标】下拉列表中选择"_blank"选项。

6. 在"leftFrame"框架中选择文本"文化漫谈"，然后在【属性】面板的【链接】文本框中添加链接"1-2.htm"，在【目标】下拉列表中选择"_blank"选项。

7. 在"leftFrame"框架中选择文本"水墨文学"，然后在【属性】面板的【链接】文本框中添加链接"1-3.htm"，在【目标】下拉列表中选择"_blank"选项。

8. 选择【文件】/【保存全部】命令保存所有文件。

知识链接

　　浮动框架是一种较为特殊的框架形式，可以包含在许多元素当中，如层、单元格等。方法是选择主菜单中的【插入记录】/【标签】命令，打开【标签选择器】对话框，然后展开【HTML 标签】，在右侧列表中找到"iframe"，如图 7-20 所示，单击 插入(I) 按钮打开【标签编辑器－iframe】对话框进行设置，如图 7-21 所示。浮动框架中包含的文档通过定制的浮动框架显示出来，可通过拖曳滚动条来滚动显示，虽然显示区域有所限制，但能灵活地显示位置及尺寸，使浮动框架具有不可替代的作用。

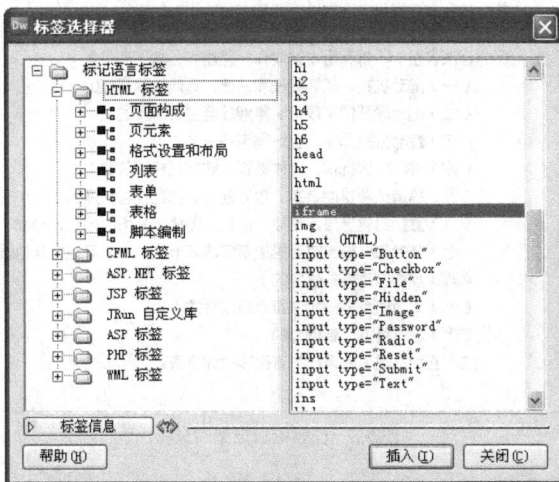

图7-20 【标签选择器】对话框

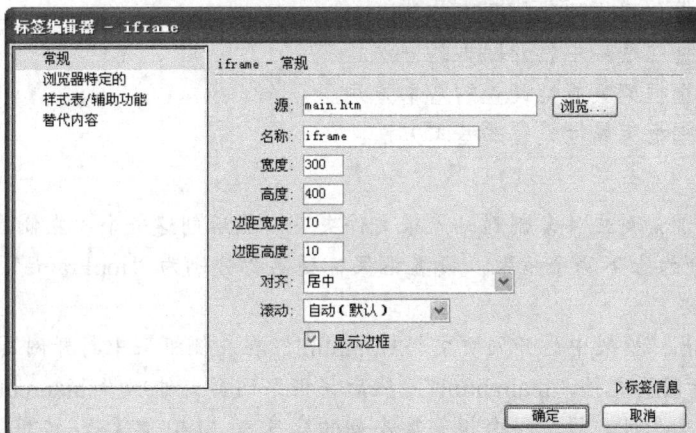

图7-21 【标签编辑器－iframe】对话框

课堂练习

　　(1) 创建一个"右侧固定，上方嵌套"的框架网页，根据个人爱好添加内容并保存，然后根据实际需要设置框架集属性和框架属性。

　　(2) 创建一个网页，然后在其中插入一个浮动框架并进行属性设置。

实训　制作校园论坛框架网页

本实训将使用框架制作图 7-22 所示页面，以进一步巩固有关框架的基本知识。

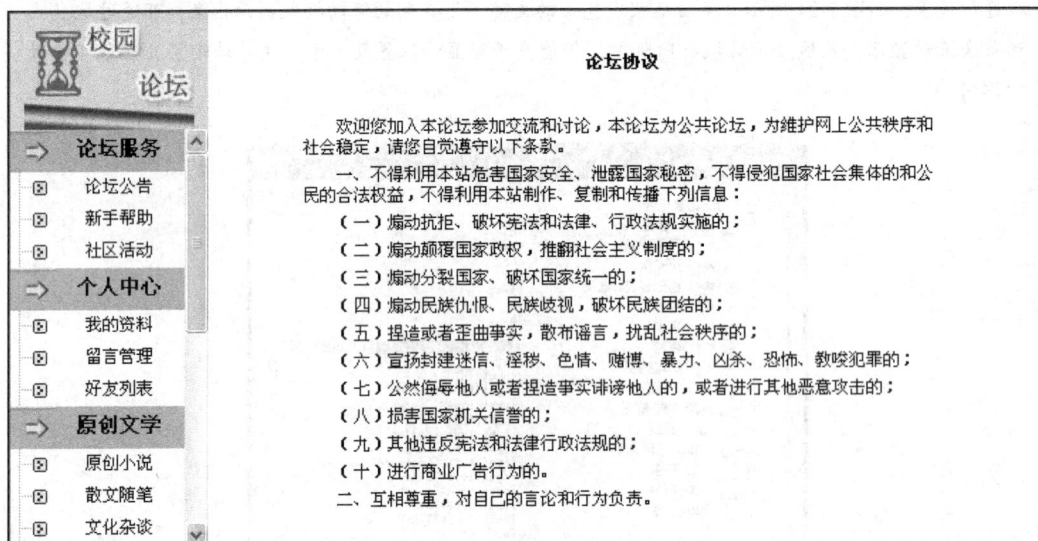

图7-22　校园论坛框架网页

【实训目的】

❖ 进一步掌握创建框架集的基本方法。

❖ 进一步掌握在框架中打开网页的方法。

❖ 进一步掌握框架集属性设置的基本方法。

❖ 进一步掌握框架属性设置的基本方法。

【操作步骤】

1. 首先将实训素材文件复制到站点根文件夹下，然后创建一个"左侧固定"的框架集，再将左侧框架拆分为上下两个框架，设置框架标题名称分别为"topFrame"、"leftFrame"和"mainFrame"。

2. 在"topFrame"框架中打开网页文档"top.html"，在左侧框架中打开网页文档"left.html"，在右侧框架中打开网页文档"main.html"，然后将框架网页文件以"shixun.html"为名保存。

3. 设置框架集属性。设置整个框架集左列的宽度为"140 像素"，边框设置为"否"，边框宽度为"0"；右列的宽度为"1"，单位为"相对"，边框设置为"否"，边框宽度为"0"；左侧框架集第 1 行的高度为"80 像素"，边框设置为"否"，边框宽度为"0"；第 2 行的高度为"1"，单位为"相对"，边框设置为"否"，边框宽度为"0"。

4. 设置框架属性。设置"topFrame"框架无滚动条，不能调整大小，"leftFrame"框架滚动条设置为"自动"，不能调整大小，"mainFrame"框架滚动条设置为"默认"。

5. 最后保存文件。

小结

本项目以论坛网页为例，介绍了创建和保存框架网页以及设置框架集和框架属性的基本方法。通过本项目的学习，读者应该掌握创建框架页面的方法，还要了解在什么情况下使用框架以及根据不同的情况设置框架的属性。

习题

一、 问答题

1. 创建框架有哪几种方法？
2. 如何选取框架集和框架？
3. 如何删除不需要的框架？

二、 操作题

创建图 7-23 所示的框架网页。

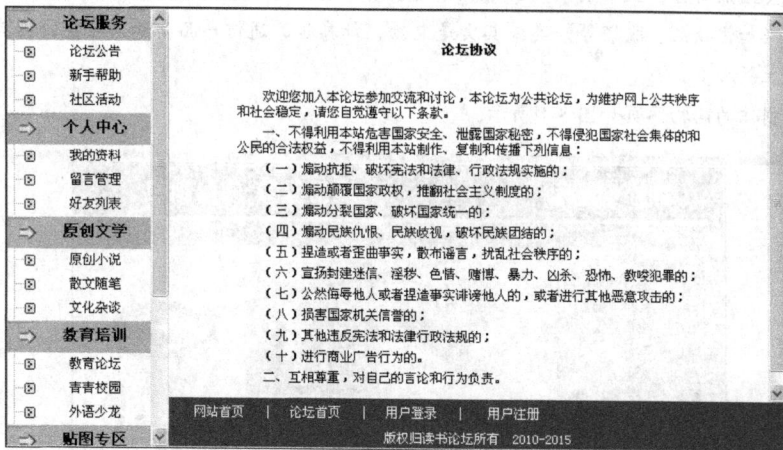

图7-23 框架网页

项目八　制作购物网页

长期以来，网页布局技术基本都是表格一统天下，目前，表格的布局优势在逐步减弱，而"Div+CSS"布局技术被广泛应用。本项目将以购物网页为例，介绍 Div 和 CSS 的基本知识。通过本项目的学习，读者能够掌握使用 Div 和 CSS 进行网页布局的基本技能。

项目背景

"网上购物"这种新型的购物方式已经深入到人们的日常生活并被人们所接受。不论是时尚的白领丽人，还是普通的工薪阶层，其中许多人都有网上购物的经历。那么什么是网上购物呢？简单地说，网上购物就是将传统的商店直接"搬"回家，利用 Internet 直接购买自己需要的商品或者享受自己需要的服务。专业地讲，它是交易双方从洽谈、签约以及贷款的支付、交货通知等整个交易过程，通过 Internet、Web 和购物界面技术化的 Btoc 模式一并完成的一种新型购物方式，是电子商务的一个重要组成部分。就目前的网上购物市场来看，首先是书刊、音像制品（如 CD、软件等）和日常用品（如化妆品、服装等）类，其次是电器、计算机、通信产品类和票务类，再者就是金融服务类和网上教育类。

本项目制作的购物网页如图 8-1 所示。

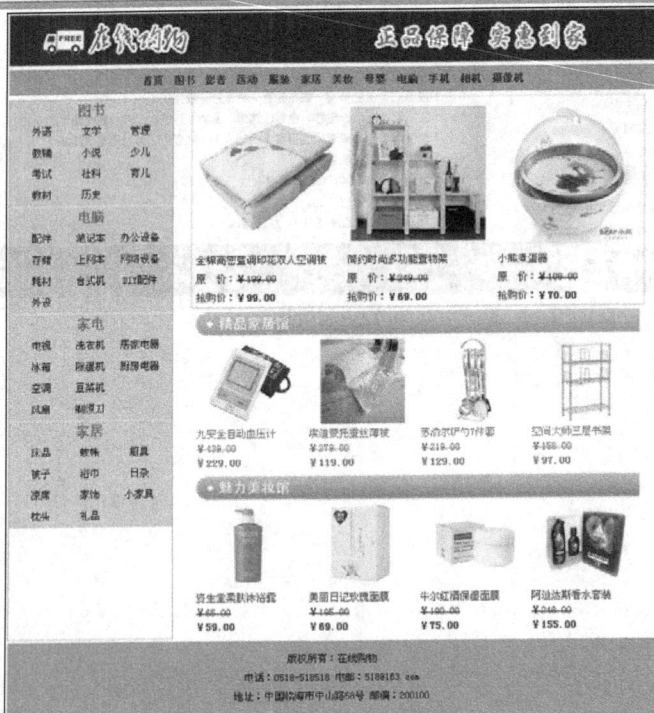

图8-1　使用 Div 和 CSS 布局网页

　　本项目制作的购物网页，其大框架主要使用 Div+CSS 技术进行布局，在 Div 框架内也适当使用了表格技术，这就要求读者一方面要熟悉 Div 和 CSS 的基本知识，另一方面要了解购物网页页面的基本特点。在本项目的制作中，读者还需要了解许多网页元素的属性不一定必须通过【属性】面板来设置，也可以通过【CSS 样式】面板来创建 CSS 样式进行控制，包括类、标签、高级 CSS 样式等。

　　购物网页是电子商务网页的一种，其实任何一个电子商务网页都不可能完全一样，读者可以根据自己的创意进行制作，本项目实例仅是帮助读者了解网页制作的基本知识。

　　★　了解 Div 和 CSS 的作用。

　　★　掌握插入 Div 标签的方法。

　　★　掌握创建和设置 CSS 样式的方法。

　　★　掌握使用 Div+CSS 技术进行网页布局的基本技能。

任务一　制作页眉

　　在网页布局中经常用到 Div 标签，但 Div 本身只是一个区域标签，不能用于定位与布局，真正用于定位的是 CSS 代码。本任务主要介绍购物网页页眉的制作及使用 CSS 样式控制其外观的基本方法。

操作一　布局网站标识

　　本操作主要介绍插入 Div 标签以及简单使用 CSS 样式的基本方法。

【操作步骤】

　　在 Dreamweaver CS3 中定义一个本地静态站点，并将本项目素材文件复制到站点根文件夹下，然后进行以下操作。

　　1. 新建一个网页文档并保存为"index.html"，然后选择【修改】/【页面属性】命令，打开【页面属性】对话框并进行参数设置，如图 8-2 所示。

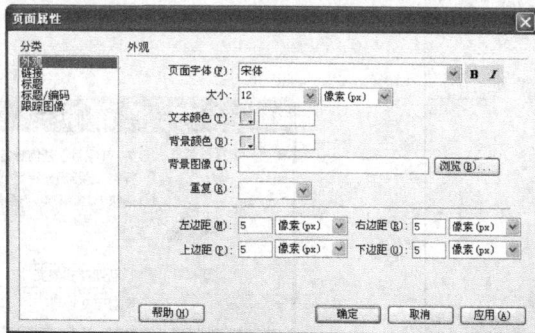

图8-2　设置页面属性

2. 将光标置于文档内，然后在主菜单中选择【插入记录】/【布局对象】/【Div 标签】命令（或在【插入】/【布局】面板中单击▣按钮）打开【插入 Div 标签】对话框，在【插入】下拉列表中选择"在插入点"选项，在【ID】下拉列表框中输入"head"，如图8-3 所示。

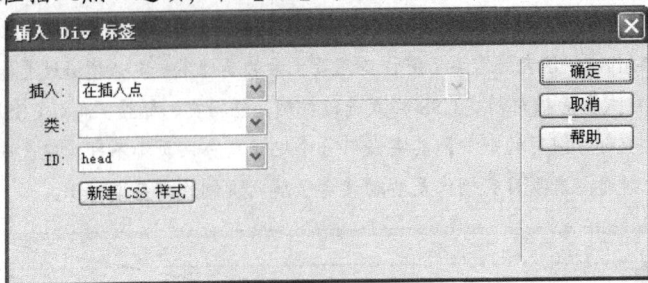

图8-3 【插入 Div 标签】对话框

> **重要提示** 单击 新建 CSS 样式 按钮可以同时创建 Div 标签"head"的 CSS 样式，也可以单击 确定 按钮直接插入 Div 标签，以后再创建 CSS 样式。

3. 单击 确定 按钮插入 Div 标签，如图 8-4 所示。

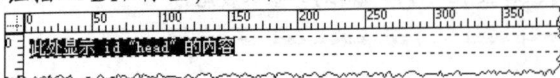

图8-4 插入 Div 标签

4. 将光标移到 Div 标签边框上单击，选中刚插入的 Div，其【属性】面板如图 8-5 所示。

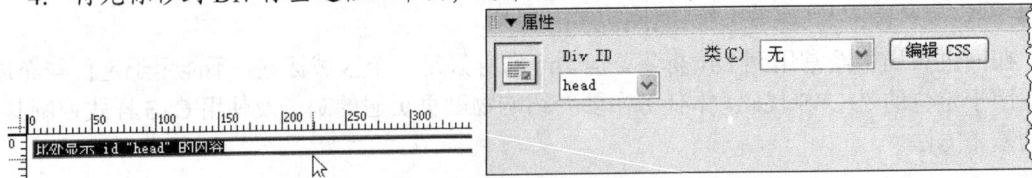

图8-5 Div 标签的【属性】面板

5. 在 Div 标签的【属性】面板中，单击 编辑 CSS 按钮，打开【CSS 样式】面板，单击 全部 按钮进入显示文档所有的 CSS 样式模式，如图8-6 所示。

> **重要提示** 单击 全部 按钮可以显示当前网页中所有的 CSS 样式，单击 正在 按钮显示当前所选择网页元素的 CSS 样式信息。【CSS 样式】面板右下角从左到右的 4 个按钮的作用分别是：附加样式表、新建 CSS 规则、编辑 CSS 规则和删除 CSS 规则。

6. 在【CSS 样式】面板中单击▣按钮，打开【新建 CSS 规则】对话框，如图 8-7 所示。

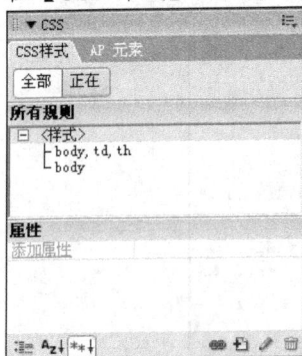

图8-6 【CSS 样式】面板

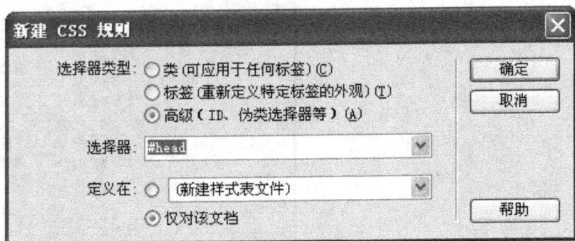

图8-7 【新建 CSS 规则】对话框

　选择【仅对该文档】单选按钮，会将新建的 CSS 规则写入到当前网页文件中，否则将新建的 CSS 规则保存到扩展名为".css"的样式表文件中。

7. 单击 确定 按钮，打开【#head 的 CSS 规则定义】对话框，并切换到【方框】分类，参数设置如图 8-8 所示。

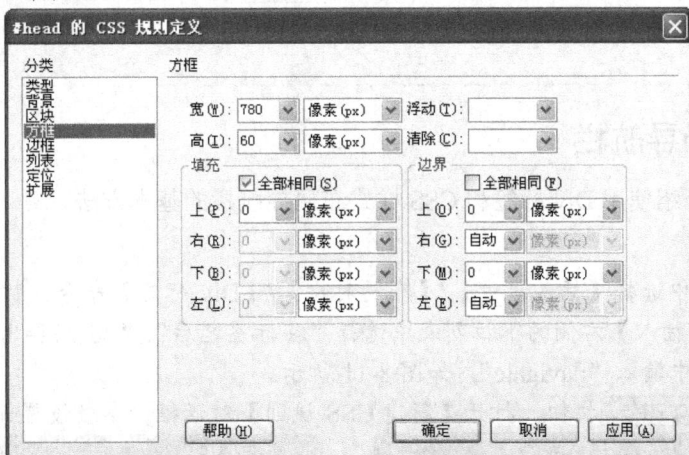

图8-8　设置参数

　只将【边界】选项组中的左右边界设置为"自动"，即可使 Div 标签居中显示。

知识链接

❖　在【方框】分类中的【填充】和【边界】选项组与表格【属性】面板中的【填充】和【间距】选项是两个不同的概念，要设置表格的【填充】和【间距】属性可以通过【属性】面板进行设置，不能通过【方框】分类中的【填充】和【边界】进行设置。

❖　对表格应用【方框】分类中的【边界】属性只影响表格本身所在块元素周围的空格填充数量，与表格本身无关。

8. 单击 确定 按钮关闭【#head 的 CSS 规则定义】对话框，效果如图 8-9 所示。

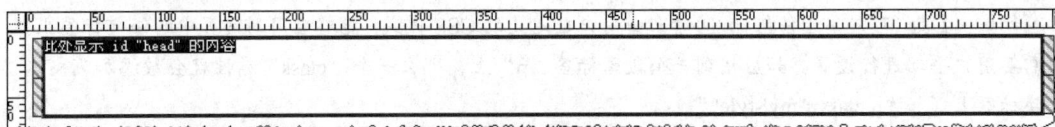

图8-9　设置参数后的 Div 效果

9. 将 Div 标签内的文本删除，然后插入图像"logo.jpg"，如图 8-10 所示。

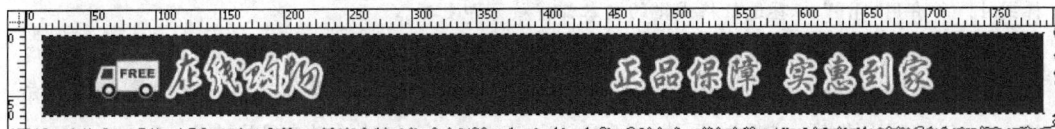

图8-10　插入图像

10. 保存文件。

知识链接

使用 Div 标签布局网页，它的对齐方式只有"左对齐"和"右对齐"，如果要使 Div 标签居中显示，将它的边界，特别是左边界和右边界设置为"自动"即可。Div 标签的【属性】面板比较简单，只有【Div ID】和【类】两个下拉列表框和一个 编辑CSS 按钮。使用 Div 标签布局网页必须和 CSS 相结合，它的大小、背景等内容需要通过 CSS 来控制。

操作二　布局导航栏

本操作主要介绍使用 Div 标签和 CSS 样式布局导航栏的基本方法。

【操作步骤】

1. 在主菜单中选择【插入记录】/【布局对象】/【Div 标签】命令，打开【插入 Div 标签】对话框，在【插入】右侧的下拉列表中选择"在标签之后"、"<div id="head">"选项，在【ID】下拉列表框中输入"navigate"，如图 8-11 所示。

2. 单击 新建CSS样式 按钮，打开【新建 CSS 规则】对话框，参数设置如图 8-12 所示。

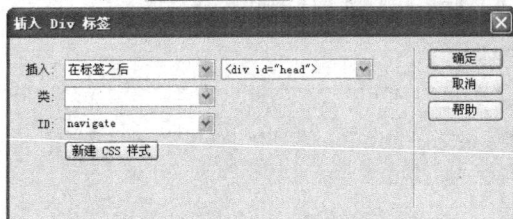

图8-11　【插入 Div 标签】对话框　　　　图8-12　【新建 CSS 规则】对话框

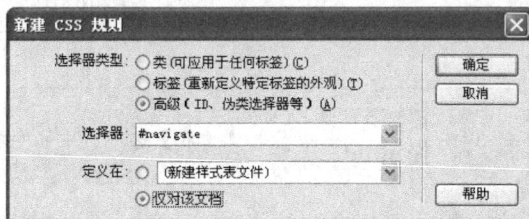

知识链接

CSS 是 "Cascading Style Sheet" 的缩写，可译为"层叠样式表"或"级联样式表"。形象地说，CSS 可以使直线显示为虚线，可以使表格只显示一条边框，可以使网页背景固定不动，可以使文字产生阴影等效果。可以说，CSS 简化了 HTML 中各种烦琐的标签，扩展了原先的标签功能，能够实现更多的效果。在下面各任务中将介绍使用 CSS 样式控制网页外观的基本方法。在 Dreamweaver 中，根据选择器的不同类型，CSS 样式被划分为 3 大类。

❖ 【类（可应用于任何标签）】：由用户自定义的 CSS 样式，能够应用到网页中的任何标签上，需要用户手动进行设置。如应用到一个段落标签 "p" 上，那么一个 "class" 属性就会被添加到文本块标签上（如 "p class="myStyle""）。

❖ 【标签（重新定义特定标签的外观）】：对现有的 HTML 标签进行重新定义，当创建或改变该样式时，所有应用了该样式的格式都会自动更新。例如，当创建或修改 "h1" 标签（标题1）的 CSS 样式时，所有用 "h1" 标签进行格式化的文本都将被立即更新。

❖ 【高级（ID、伪类选择器等）】：该样式是对某些标签组合（如 "td h2" 表示所有在单元格中出现 "h2" 的标题）或者是含有特定 ID 属性的标签（如 "#myStyle" 表示所有属性值中有 "ID="myStyle"" 的标签）应用样式。样式设置好后，Dreamweaver 会自动应用该样式。而 "#myStyle1 a:visited,#myStyle2 a:link, #myStyle3…" 表示可以一次性定义相同属性的多个 CSS 样式。

3. 单击 [确定] 按钮打开【#navigate 的 CSS 规则定义】对话框，在【类型】分类中将行高设置为"30 像素"，如图 8-13 所示。

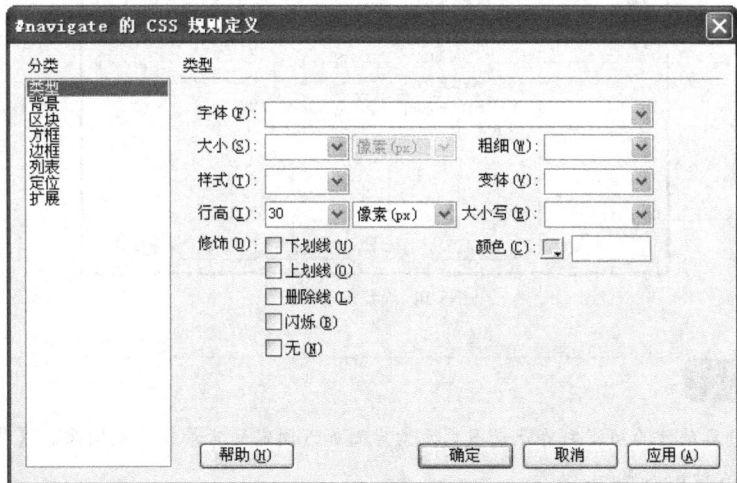

图8-13 设置行高

知识链接

【类型】属性主要用于定义网页中文本的字体、大小、颜色、样式、文本链接的修饰线等，其中包含 9 种 CSS 属性，全部是针对网页中的文本的。

❖ 【字体】：属性名为"font-family"，用于指定文本的字体。

❖ 【大小】：属性名为"font-size"，支持 9 种度量单位，常用单位是"像素(px)"。

❖ 【粗细】：属性名为"font-weight"，用于为字体设置粗细效果，有"正常"（normal）、"粗体"（bold）、"特粗"（bolder）、"细体"（lighter）及 9 组具体粗细值等 13 种选项。

❖ 【样式】：属性名为"font-style"，用于设置字体的风格，有"正常"（normal）、"斜体"（italic）和"偏斜体"（oblique）3 个选项。

❖ 【变体】：属性名为"font-variant"，可以将正常文字缩小一半后大写显示。

❖ 【行高】：属性名为"line-height"，用于设置行的高度，有"正常"（normal）和"（值）"（value，常用单位为"px"）两个选项。

❖ 【大小写】：属性名为"text-transform"，可以使设计者轻而易举地控制字母的大小写，有"首字母大写"（capitalize）、"大写"（uppercase）、"小写"（lowercase）和"无"（none）4 个选项。

❖ 【修饰】：属性名为"text-decoration"，用于控制文本的显示形态，有【下划线】（underline）、【上划线】（overline）、【删除线】（line-through）、【闪烁】（blink）和【无】（none，使上述效果都不会发生）5 种修饰方式可供选择。

❖ 【颜色】：属性名为"color"，用于设置文本的颜色。

4. 切换到【背景】分类，将背景颜色设置为"#FF9900"，如图 8-14 所示。

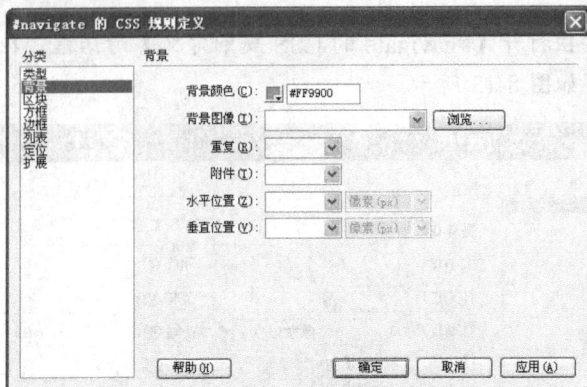

图8-14　设置背景颜色

知识链接

　　【背景】分类属性的功能主要是在网页元素后面加入固定的背景颜色或图像。【背景】属性面板中包含以下6种CSS属性。

❖　【背景颜色】：属性名为"background-color"，用于设置网页背景的颜色。

❖　【背景图像】：属性名为"background-image"，用于为网页设置背景图像。

❖　【重复】：属性名为"background-repeat"，用于控制背景图像的平铺方式，有"不重复"（no-repeat，图像不平铺）、"重复"（repeat，图像沿水平、垂直方向平铺）、"横向重复"（repeat-X，图像沿水平方向平铺）和"纵向重复"（repeat-Y，图像沿垂直方向平铺）4个选项。

❖　【附件】：属性名为"background-attachment"，用来控制背景图像是否会随页面的滚动而滚动，有"固定"（fixed，文字滚动时，背景图像保持固定）和"滚动"（scroll，背景图像随文字内容一起滚动）两个选项。

❖　【水平位置】/【垂直位置】：属性名为"background-position"，用来确定背景图像的水平或垂直位置，有"左对齐"（left，将背景图像与前景元素左对齐）、"右对齐"（right）、"顶部"（top）、"底部"（bottom）、"居中"（center）、"（值）"（value，自定义背景图像的起点位置，可对背景图像的位置做出更精确的控制）等选项。

5. 切换到【区块】分类，将文本对齐方式设置为"居中"，如图8-15所示。

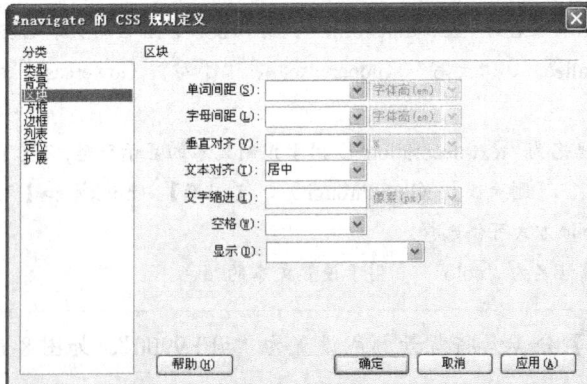

图8-15　设置文本对齐方式

知识链接

　　CSS 中的【区块】属性指的是网页中的文本、图像和层等替代元素，它主要用于控制块中内容的间距、对齐方式和文字缩进等。该属性面板中包含以下 7 种 CSS 属性。

❖　【单词间距】：属性名为"word-spacing"，主要用于控制文字间相隔的距离，有"正常"（normal）和"（值）"（value，自定义间隔值）两种选择方式。当选择"（值）"选项时，可用的单位有"英寸(in)"、"厘米(cm)"、"毫米(mm)"、"点数(pt)"、"12pt 字(pc)"、"字体高(em)"、"字母 x 的高(ex)"和"像素(px)" 8 个选项。

❖　【字母间距】：属性名为"letter-spacing"，其作用与单词间距类似，也有"正常"（normal）和"值"（value，自定义间隔值）两种选择方式。

❖　【垂直对齐】：属性名为"vertical-align"，用于控制文字或图像相对于其母体元素的垂直位置。如果将一个 2 像素×3 像素的 GIF 图像同其母体元素文字的顶部垂直对齐，则该 GIF 图像将在该行文字的顶部显示。该属性共有"基线"（baseline，将元素的基准线同母体元素的基准线对齐）、"下标"（sub，将元素以下标的形式显示）、"上标"（super，将元素以上标的形式显示）、"顶部"（top，将元素顶部同最高的母体元素对齐）、"文本顶对齐"（text-top，将元素的顶部同母体元素文字的顶部对齐）、"中线对齐"（middle，将元素的中点同母体元素的中点对齐）、"底部"（bottom，将元素的底部同最低的母体元素对齐）、"文本底对齐"（text-bottom，将元素的底部同母体元素文字的底部对齐）及"（值）"（value，自定义）9 个选项。

❖　【文本对齐】：属性名为"text-align"，用于设置块的水平对齐方式，有"左对齐"（left）、"右对齐"（right）、"居中"（center）和"两端对齐"（justify）4 个选项。

❖　【文字缩进】：属性名为"text-indent"，用于控制块的缩进程度。

❖　【空格】：属性名为"white-space"。在 HTML 中，空格是被省略的，也就是说，在一个段落标签的开头无论输入多少个空格都是无效的。要输入空格有两种方法，一是直接输入空格的代码" "，二是使用"<pre>"标签。在 CSS 中则使用"white-space"属性控制空格的输入。该属性有"正常"（normal）、"保留"（pre）和"不换行"（nowrap）3 个选项。

❖　【显示】：属性名为"display"，用于设置该区块的显示方式，共有 17 种，分别是"无"（none）、"内嵌"（inline）、"块"（block）、"列表项"（list-item）、"追加部分"（run-in）、"紧凑"（compact）、"标记"（marker）、"表格"（table）、"内嵌表格"（inline-table）、"表格行组"（table-row-group）、"表格标题组"（table-header-group）、"表格注脚组"（table-footer-group）、"表格行"（table-row）、"表格列组"（table-column-group）、"表格列"（table-column）、"表格单元格"（table-cell）和"表格标题"（table-caption）。

　　6.　切换到【方框】分类，参数设置如图 8-16 所示。

重要提示　　CSS 将网页中所有的块元素都看做是包含在一个方框中的，这个方框共分为 4 个部分，如图 8-17 所示。

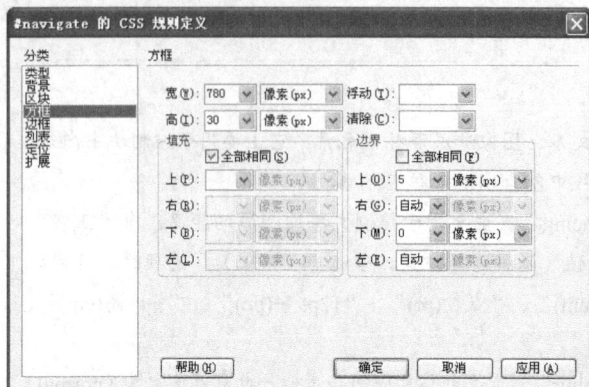

图8-16 设置宽度、高度和边界

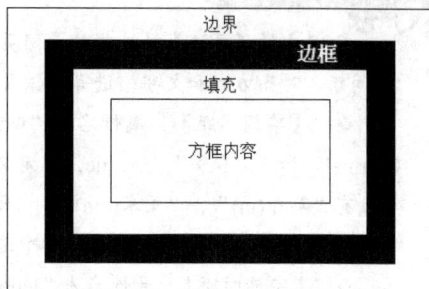

图8-17 方框组成示意图

知识链接

【方框】属性包含6种CSS属性。

❖ 【宽】：属性名为"width"，用于确定方框本身的宽度，可以使方框的宽度不依靠其所包含内容的多少。

❖ 【高】：属性名为"height"，用于确定方框本身的高度。

❖ 【浮动】：属性名为"float"，用于设置块元素的浮动效果。

❖ 【清除】：属性名为"clear"，用于清除设置的浮动效果。

❖ 【填充】：属性名为"margin"，用于控制围绕边框的填充大小，包含了【上】（margin-top，控制上边距的宽度）、【右】（margin-right，控制右边距的宽度）、【下】（margin-bottom，控制下边距的宽度）和【左】（margin-left，控制左边距的宽度）4个选项。

❖ 【边界】：属性名为"padding"，用于确定围绕块元素的空格填充数量，包含了【上】（padding-top，控制上留白的宽度）、【右】（padding-right，控制右留白的宽度）、【下】（padding-bottom，控制下留白的宽度）和【左】（padding-left，控制左留白的宽度）4个选项。

7. 单击 确定 按钮返回【新建CSS规则】对话框，单击 确定 按钮，关闭【新建CSS规则】对话框，效果如图8-18所示。

图8-18 插入和设置Div标签

8. 将Div标签内的文本删除，然后输入导航文本，并添加空链接，如图8-19所示。

图8-19 输入文本并添加空链接

9. 选中导航栏中的任一链接文本，然后在【CSS样式】面板中单击 按钮，打开【新建CSS规则】对话框，在【选择器】列表框中输入"#navigate a:link,#navigate a:visited"，如图8-20所示。

10. 单击 确定 按钮，打开 CSS 规则定义对话框，参数设置如图 8-21 所示。

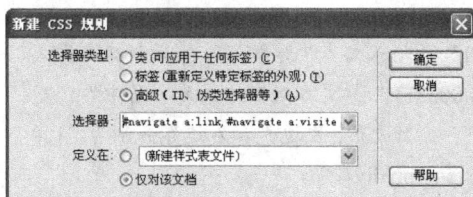

图8-20 【新建 CSS 规则】对话框

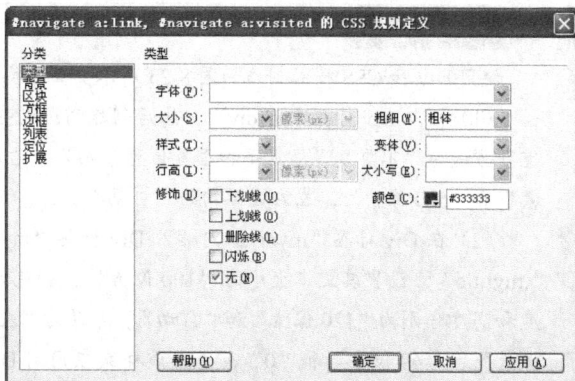

图8-21 设置参数

11. 按照同样的方法，创建高级 CSS 样式 "#navigate a:hover"，如图 8-22 所示。

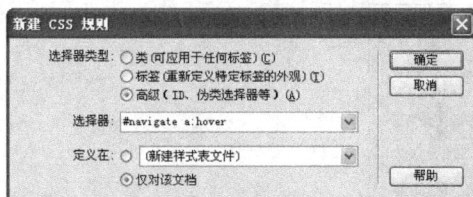

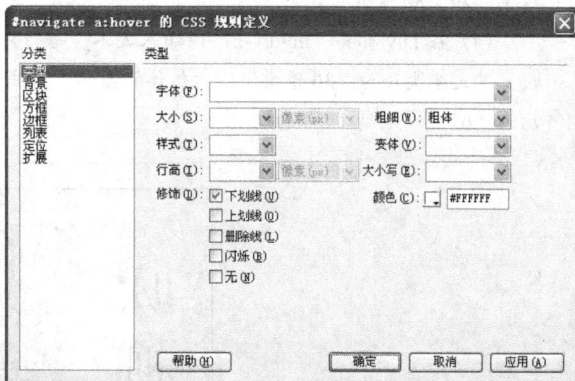

图8-22 设置参数

12. 保存文件。

重要提示　　如果用户对 CSS 的属性非常了解，还可以直接在【CSS】面板中设置 CSS 样式的属性。

知识链接

3 种选择器各自的特点如下。

❖ 【类】CSS 样式：用于存放文档中标签的共同属性，网页元素使用该类 CSS 样式时，需添加引用。

❖ 【标签】CSS 样式：用于改变或者扩展文档中某些特定的 HTML 标签的属性。

❖ 【高级】CSS 样式：是用于改变标签组合、命名 ID 标签属性最好的方式。

【新建 CSS 规则】对话框中的【定义在】选项右侧是两个单选项，它们决定了所创建的 CSS 样式的保存方法。选择【仅对该文档】单选按钮，则将 CSS 样式保存在当前的文档中，包含在文档的头部标签 "<head>...</head>" 内。而如果选择【（新建样式表文件）】单选按钮，则将新建一个专门用来保存 CSS 样式的文件，它的文件扩展名为 ".css"。网页文档要使用样式表文件中的 CSS 样式时，将通过 "附加样式表" 命令，将 CSS 文件链接或者导入到文档中。

课堂练习

使用 Div 和 CSS 技术制作如图 8-23 所示页面，操作提示如下。

（1）插入 Div 标签"mydiv"，然后创建高级 CSS 样式"# mydiv"，设置其背景为"bg.jpg"，重复方式为"不重复"，水平和垂直位置分别为"右对齐"和"居中"，宽度和高度分别为"550 像素"和"500 像素"，左右边界均为"自动"。

（2）在 Div 标签"mydiv"内插入 Div 标签"mydiv-1"并输入文本"咏柳"，然后创建类样式".mytitle"，设置其文本大小为"100 像素"，颜色为"#0033FF"，文本对齐方式为"居中"，宽度和高度分别为"120 像素"和"自动"，浮动为"左对齐"，上边界、左边界和右边界分别为"100 像素"、"40 像素"和"0"，并将该样式应用到 Div 标签"mydiv-1"。

（3）在 Div 标签"mydiv-1"后插入 Div 标签"mydiv-2"，然后创建高级 CSS 样式"# mydiv-2"，设置其宽度和高度分别为"300 像素"和"自动"，浮动为"左对齐"，上边界和左边界分别为"50 像素"和"80 像素"。

（4）在 Div 标签"mydiv-2"内输入文本，每行以 Enter 键结束，然后创建标签 CSS 样式"p"，设置其文本大小为"36 像素"，"粗体"显示，行高为"85 像素"，颜色为"#FF0000"，上下边界均为"0"。

图8-23 Div 标签和 CSS 样式应用

任务二　制作网页主体

在本项目制作的购物网页中，购物网页左侧部分仍然是商品的导航栏，右侧部分为具体商品介绍等。本任务主要介绍购物网页主体部分的制作及使用 CSS 样式控制网页外观的基本方法。

操作一　制作左侧栏目

本操作主要是制作购物网页左侧栏目。

【操作步骤】

1. 在主菜单中选择【插入记录】/【布局对象】/【Div 标签】命令，打开【插入 Div 标签】对话框，在【插入】右侧的下拉列表中分别选择"在标签之后"、"<div id="navigate">"选项，在【ID】下拉列表框中输入"main"，如图8-24所示。

2. 单击 新建 CSS 样式 按钮，打开【新建CSS规则】对话框，参数设置如图8-25所示。

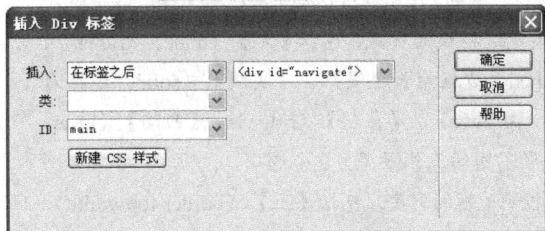

图8-24　【插入Div标签】对话框　　　　　　　图8-25　【新建CSS规则】对话框

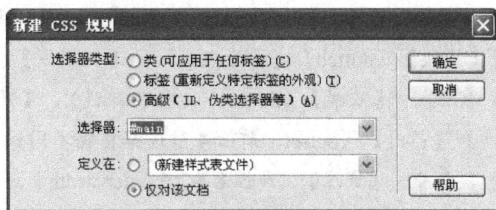

3. 单击 确定 按钮打开【# main 的 CSS 规则定义】对话框，参数设置如图8-26所示。

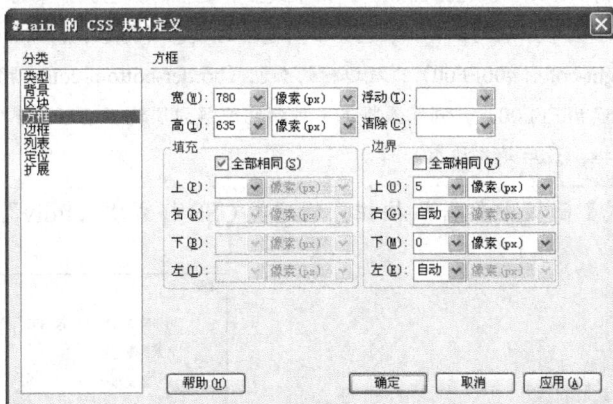

图8-26　设置方框参数

4. 单击 确定 按钮，返回【新建CSS规则】对话框，继续单击 确定 按钮关闭【新建CSS规则】对话框。

5. 将Div标签"main"内的文本删除，然后在其中插入Div标签"mainleft"，并创建高级CSS样式"# mainleft"，参数设置如图8-27所示。

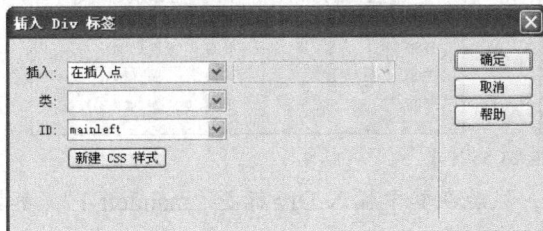

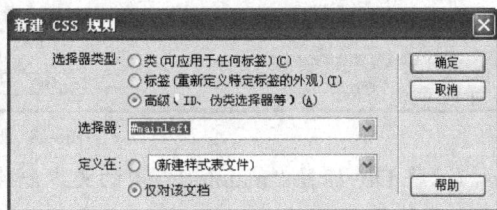

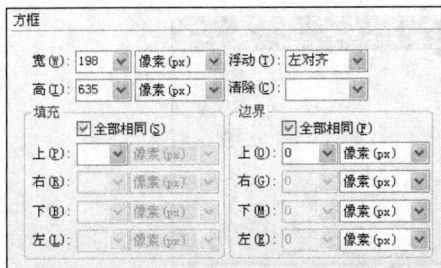

图8-27　插入Div标签"mainleft"并创建CSS样式

知识链接

网页元素边框的效果是在【边框】分类对话框中进行设置的，该属性对话框中共包括3种CSS属性。

❖ 【样式】：属性名为"border-style"，用于设定边框线的样式，包括【无】（none，无边框）、【虚线】（dotted，边框为点线）、【点划线】（dashed，边框为长短线）、【实线】（solid，边框为实线）、【双线】（double，边框为双线）、【槽状】（groove）、【脊状】（ridge）、【凹陷】（inset）和【凸出】（outset，前面4种选择根据不同颜色设置不同的三维效果）9个选项。

❖ 【宽度】：属性名为"border-width"，用于控制边框的宽度，包括【上】（border-top-width，顶边框的宽度）、【右】（border-right-width，右边框的宽度）、【下】（border-bottom-width，底边框的宽度）和【左】（border-left-width，左边框的宽度）4个选项。

❖ 【颜色】：属性名为"border-color"，用于设置各边框的颜色。如果想使边框的4条边显示不同的颜色，可以在设置中分别列出各种颜色，如顶边框的颜色（border-top-color: #FF0000），右边框的颜色（border-right-color: #00FF00），底边框的颜色（border-bottom-color: #0000FF），左边框的颜色（border-left-color: #FFFF00）。浏览器将第1种颜色理解为顶边框的颜色参数值，第2种颜色为右边框，然后是底边框，最后是左边框。

6. 在【CSS样式】面板中单击 按钮，创建类CSS样式".leftdiv"，参数设置如图8-28所示。

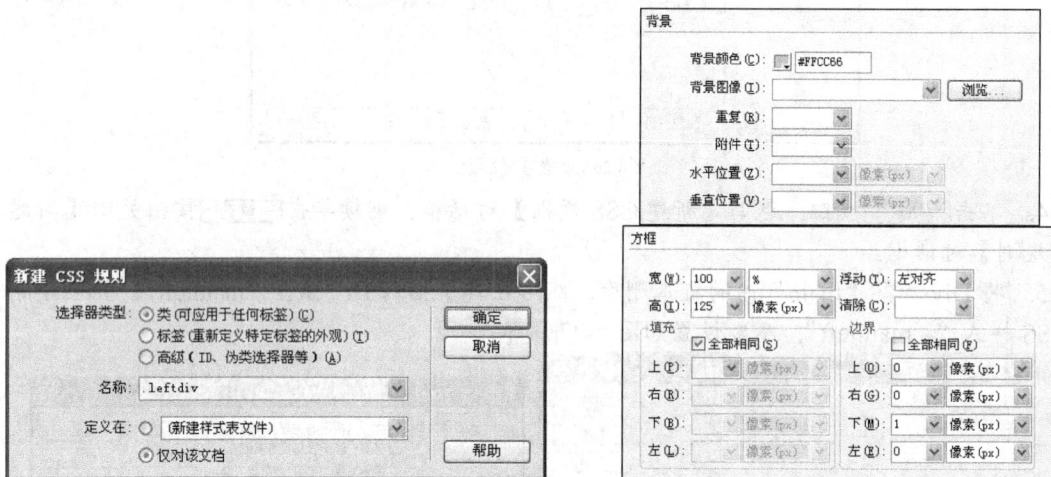

图8-28 创建类CSS样式

7. 将Div标签"mainleft"内的文本删除，然后在其中插入Div标签"mainleft-1"，参数设置如图8-29所示。

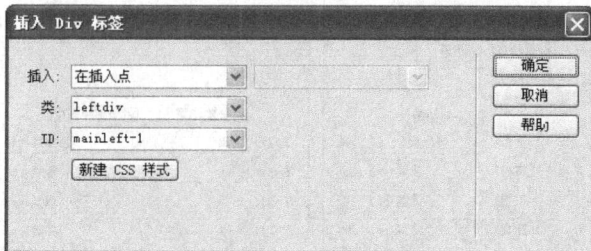

图8-29 插入Div标签"mainleft-1"

8. 单击 确定 按钮插入应用了类样式“.leftdiv”的 Div 标签“mainleft-1”，如图 8-30 所示。

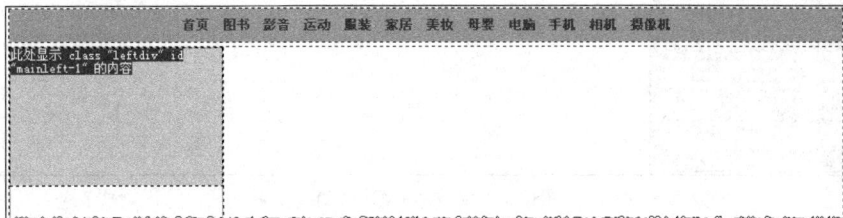

图8-30 插入 Div 标签“mainleft-1”

9. 在 Div 标签“mainleft-1”之后继续插入 Div 标签“mainleft-2”，如图 8-31 所示。

10. 在 Div 标签“mainleft-2”之后继续插入 Div 标签“mainleft-3”，如图 8-32 所示。

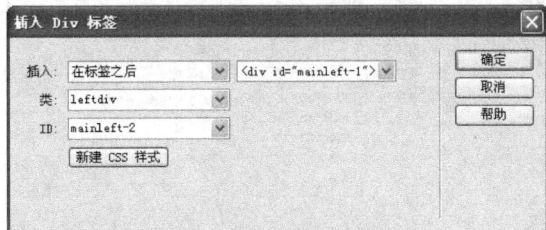

图8-31 插入 Div 标签“mainleft-2”

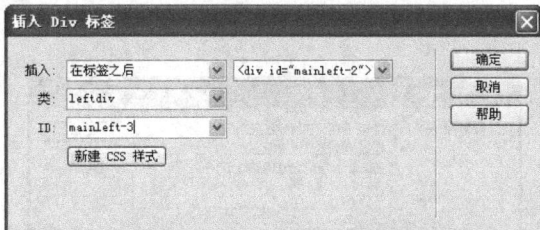

图8-32 插入 Div 标签“mainleft-3”

11. 在 Div 标签“mainleft-3”之后继续插入 Div 标签“mainleft-4”，如图 8-33 所示。

12. 将 Div 标签“mainleft-1”中的文本删除，然后插入一个 5 行 3 列的表格，表格宽度为“180 像素”，填充、间距和边框均为“0”，表格对齐方式为“居中对齐”。

13. 将表格所有单元格的水平对齐方式设置为“居中对齐”，宽度和高度分别为“60”

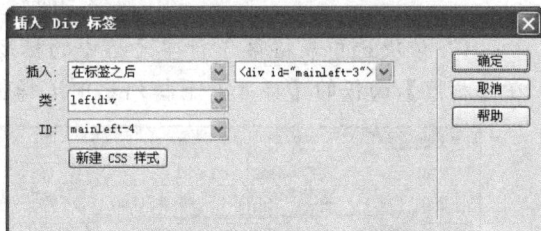

图8-33 插入 Div 标签“mainleft-4”

和“25”，填充、间距和边框均为“0”，表格对齐方式为“居中对齐”，并将第 1 行的 3 个单元格进行合并，如图 8-34 所示。

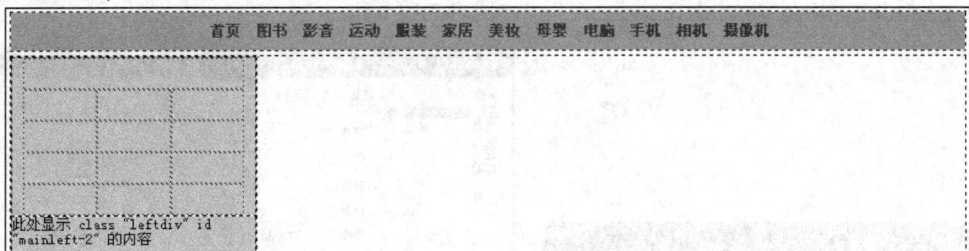

图8-34 插入表格

14. 将 Div 标签“mainleft-2”、“mainleft-3”、“mainleft-4”中的文本依次删除，然后复制 Div 标签“mainleft-1”中的表格，并依次粘贴到 Div 标签“mainleft-2”、“mainleft-3”、“mainleft-4”中。

15. 在 Div 标签“mainleft-1”、“mainleft-2”、“mainleft-3”、“mainleft-4”中的单元格内输入相应的文本，并给每个表格第 2～5 行单元格内的文本添加空链接，效果如图 8-35 所示。

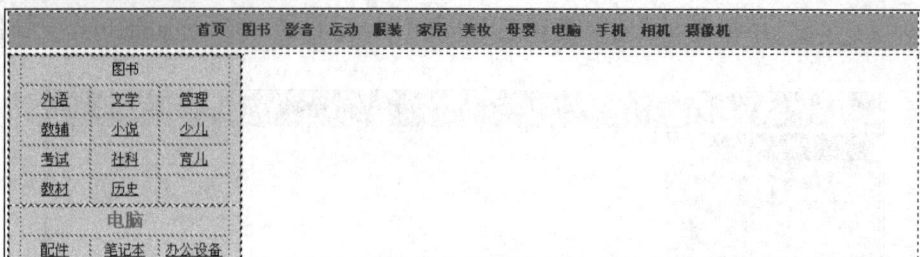

图8-35 输入文本并添加空链接

16. 在【CSS 样式】面板中单击 按钮，创建类 CSS 样式，参数设置如图 8-36 所示。

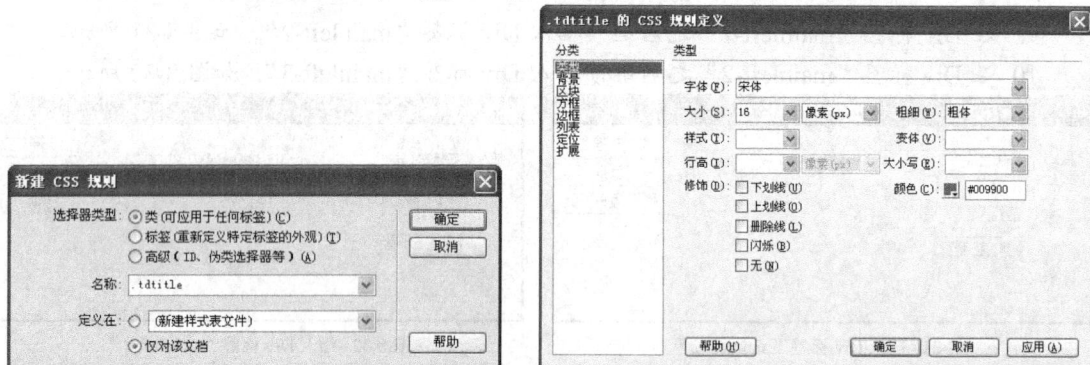

图8-36 创建类样式

17. 依次选中表格第 1 行单元格中的标题文本"图书"、"电脑"、"家电"、"家居"，然后在【属性】面板的【样式】下拉列表中选择创建的类样式"tdtitle"，如图 8-37 所示。

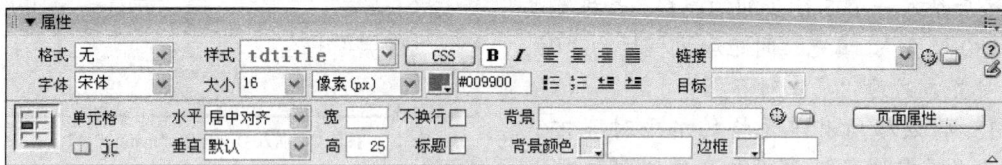

图8-37 应用类样式"tdtitle"

18. 选中表格中的任一链接文本，然后在【CSS 样式】面板中单击 按钮，创建高级 CSS 样式"#mainleft a:link, #mainleft a:visited"，如图 8-38 所示。

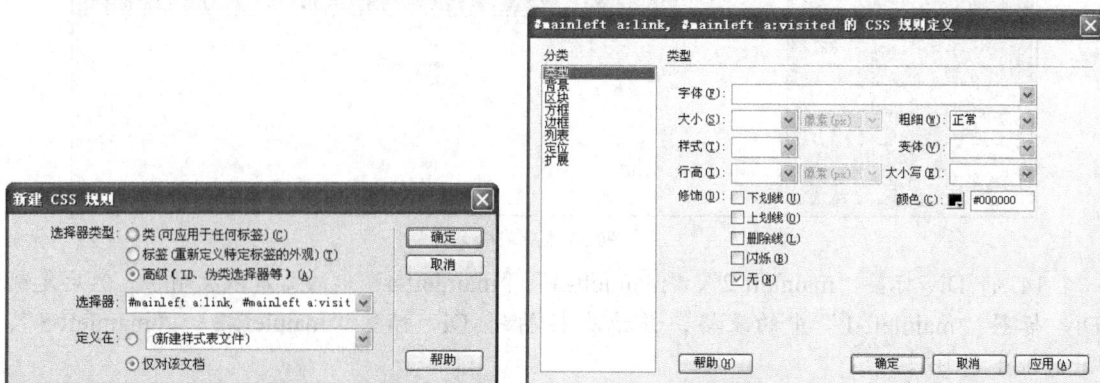

图8-38 创建高级 CSS 样式"#mainleft a:link, #mainleft a:visited"

19. 接着继续创建高级 CSS 样式"# mainleft a:hover"，如图 8-39 所示。

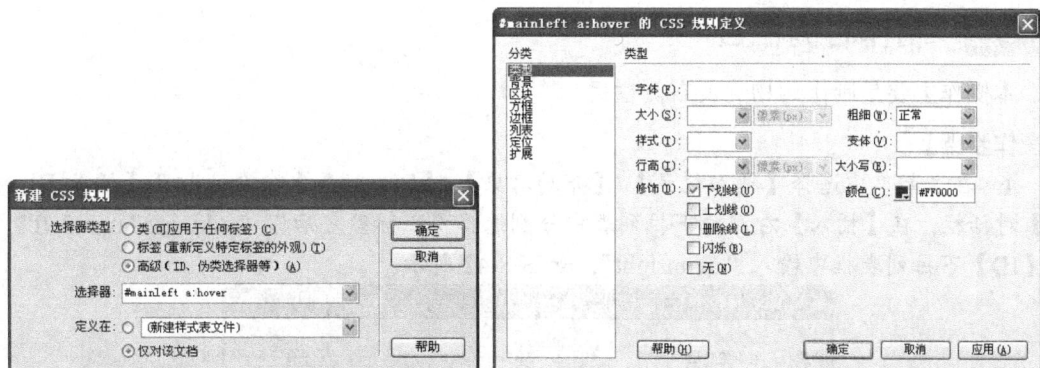

图8-39 创建高级 CSS 样式 "#mainleft a: hover"

重要提示　为了增强可视效果，下面给 Div 标签 "mainleft-1"、"mainleft-2"、"mainleft-3"、"mainleft-4" 应用 "改变属性" 行为，当鼠标悬在 Div 标签上时，背景颜色变为白色，当鼠标离开 Div 标签时，恢复原来的颜色。关于行为的知识将在项目十一进行详细介绍。

20. 选中 Div 标签 "mainleft-1"，然后在主菜单中选择【窗口】/【行为】命令打开【行为】面板，在【行为】面板中单击 按钮打开行为菜单，从中选择【改变属性】命令打开【改变属性】对话框，并进行参数设置，然后单击 确定 按钮关闭对话框，同时将触发事件设置为 "onMouseOver"，如图 8-40 所示。

图8-40 应用行为

21. 接着在行为菜单中选择【改变属性】命令打开【改变属性】对话框并进行参数设置，然后单击 确定 按钮关闭对话框，同时将触发事件设置为 "onMouseOut"，如图 8-41 所示。

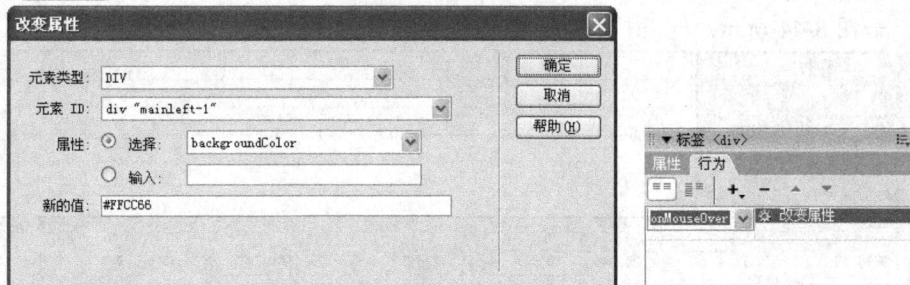

图8-41 应用行为

22. 运用同样的方法依次给 Div 标签 "mainleft-2"、"mainleft-3"、"mainleft-4" 应用 "改变属性" 行为。

23. 保存文件。

操作二　制作右侧栏目

本操作主要是制作购物网页右侧栏目。

【操作步骤】

1. 在主菜单中选择【插入记录】/【布局对象】/【Div 标签】命令，打开【插入 Div 标签】对话框，在【插入】右侧的下拉列表中分别选择"在标签之后"、"<div id="mainleft">"，在【ID】下拉列表框中输入"mainright"，如图 8-42 所示。

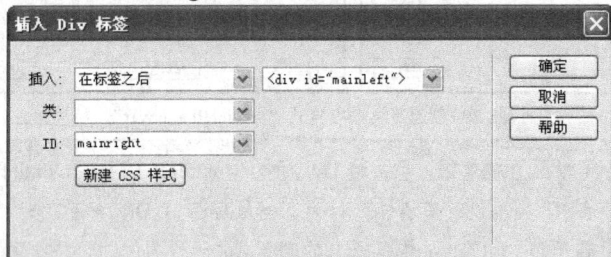

图8-42　【插入 Div 标签】对话框

2. 单击 新建 CSS 样式 按钮，创建高级 CSS 样式"#mainright"，参数设置如图 8-43 所示。

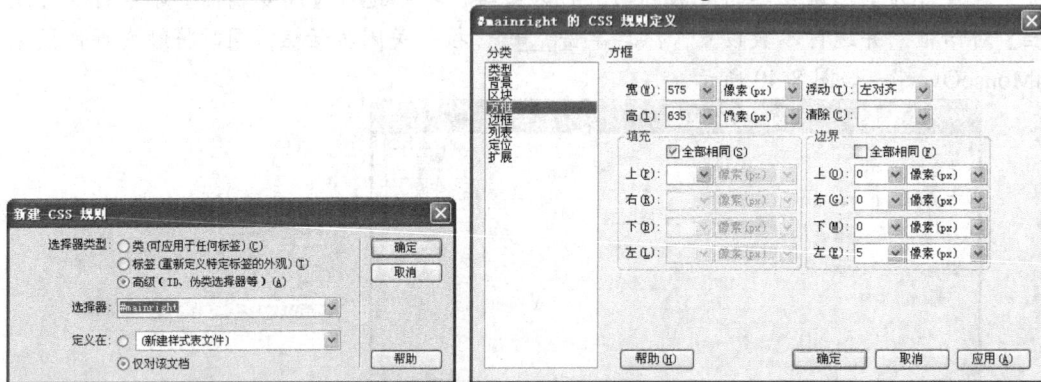

图8-43　创建高级 CSS 样式"#mainright"

3. 将 Div 标签"mainright"内的文本删除，然后插入一个 4 行 3 列的表格，设置表格 Id 名称为"tejia"，宽度为"540 像素"，填充为"5"，间距和边框均为"0"，表格对齐方式为"居中对齐"，如图 8-44 所示。

图8-44　插入表格

4. 将表格第 1 行单元格水平对齐方式设置为"居中对齐"，宽度设置为"170"，如图 8-45 所示。

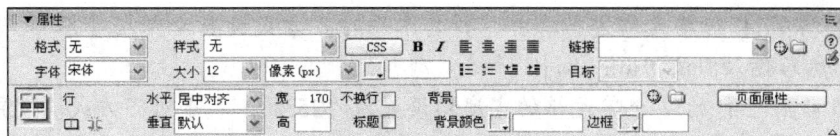

图8-45　设置单元格属性

5. 在第 1 行的 3 个单元格中依次插入图像"tejia-1.jpg"、"tejia-2.jpg"、"tejia-3.jpg"，在每幅图像下面的单元格中输入相应的文本，并通过【文本】/【样式】/【删除线】命令给"原价："后面的文本添加删除线效果，如图 8-46 所示。

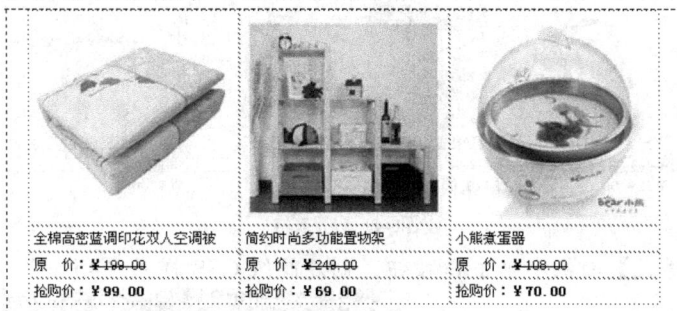

图8-46　插入图像并输入文本

6. 在【CSS 样式】面板中单击 按钮，创建高级 CSS 样式"#tejia"，如图 8-47 所示。

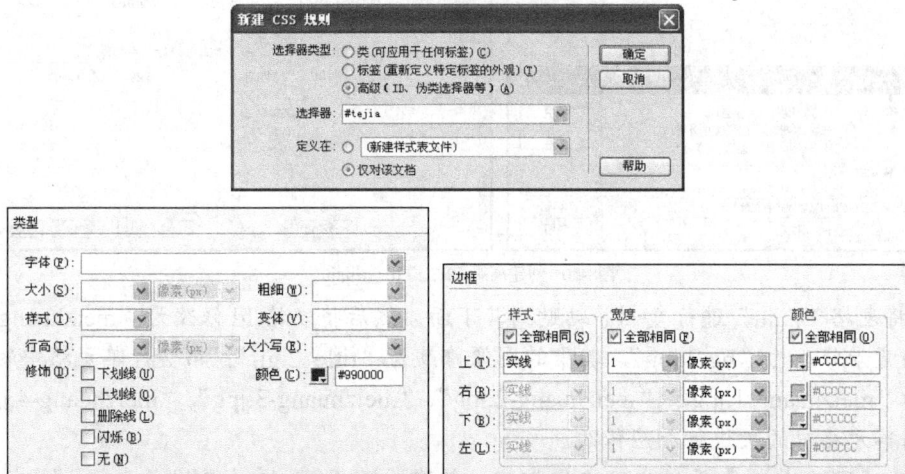

图8-47　创建高级 CSS 样式"#tejia"

7. 在表格"tejia"的下面继续插入一个 5 行 4 列的表格，设置表格 Id 名称为"jiaju"，宽度为"540 像素"，间距为"5"，填充和边框均为"0"，表格对齐方式为"居中对齐"，如图 8-48 所示。

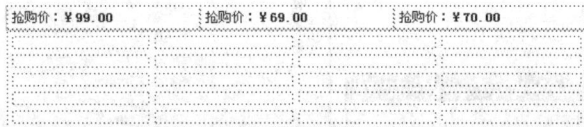

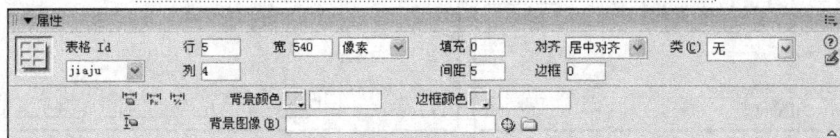

图8-48　插入表格

103

8. 将表格第 1 行单元格进行合并，将其水平对齐方式设置为"左对齐"，背景设置为"bg-1.jpg"，然后插入图像"title_1.gif"。

9. 将表格第 2 行的 4 个单元格的宽度均设置为"25%"，水平对齐方式均设置为"居中对齐"，然后依次插入图像"jiaju-1.jpg"、"jiaju-2.jpg"、"jiaju-3.jpg"、"jiaju-4.jpg"。

10. 在每幅图像下面的单元格中输入相应的文本，并通过【文本】/【样式】/【删除线】命令给原价文本添加删除线效果，如图 8-49 所示。

图8-49 设置表格

11. 在【CSS 样式】面板中单击 按钮，创建高级 CSS 样式"#jiaju"，如图 8-50 所示。

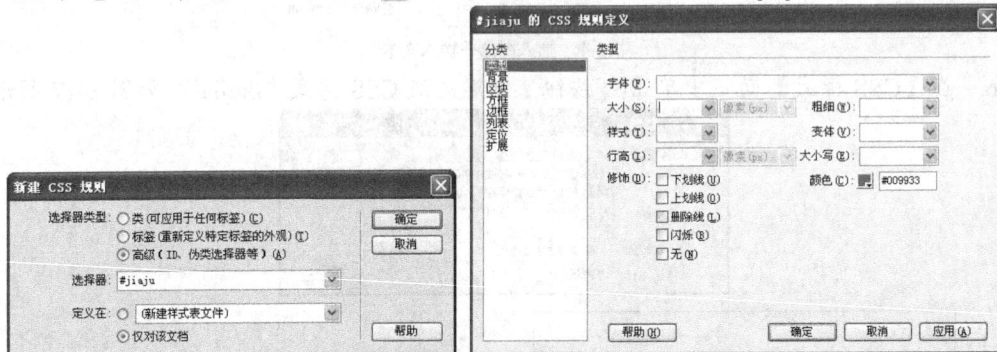

图8-50 创建高级 CSS 样式"#jiaju"

12. 将表格"jiaju"进行复制并粘贴到其下面，然后将表格 Id 修改为"meizhuang"，第 1 行单元格背景修改为"bg-2.jpg"，其中的图像修改为"title_2.gif"，第 2 行单元格中的图像依次修改为"meizhuang-1.jpg"、"meizhuang-2.jpg"、"meizhuang-3.jpg"、"meizhuang-4.jpg"，将图像下面单元格中的文进行相应修改。

13. 在【CSS 样式】面板中单击 按钮，创建高级 CSS 样式"#meizhuang"，如图 8-51 所示。

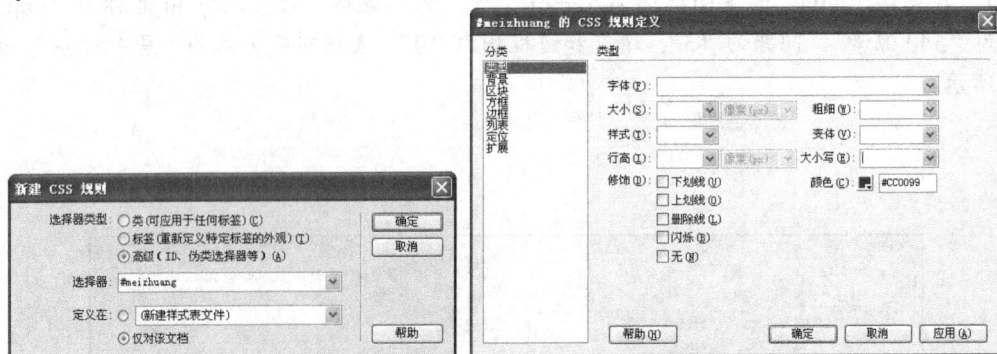

图8-51 创建高级 CSS 样式"#meizhuang"

14. 保存文件。

知识链接

　　CSS 规则定义对话框共包括 8 个分类，在上面的操作中已经学习了【类型】、【背景】、【区块】、【方框】和【边框】5 个分类的内容，下面对另外 3 个进行简要介绍。

　　（1）【列表】分类用于控制列表内的各项元素，包含以下 3 种 CSS 属性，如图 8-52 所示。

　　❖ 【类型】：属性名为"list-style-type"，用于确定列表内每一项前使用的符号。

　　❖ 【项目符号图像】：属性名为"list-style-image"，用于将列表前面的符号换为图形。

　　❖ 【位置】：属性名为"list-style-position"，用于描述列表的位置，有"外"（outside，在方框之外显示）和"内"（inside，在方框之内显示）两个选项。

　　（2）【定位】分类可以使网页元素随处浮动，这对于一些固定元素（如表格）来说，是一种功能的扩展，而对于一些浮动元素（如 AP Div）来说，却是有效的、用于精确控制浮动元素位置的方法，【定位】分类如图 8-53 所示。

　　（3）【扩展】分类包含两部分：【分页】选项组用于为打印的页面设置分页符；【视觉效果】选项组用于为网页中的元素添加特殊效果，【光标】选项可以指定在某个元素上要使用的光标形状，【滤镜】选项可以为网页元素添加多种特殊的显示效果，如阴影、模糊、透明、光晕等，如图 8-54 所示。

图8-52 【列表】分类

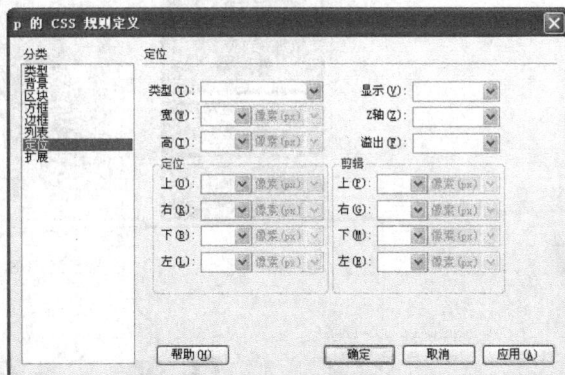

图8-53 【定位】分类

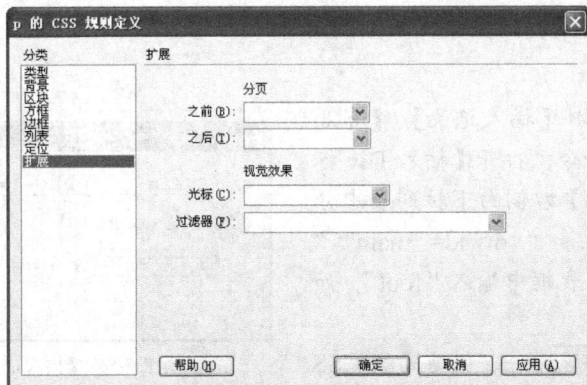

图8-54 【扩展】分类

课堂练习

使用表格和 CSS 样式制作如图 8-55 所示的页面。

（1）首先在网页中插入一个 1 行 2 列、宽度为"400 像素"的表格，设置填充和边框为"0"，间距为"5"，并设置第 1 个单元格的宽度为"130"像素，水平对齐方式为"居中对齐"。

（2）重新定义标签"P"的样式，使其上边界为"5 像素"，其他边界均为"0"，然后在第 1 个单元格中输入相应的文本，并按 Enter 键换行，最后给文本添加空链接。

（3）定义超级链接的高级 CSS 样式"a:link,a:visited"，设置文本大小为"14 像素"，粗体显示，并设置行高为"30 像素"，文本颜色为"#000000"，无下画线，背景颜色为"#999999"，以"块"进行显示，宽度为"100 像素"，右边框和下边框的样式为"凸出"，宽度为"2 像素"，颜色为"#000000"。

（4）定义超级链接的高级 CSS 样式"a:hover"，设置文本颜色为"#FF0000"，加下画线，背景颜色为"#00CCFF"。

（5）在右侧单元格中插入图像"tu.jpg"。

图8-55 CSS 的应用

任务三　制作页脚

本任务主要来制作购物网页页脚部分的内容。

【操作步骤】

1. 在主菜单中选择【插入记录】/【布局对象】/【Div 标签】命令，打开【插入 Div 标签】对话框，在【插入】右侧的下拉列表中分别选择"在标签之后"和"<div id=" main">"选项，在【ID】下拉列表框中输入"foot"，如图 8-56 所示。

2. 单击 新建 CSS 样式 按钮，创建高级 CSS 样式"#foot"，参数设置如图 8-57 所示。

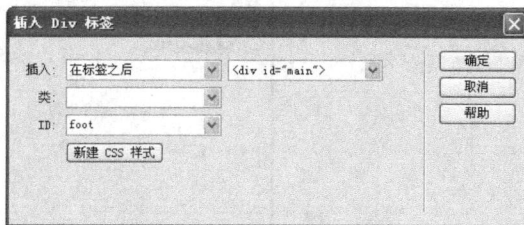

图8-56 【插入 Div 标签】对话框

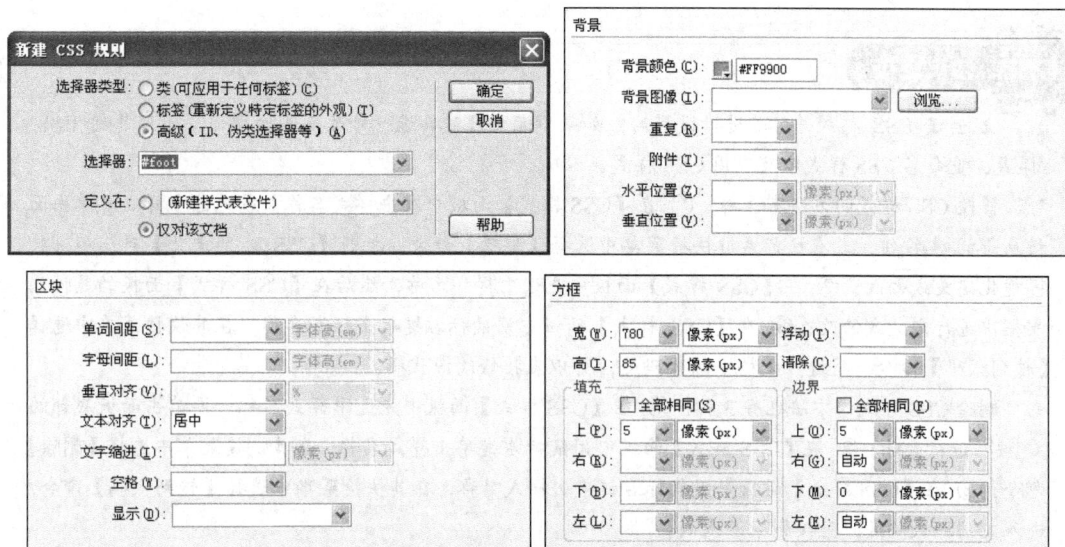

图8-57　创建高级 CSS 样式"#foot"

3. 将 Div 标签"mainright"内的文本删除，然后输入相应的文本。

4. 在【CSS 样式】面板中单击 按钮，创建高级 CSS 样式"#foot p"，如图 8-58 所示。

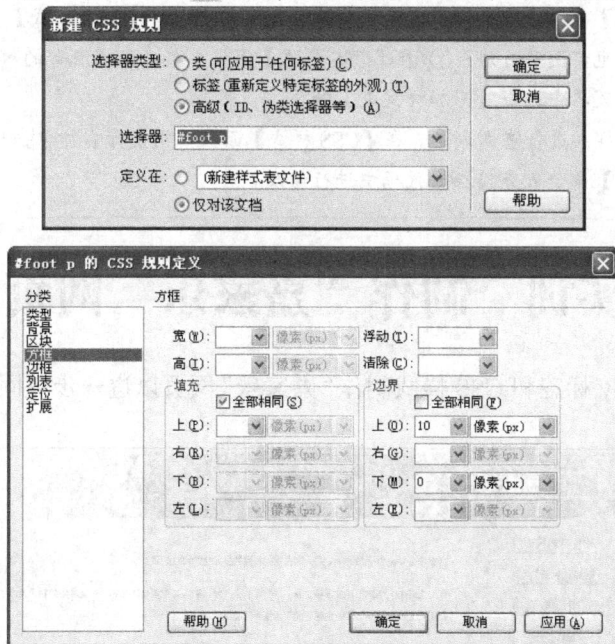

图8-58　创建高级 CSS 样式"#foot p"

5. 保存文件，制作完成的页脚效果如图 8-59 所示。

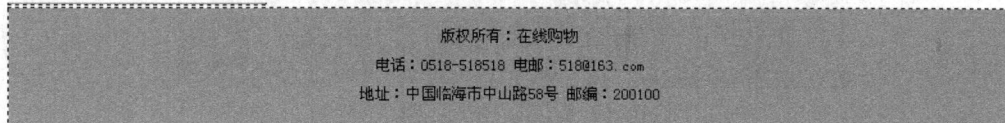

版权所有：在线购物
电话：0518-518518　电邮：518@163.com
地址：中国临海市中山路58号　邮编：200100

图8-59　页脚

至此，整个页面的制作就完成了。

知识链接

在创建 CSS 样式并对其进行设置后，如果不满意可对其进行修改或删除操作，还可复制 CSS 样式、重命名 CSS 样式以及应用 CSS 样式。

修改 CSS 样式的方法有 3 种：① 在【CSS 样式】面板中双击样式名称，或先选中样式再单击面板底部的 ✐ 按钮，或在鼠标右键快捷菜单中选择【编辑】命令，打开【CSS 规则定义】对话框进行可视化定义或修改；② 在【CSS 样式】面板中先选中样式名称，然后在【CSS 样式】面板的属性列表框中进行定义或修改；③ 在【CSS 样式】面板中用鼠标右键单击样式名称，在其快捷菜单中选择【转到代码】命令，将进入文档中源代码处，可以直接修改源代码。

删除 CSS 样式的方法也有 3 种：① 在【CSS 样式】面板中先选中样式名称，再单击面板底部的 🗑 按钮进行删除；② 在【CSS 样式】面板中用鼠标右键单击样式名称，在其快捷菜单中选择【删除】命令；③ 在【CSS 样式】面板中用鼠标右键单击样式名称，在其快捷菜单中选择【转到代码】命令，进入文档源代码处，直接删除源代码。

应用 CSS 样式包括自定义 CSS 样式的应用和链接外部 CSS 样式的应用两种方式。在 CSS 样式中的 HTML 标签样式和 CSS 选择器样式是自动应用的，只有自定义的类 CSS 样式需要手动操作进行应用，应用方式包括通过【属性】面板的【样式】、【类】下拉列表或者在【CSS 样式】面板的右键快捷菜单中选择【套用】命令或者在网页元素的右键快捷菜单中选择【CSS 样式】中的样式名称。

附加样式表通常也有两种方法：① 在【CSS 样式】面板中单击面板底部的 ⊜ 按钮；② 在【CSS 样式】面板右键快捷菜单中选择【附加样式表】命令。

另外，还可以对样式进行重新命名。在【CSS 样式】面板中用鼠标右键单击样式名称，在其快捷菜单中选择【重命名】命令或直接在源代码中进行修改。

实训　制作"嘉家乐"网页

本实训将使用 Div 标签和 CSS 样式制作"嘉家乐"网页以进一步巩固其功能的基本应用，效果如图 8-60 所示。

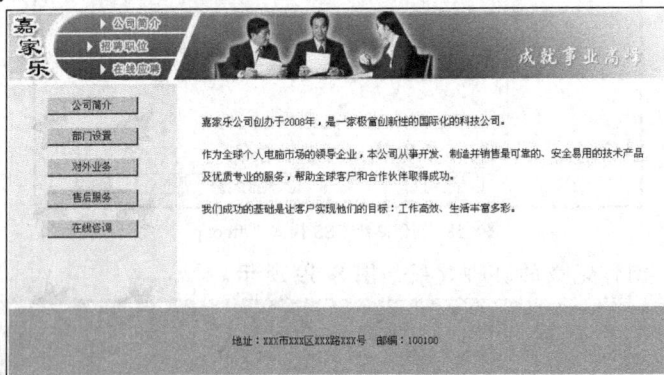

图8-60　使用 Div 标签和 CSS 布局网页

【实训目的】

❖　进一步掌握插入 Div 标签的方法。

❖ 进一步掌握创建 CSS 样式的方法。

❖ 进一步掌握设置 CSS 样式的方法。

❖ 进一步掌握管理 CSS 样式的方法。

【操作步骤】

1. 首先将本实训素材文件复制到站点根文件夹下，然后创建一个 HTML 文件并保存为"shixun.html"。

2. 在【CSS 样式】面板中重新定义标签"body"的属性：设置文本字体为"宋体"，大小为"12 像素"，边界均为"0"。

3. 在文档中插入 Div 标签"headdiv"，同时创建类样式".divstyle"并应用到该 Div 标签：设置行高为"77 像素"，背景颜色为"#83B2ED"，文本对齐方式为"居中"，方框宽度为"770 像素"，高度为"77 像素"，上下边界分别为"5 像素"和"0"，左右边界均为"自动"。

4. 将 Div 标签"headdiv"中的文本删除，然后插入图像"logo.gif"。

5. 在 Div 标签"headdiv"之后插入 Div 标签"maindiv"，同时创建高级 CSS 样式"#maindiv"：设置方框宽度和高度分别为"770 像素"和"250 像素"，上下边界分别为"5 像素"和"0"，左右边界均为"自动"。

6. 将 Div 标签"maindiv"内的文本删除，然后插入 Div 标签"maindivleft"，再创建高级 CSS 样式"# maindivleft"：设置背景图像为"images/bg.jpg"，宽度和高度分别为"200 像素"和"250 像素"，浮动为"左对齐"，边界全部为"0"。

7. 将 Div 标签"maindivleft"内的文本删除，然后依次输入"公司简介"、"部门设置"等文本，并按 Enter 键进行换行。

8. 定义高级 CSS 样式"#maindivleft p"：设置背景颜色为"#CCCCCC"，文本对齐方式为"居中"，方框宽度为"100 像素"，填充全部为"3 像素"，上下边界分别为"15 像素"和"0"，左右边界均为"自动"，右和下边框样式为"凸出"，宽度为"2 像素"，颜色为"#666666"。

9. 给所有文本添加空链接"#"，然后创建高级 CSS 样式"#maindivleft a:link, #maindivleft a:visited"：设置文本颜色为"#000000"，无修饰效果。接着创建高级 CSS 样式"# maindivleft a:hover"：设置文本颜色为"#FF0000"，有下画线效果。

10. 接着在 Div 标签"maindivleft"之后插入 Div 标签"maindivright"，同时创建高级 CSS 样式"# maindivright"：设置行高为"25 像素"，方框宽度和高度分别为"520 像素"和"210 像素"，浮动为"左对齐"，填充均为"20 像素"，上下和右边界均为"0"，左边界均为"10 像素"。

11. 最后在 Div 标签"maindiv"之后插入 Div 标签"footdiv"，同时应用类样式".divstyle"，并输入相应的文本。

小结

本项目通过购物网页的制作过程，着重介绍了使用 Div 标签和 CSS 样式对网页进行布局的基本方法，包括 Div 标签的插入和 CSS 样式的创建、设置、编辑、删除等内容。熟练掌握 Div 标签和 CSS 样式的基本操作将会给网页制作带来极大的方便，是需要重点学习和掌握的内容之一。

习题

一、问答题

1. 如何插入 Div 标签？
2. 如何创建 CSS 样式？
3. 应用 CSS 样式有哪几种方法？
4. 如何链接外部样式表？

二、操作题

使用 Div 标签和 CSS 样式制作如图 8-61 所示效果的网页。

图8-61　输入文本

项目九　制作海洋观光动画

常见的动画类型有 Gif 动画、Flash 动画等，本项目将以制作海洋观光动画为例，介绍使用 AP Div 和时间轴制作动画的基本方法。通过本项目的学习，读者可掌握 AP Div 和时间轴的基本知识，并学会使用它们制作动画的基本方法。

项目背景

动画是一种老少皆宜的艺术形式，有着悠久的历史，如我国民间的走马灯和皮影戏。当然，真正意义上的动画是在电影摄影机出现以后才发展起来的，而现代科学技术的发展，又为它注入了新的活力。随着网络技术和计算机技术的飞速发展，动画已经不再是电影、电视的专利，在网页上随处可见精彩纷呈的动画。动画是现代网站的重要特色，是网页制作技术的重要组成部分。在网页中，常见的动画类型有 GIF 动画、Flash 动画等，使用编程的方法也可以制作动画，但对普通网页制作人员来说比较复杂。动画实质上是一幅幅静态图像的连续播放，连续播放既指时间上的连续，也指图像内容上的连续，即播放的相邻两幅图像之间的内容相差不大。用计算机来制作动画的方法主要有两种，一种为帧动画，另一种为造型动画。帧动画是由一幅幅图像组成的连续的画面，就像电影胶片或视频画面一样，要分别设计每屏幕显示的画面，这是产生各种动画的基本方法。造型动画是对每一个活动的对象分别进行设计，赋予每个对象一些特征，如大小、形状、颜色、位置等，然后用这些对象构成完整的运动画面。这些对象在设计要求下实时转换，最后形成连续的动画过程。使用计算机制作动画时，只要制作好主动作画面，其余的中间画面都可以由计算机自动来计算完成。

正是基于动画在网页应用中的普遍性这一背景，本项目将介绍利用 AP Div 和时间轴制作网页动画的基本方法。本项目制作的海洋观光动画效果如图 9-1 所示。

图9-1　使用 AP Div 和时间轴制作海洋观光动画

项目分析

本项目实现的是小船绕着海洋中的岛屿运行的效果，在 Dreamweaver CS3 中需要通过 AP Div 和时间轴的相互配合来制作。首先需要添加一个 AP Div，在其中插入小船向右运行的图像，然后将 AP Div 添加到时间轴，添加多个关键帧，并移动 AP Div，使其向前移动，接着将 AP Div 中的图像添加到时间轴，在最右侧拐弯处添加一个关键帧，并修改图像为小船向左运行的图像，在最后一个关键帧处，即小船运行到原出发点时，再将图像修改为小船向右运行的图像。

学习目标

★ 了解【AP 元素】面板和【时间轴】面板的组成及其作用。
★ 掌握插入 AP Div 及设置其属性的方法。
★ 掌握在时间轴中添加、删除和修改关键帧的方法。
★ 掌握手动创建时间轴动画的基本方法。
★ 掌握通过录制 AP Div 路径创建时间轴动画的方法。

任务一　制作背景

AP Div 是一种能够随意定位的页面元素，如同浮动在页面里的透明层，可以将 AP Div 放置在页面的任何位置。由于 AP Div 中可以放置包含文本、图像或多媒体对象等其他内容，很多网页设计者都会使用 AP Div 定位一些特殊的网页内容。本任务首先使用 AP Div 布局页面中的海洋图及标题内容。

【操作步骤】

在 Dreamweaver CS3 中定义一个本地静态站点，并将本项目素材文件复制到站点根文件夹下，然后进行以下操作。

1. 新建一个网页并保存为"index.html"，然后在主菜单中选择【插入记录】/【布局对象】/【AP Div】命令，在文档中插入一个 AP Div，如图 9-2 所示。

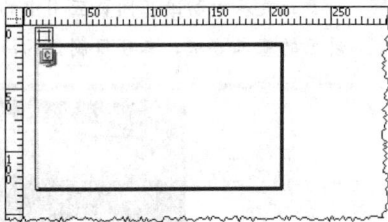

图9-2　插入 AP Div

知识链接

还可以通过以下两种途径来创建 AP Div。

❖ 在【插入】/【布局】面板上的 ▣（绘制 AP Div）按钮上按住鼠标左键并将其拖曳到文档窗口，释放鼠标左键后就在文档窗口中插入了一个默认大小的 AP Div。

❖ 在【插入】/【布局】面板中单击 ▣（绘制 AP Div）按钮，在文档窗口中按住鼠标左键并拖曳，也可绘出一个自定义大小的 AP Div。

❖ 在【插入】/【布局】面板中单击 ▣ 按钮，然后按住 Ctrl 键不放，按住鼠标左键并拖曳可在文档窗口中连续绘制多个 AP Div。

2．在主菜单中选择【编辑】/【首选参数】命令，打开【首选参数】对话框，在【AP元素】分类中勾选【在AP div中创建以后嵌套】复选框，如图9-3所示。

重要提示　当向网页中插入AP Div时，其属性是默认的。这些默认属性可以通过【首选参数】对话框的【AP元素】分类进行设置。

3．选择主菜单中的【窗口】/【AP元素】命令（或者直接按 F2 键）打开【AP元素】面板，如图9-4所示。

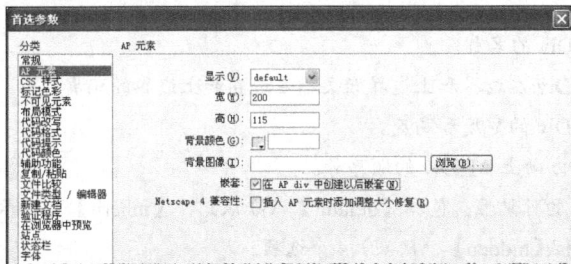

图9-3　勾选【在AP div中创建以后嵌套】复选框

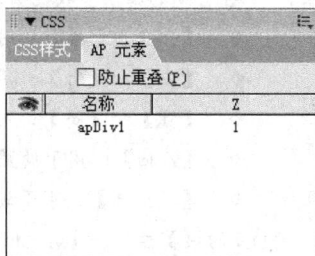

图9-4　【AP元素】面板

知识链接

【AP元素】面板的主体部分分为3列。第1列为显示与隐藏栏，在 👁 图标的下方，用于设置相应AP Div的显示和隐藏。第2列为ID名称栏，它与【属性】面板中【CSS-P元素】选项的作用是相同的。第3列为z轴栏，它与【属性】面板中的z轴选项是相同的。在【AP元素】面板中可以实现以下操作。

❖　双击AP Div的名称，可以对AP Div进行重命名。

❖　单击AP Div后面的数字可以修改AP Div的z轴顺序，数字大的将位于上层。

❖　勾选【防止重叠】复选框可以禁止AP Div重叠。

❖　在AP Div的名称前面有一个眼睛图标，单击眼睛图标可显示或隐藏AP Div。

❖　单击AP Div的名称可以选定该AP Div，按住 Shift 键不放，单击想选择的AP Div可以将多个AP Div选中。

❖　按住 Ctrl 键不放，将某一个AP Div拖曳到另一个AP Div上，形成嵌套的AP Div。

4．在【AP元素】面板中单击AP Div的名称"apDiv1"来选定该AP Div。

知识链接

选定AP Div还有以下几种方法。

❖　单击文档中的 🄲 图标来选定AP Div。如果没有显示该图标，可以在【首选参数】对话框的【不可见元素】分类中勾选【AP元素的锚点】复选框。

❖　将光标置于AP Div内，然后在文档窗口底边标签条中选择"<div>"标签。

❖　单击AP Div的边框线。

❖　如果要选定两个以上的AP Div，只要按住 Shift 键，然后逐个单击AP Div手柄或在【AP元素】面板中逐个单击AP Div的名称即可。

5．在【属性】面板中将【CSS-P元素】修改为"dahai"，宽度设置为"700px"，高度设置为"500px"，背景图像设置为"hai.jpg"，其他设置如图9-5所示。

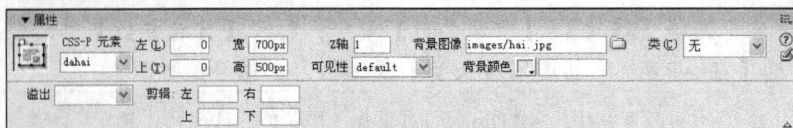

图9-5　AP Div 的属性设置

知识链接

AP Div 的属性参数说明如下。

❖ 【CSS-P 元素】：用于设置 AP Div 的名称。

❖ 【左】和【上】：用于设置 AP Div 左边界和上边界距文档左边界和上边界的距离。

❖ 【宽】和【高】：用于设置 AP Div 的宽度和高度。

❖ 【Z 轴】：用于设置在垂直平面方向上 AP Div 的顺序号。

❖ 【可见性】：用于设置 AP Div 的可见性，包括【default】（默认）、【inherit】（继承父 AP Div 的该属性）、【visible】（可见）和【hidden】（隐藏）4 个选项。

❖ 【背景图像】和【背景颜色】：用于设置 AP Div 的背景图像和背景颜色。

❖ 【类】：添加对所选 CSS 样式的引用。

❖ 【溢出】：用于设置 AP Div 内容超过 AP Div 大小时的显示方式，其下拉列表中包括 4 个选项。选择"visible"选项将按照 AP Div 内容的尺寸向右、向下扩大 AP Div，以显示 AP Div 内的全部内容。选择"hidden"选项只能显示 AP Div 尺寸以内的内容。选择"scroll"选项不改变 AP Div 大小，但增加滚动条，用户可以通过拖动滚动条来浏览整个 AP Div。该选项只在支持滚动条的浏览器中才有效，而且无论 AP Div 是否足够大，都会显示滚动条。选择"auto"选项只在 AP Div 不足够大时才出现滚动条，该选项也只在支持滚动条的浏览器中才有效。

❖ 【剪辑】：用来设置 AP Div 的哪一部分是可见的。

6. 将光标置于 AP Div"dahai"中，然后在主菜单中选择【插入记录】/【布局对象】/【AP Div】命令，继续在文档中插入一个嵌套 AP Div，其属性设置如图 9-6 所示。

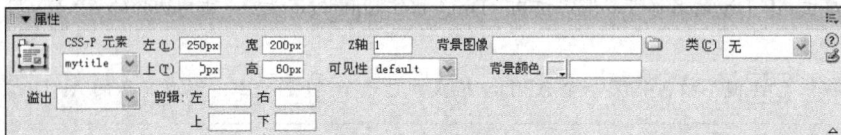

图9-6　插入嵌套 AP Div

7. 在【CSS 样式】面板中，双击样式名称"#mytitle"，打开【# mytitle 的 CSS 规则定义】对话框，设置字体为"黑体"，大小为"30 像素"，行高为"60 像素"，颜色为"#FFFFFF"，文本对齐方式为"居中"，如图 9-7 所示。

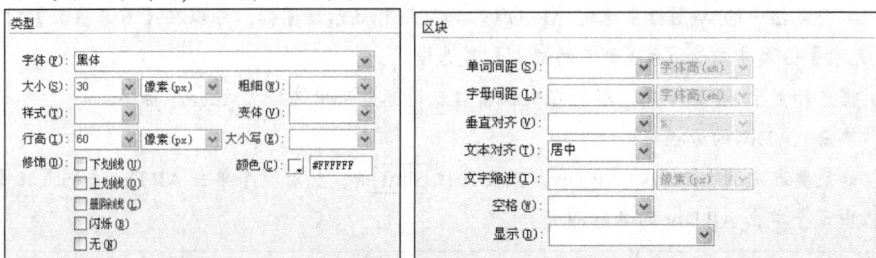

图9-7　CSS 样式设置

8. 在 AP Div 中输入文本"海洋观光"，如图 9-8 所示。

图9-8 输入文本

至此，页面中的海洋背景图和标题已经布局完毕。

知识链接

与表格一样，AP Div 也可以进行嵌套。在某个 AP Div 内部创建的 AP Div 称为嵌套 AP Div 或子 AP Div，嵌套 AP Div 外部的 AP Div 称为父 AP Div。子 AP Div 的大小和位置不受父 AP Div 的限制，子 AP Div 可以比父 AP Div 大，位置也可以在父 AP Div 之外，只是在移动父 AP Div 时，子 AP Div 会随着一起移动，同时父 AP Div 的显示属性会影响子 AP Div 的显示属性。

AP Div 最大的优点就是具有很强的灵活性，可以随意移动到页面中的任何位置。移动 AP Div 的方法有很多，可以使用鼠标进行拖曳，也可以先选中 AP Div 然后按键盘上的方向键进行移动（每按1次方向键移动 1 个像素，如果按住 Shift 键则 1 次移动 10 个像素），还可以在【属性】面板的【左】和【上】文本框中输入数值进行精确定位。

创建 AP Div 的大小有时不一定符合网页制作的实际需要，这时需要对其进行调整。调整 AP Div 大小的方法也有很多，除了采用鼠标直接拖曳和在【属性】面板中设置其宽和高的属性值外，还可以将所有选择的 AP Div 的宽度和高度变为最后选择的 AP Div 的宽度和高度。当选择多个 AP Div 时，最后选择的 AP Div 四周的控制点将以实心显示，其他的 AP Div 四周的控制点将以空心显示。

在网页制作过程中，如果需要对多个 AP Div 进行对齐操作，直接用鼠标拖动 AP Div 可能不太精确，通常需要使用对齐 AP Div 的功能来实现。方法是：首先选择需要对齐的 AP Div，然后在主菜单的【修改】/【排列顺序】子菜单中选择【左对齐】、【右对齐】、【对齐上缘】或【对齐下缘】命令，即可将所有选择的 AP Div 以最后选择的 AP Div 为标准进行对齐操作。

在源代码中，AP Div 与 Div 标签使用的是同一个标签——"<div>"。在绘制 AP Div 时，AP Div 同时被赋予了 CSS 样式，而插入 Div 标签时，需要再单独创建 CSS 样式对其进行控制。实际上，AP Div 与 Div 标签是同一个网页元素不同的表现形态，通过 CSS 样式可使两者间相互转换。例如，在【CSS规则定义】对话框的【定位】分类中，将【类型】选项设置为"绝对"，即表示 AP Div，否则即为 Div 标签，这是 AP Div 与 Div 标签转换的关键因素。

课堂练习

使用 AP Div 并结合 CSS 样式制作如图 9-9 所示效果的页面。

图9-9　使用 AP Div 布局网页

> **重要提示**　页眉和页脚部分为实线边框，导航部分为虚线边框，主体部分为点画线边框。

任务二　制作动画

时间轴是与 AP Div 密切相关的一项功能，它可以在 Dreamweaver 中实现动画的效果。通过时间轴，可以让 AP Div 的位置、尺寸、可视性和重叠次序随着时间的变化而改变，从而创建出具有 Flash 效果的动画。本任务主要是利用时间轴制作小船围绕海洋中的岛屿运行的动画效果。

【操作步骤】

1. 将光标置于 AP Div "dahai" 中，在主菜单中选择【插入记录】/【布局对象】/【AP Div】命令，在 AP Div 中插入一个嵌套 AP Div "ship"，其属性设置如图 9-10 所示。

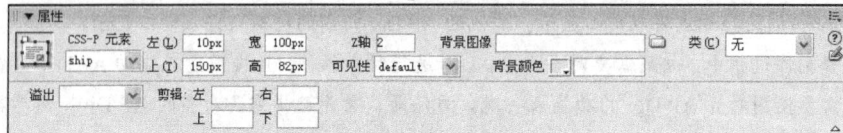

图9-10　插入 AP Div "ship"

2. 在 AP Div 中插入图像 "ship01.gif"，在【属性】面板中的图像名称为 "myship"，如图 9-11 所示。

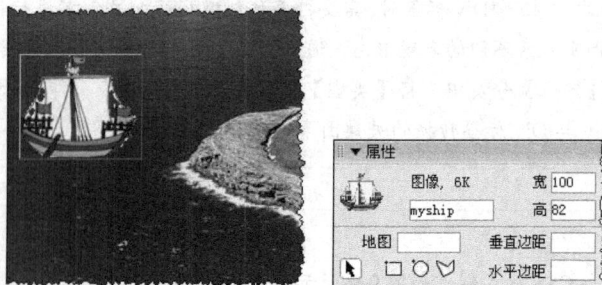

图9-11　在 AP Div 中插入图像 "ship01.gif"

3. 在主菜单中选择【窗口】/【时间轴】命令，打开【时间轴】面板，然后选定 AP Div "ship"，并在主菜单中选择【修改】/【时间轴】/【添加对象到时间轴】命令，将 AP Div 添加到【时间轴】面板（或者将 AP Div 直接拖曳到【时间轴】面板），如图 9-12 所示。

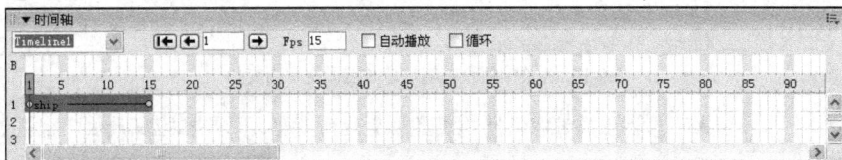

图9-12　将 AP Div "ship" 添加到【时间轴】面板中

> **重要提示**
>
> 此时，一个动画条出现在时间轴的第 1 个通道中，AP Div 的名字也出现在动画条中。

4. 在【时间轴】面板中拖曳最后一个关键帧到第 60 帧处，以延长整个动画的播放时间，如图 9-13 所示。

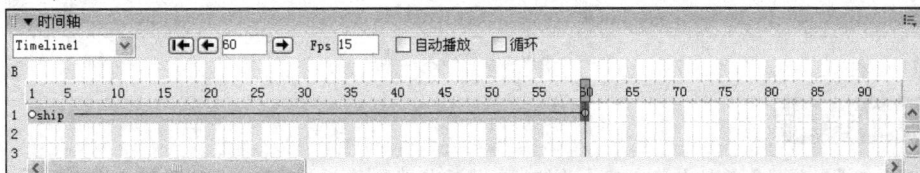

图9-13　延长整个动画的播放时间

> **重要提示**
>
> 往右拖动是延长播放时间，往左拖动是缩短播放时间。

5. 将播放头移到第 20 帧处，然后在主菜单中选择【修改】/【时间轴】/【增加关键帧】命令（或者单击鼠标右键，在快捷菜单中选择【增加关键帧】命令），增加一个关键帧。

6. 按照同样的方法在第 40 帧处增加一个关键帧，如图 9-14 所示。

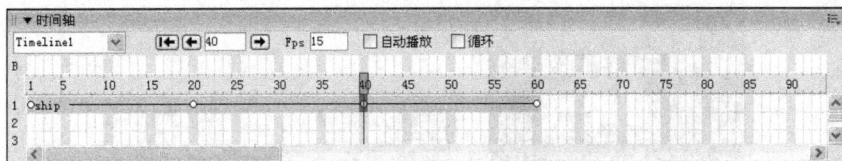

图9-14　增加关键帧

7. 在【时间轴】面板中拖曳最后一个关键帧到第 90 帧处，再次延长整个动画的播放时间，如图 9-15 所示。

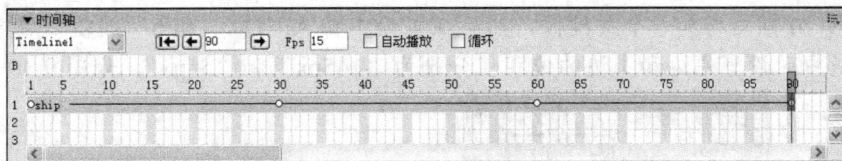

图9-15　所有关键帧都将按比例发生位移

> **重要提示**
>
> 在拖曳关键帧的过程中动画条里的所有关键帧都将按比例发生位移。

8. 按住 Ctrl 键，在【时间轴】面板中拖曳最后一个关键帧到第 120 帧处，如图 9-16 所示。

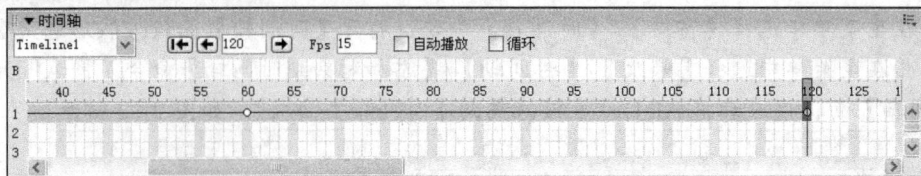

图9-16 各关键帧没有随着总长度的变化而变化

重要提示

如果不想让各关键帧随着总长度的变化而变化，只要在拖曳最后一个关键帧时按住 Ctrl 键即可。

9. 在【时间轴】面板中单击第30帧处的关键帧，然后将其左移至第10帧处，如图9-17所示。

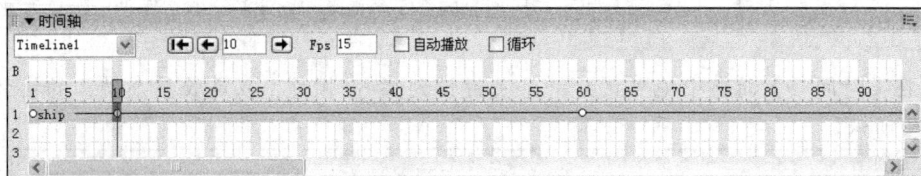

图9-17 移动关键帧

知识链接

❖ 在【时间轴】面板中单击某一关键帧，然后将其右移或者左移，其他关键帧并不发生改变，这样可以改变该关键帧的发生时间。

❖ 要移动整个动画路径的位置，首先应选择整个动画条，然后在页面上拖曳对象。Dreamweaver 可以调整所有关键帧的位置，对整个选中的动画条所做的任何类型的改变都将改变所有的关键帧。

10. 确认播放头位于第10帧的关键帧处，然后在页面中将 AP Div "ship" 拖曳至适当位置，在其【属性】面板中，设置左边和上边的边距值分别为 "75px" 和 "80px"，如图9-18所示。

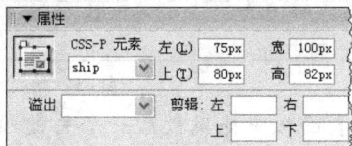

图9-18 AP Div "ship" 在第10帧处的位置

11. 在第20帧处增加一个关键帧，然后在页面中将 AP Div "ship" 继续往后拖曳，在其【属性】面板中，设置左边和上边的边距值分别为 "145px" 和 "55px"，如图9-19所示。

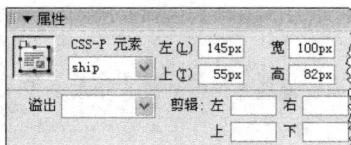

图9-19 AP Div "ship" 在第20帧处的位置

12. 在第 30 帧处增加一个关键帧，然后在页面中将 AP Div "ship" 继续往后拖曳，在其【属性】面板中，设置左边和上边的边距值分别为 "310px" 和 "60px"，如图 9-20 所示。

图9-20 AP Div "ship" 在第30帧处的位置

13. 在第 40 帧处增加一个关键帧，然后在页面中将 AP Div "ship" 继续往后拖曳，在其【属性】面板中，设置左边和上边的边距值分别为 "480px" 和 "60px"，如图 9-21 所示。

图9-21 AP Div "ship" 在第40帧处的位置

14. 在第 50 帧处增加一个关键帧，然后在页面中将 AP Div "ship" 继续往后拖曳，在其【属性】面板中，设置左边和上边的边距值分别为 "570px" 和 "105px"，如图 9-22 所示。

图9-22 AP Div "ship" 在第50帧处的位置

15. 将播放头移至第 60 帧处，然后在页面中将 AP Div "ship" 继续往下拖曳，在其【属性】面板中，设置左边和上边的边距值分别为 "584px" 和 "228px"，如图 9-23 所示。

图9-23 AP Div "ship" 在第60帧处的位置

在小船往回运行时，应该将图像修改为船头向左的图像，而不再是向右的图像。

16. 选中第 60 帧处的 AP Div "ship"，然后选择其中的图像 "ship01.gif"，并将其拖曳到时间轴中，如图 9-24 所示。

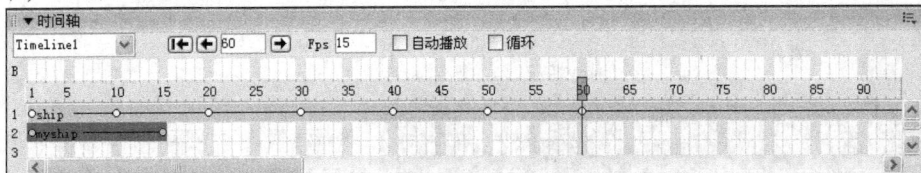

图9-24　将 AP Div "ship" 中的图像拖曳到时间轴中

> **重要提示**　在图像动画条中显示的名称是在【属性】面板中为图像设置的名称 "myship"，如果没有对其进行设置，将默认显示为 "Image1"、"Image2" 等。

17. 在时间轴中拖曳图像动画条 "myship" 右侧的关键帧到 120 帧处，然后在第 60 帧处增加一个关键帧，如图 9-25 所示。

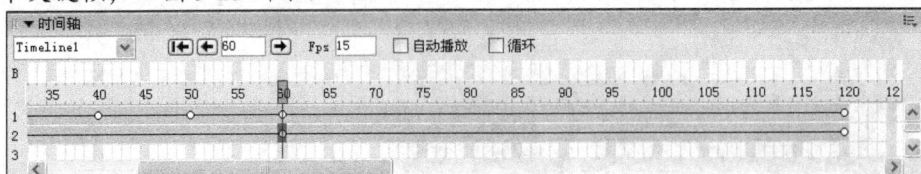

图9-25　增加关键帧

18. 确认图像动画条 "myship" 第 60 帧处的关键帧仍然处于被选中状态，然后在【属性】面板中将图像的源文件修改为 "ship02.gif"，如图 9-26 所示。

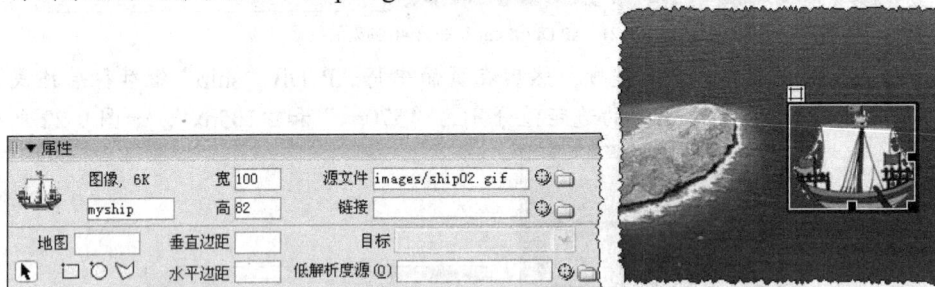

图9-26　修改图像源文件

19. 在动画条 "ship" 第 70 帧处增加一个关键帧，然后在页面中继续拖曳 AP Div "ship"，在其【属性】面板中，设置左边和上边的边距值分别为 "555px" 和 "315px"，如图 9-27 所示。

图9-27　AP Div "ship" 在第 70 帧处的位置

20. 按照同样的方法依次在动画条 "ship" 第 80 帧、第 90 帧、第 100 帧和第 110 帧处各增加一个关键帧，其【属性】面板左边和上边的边距值设置如图 9-28 所示。

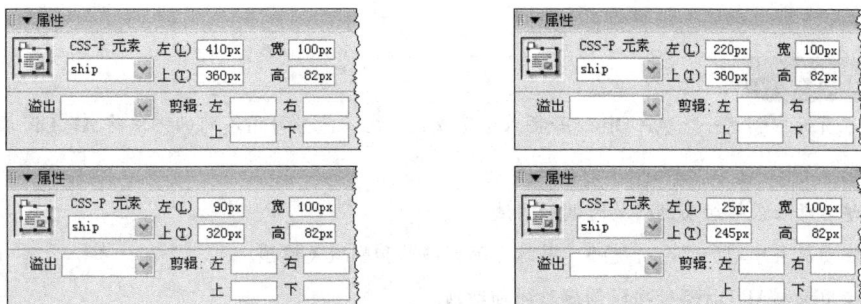

图9-28　【属性】面板左边和上边的边距值

21. 在【时间轴】面板中勾选【自动播放】和【循环】两个复选框，这样可使时间轴动画在页面打开时能够自动循环播放，如图 9-29 所示。

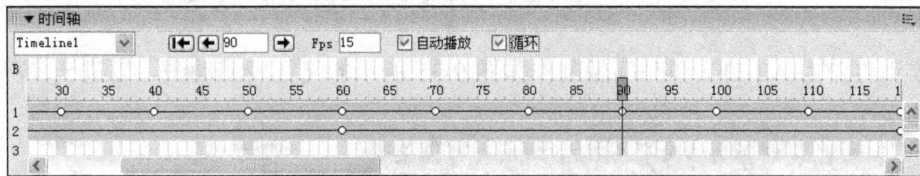

图9-29　勾选【自动播放】和【循环】两个复选框

22. 最后保存文档，结果如图 9-30 所示。

图9-30　海洋观光

至此，小船围绕岛屿运行的效果就制作完了。

知识链接

　　如果需要创建具有复杂运动路径的动画，逐一创建关键帧会花费许多时间。下面介绍一种更加高效而简单的创建复杂运动轨迹动画的方法，这就是录制 AP Div 路径。首先在主菜单中选择【修改】/【时间轴】/【录制 AP Div 路径】命令，然后在文档中拖动 AP Div 来录制路径，最后在动画要停止的地方释放鼠标左键，Dreamweaver CS3 将自动在【时间轴】面板中添加对象，并且合理地创建一定数目的关键帧。这时也可以根据实际情况对各关键帧的位置进行适当调整使其更为合理。

　　使用时间轴不仅可以改变 AP Div 的位置从而产生动画效果，还可以利用时间轴来改变图像源文件及 AP Div 的可见性、大小、重叠次序等，从而产生更加复杂的效果。

课堂练习

（1）在页面中创建一个 AP Div，并插入图像或输入文本，练习用不同的方法将 AP Div 添加到时间轴。

（2）练习延长或缩短动画播放时间的方法。

（3）在动画条中增加几个关键帧，并练习如何移动和删除关键帧。

（4）使用录制AP Div路径功能创建时间轴动画。

实训　制作飞行表演动画

本实训将使用 AP Div 和时间轴制作如图 9-31 所示的飞行表演动画，以进一步巩固时间轴的应用。

图9-31　飞机飞行动画

【实训目的】

❖ 进一步认识 AP Div 和时间轴的作用。

❖ 进一步掌握通过 AP Div 和时间轴创建动画的基本方法。

❖ 进一步掌握利用时间轴改变图像与 AP Div 属性的方法。

【操作步骤】

1. 首先将实训素材文件复制到站点根文件夹下，然后新建一个网页文档并保存为"shixun.html"。

2. 在文档中插入 AP Div "skydiv"，其属性设置如图 9-32 所示。

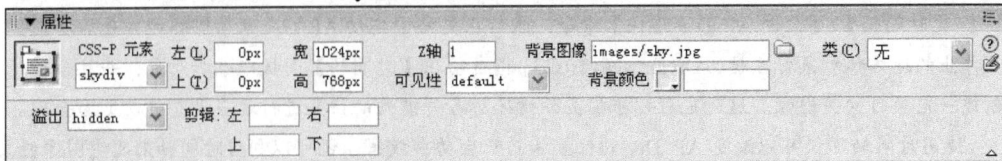

图9-32　AP Div "skydiv" 的属性设置

3. 插入嵌套 AP Div "planediv"，其属性设置如图 9-33 所示。

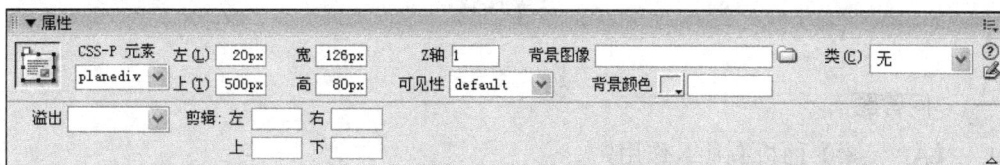

图9-33　AP Div "planediv" 的属性设置

4. 在 AP Div "planediv" 中插入图像 "plane_1.gif"，并在【属性】面板中将其 ID 名称设置为 "plane"。

5. 将 AP Div "planediv" 添加到时间轴面板中，其播放长度增加到 120 帧，第 120 帧处的 AP Div "planediv" 的属性设置如图 9-34 所示。

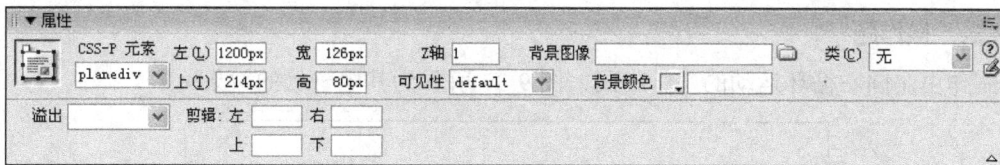

图9-34　第 120 帧处的 AP Div "planediv" 属性设置

6. 在第 35 帧处增加一个关键帧，AP Div "planediv" 属性设置如图 9-35 所示。

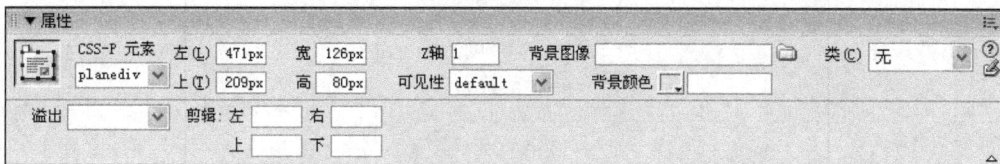

图9-35　第 35 帧处的 AP Div "planediv" 属性设置

7. 将 AP Div "planediv" 中的图像 "plane_1.gif" 添加到时间轴中，其播放长度增加到 120 帧，然后在第 35 帧处增加一个关键帧，如图 9-36 所示，并在图像的【属性】面板中将 AP Div "planediv" 中的图像修改为 "plane_2.gif"。

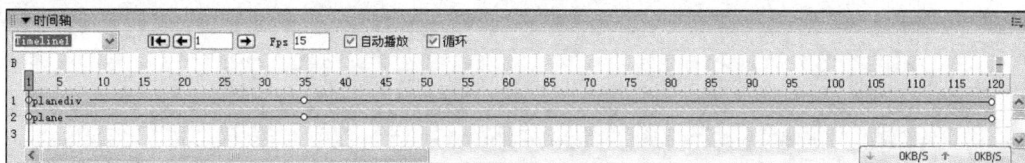

图9-36　【时间轴】面板

8. 在【时间轴】面板中设置动画为自动循环播放。
9. 保存文件。

小结

本项目通过制作海洋观光动画介绍了 AP Div 和时间轴的一些基本功能和使用方法，同时也让读者对 AP Div 这个概念有了更进一步的了解。时间轴和 AP Div 就像一对钥匙和锁，只有将它们配成对，才能打开网页动画的大门。希望读者在实践中能够认真理解，并做到举一反三。

习题

一、问答题

1. 【AP元素】面板有什么作用？
2. AP Div与Div标签有什么异同？它们如何相互转换？
3. 如何将对象添加到时间轴？
4. 如何快速地创建一个复杂路径的时间轴动画？
5. 如何改变时间轴动画的播放时间？
6. 如何设置时间轴动画为自动循环播放？

二、操作题

制作由左向右循环运动的广告动画，图9-37所示为其中一帧的效果。

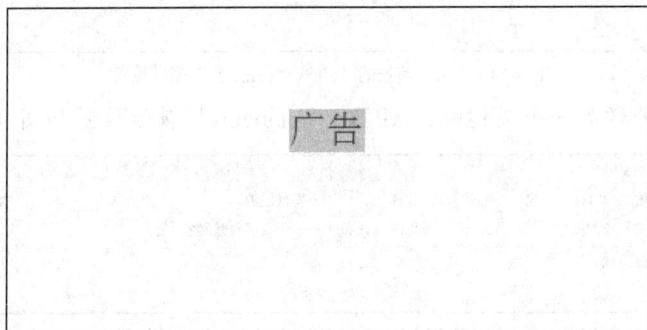

图9-37　广告动画

项目十 制作学校主页

在制作网页的时候，许多网页都具有相同的结构或内容，这些相同的结构和内容是否需要重复制作呢？本项目将通过制作学校主页来介绍利用模板和库制作网页的基本方法。通过本项目的学习，读者将增强对模板和库在网页制作中的重要性和作用的认识，并学会创建模板和库以及使用模板和库来制作网页文档的方法。

项目背景

随着互联网和 WWW 技术的深入发展，无论大学、中学还是小学，凡是具备条件的学校都纷纷建立了自己的网站。教育信息化、网络化已成为大势所趋，并在一定程度上引起了学习方式和教学方式的变革。学生通过学校主页不仅可以了解学校概况之类的信息，还可以通过学校主页提供的教学资源进行学习。所以，了解和掌握学校主页的制作也具有一定的现实意义。

本项目制作的学校主页如图 10-1 所示。

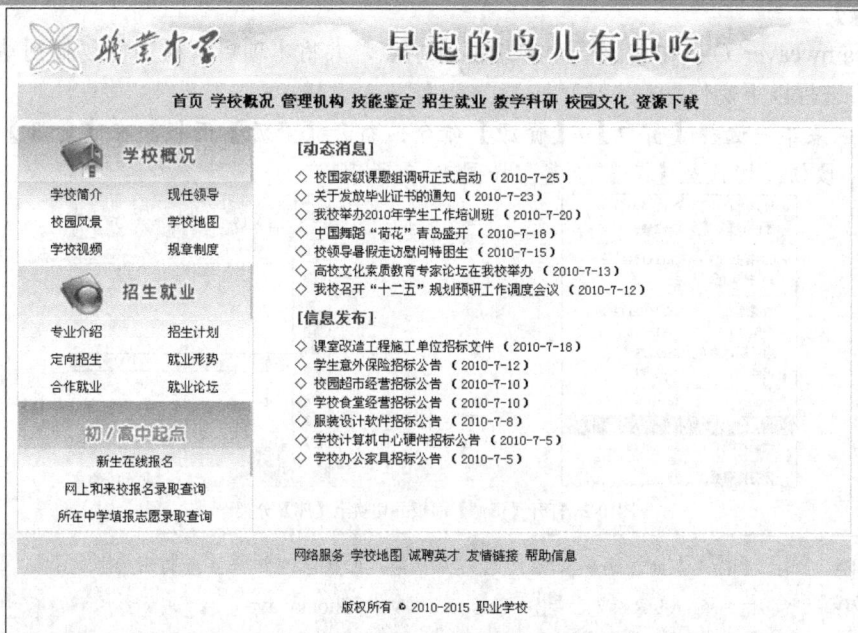

图10-1 由主页模板生成的主页

项目分析

本项目主要通过模板和库来制作学校主页，因此，首要任务是制作模板和库，然后再根据模板和库来制作学校主页。在这里将学校主页页眉中的宣传标语做成库文件，其他关于网页的结构和风格的内容直接在模板文件中制作，最后根据模板制作出学校主页。

★ 了解模板和库的功能和作用。

★ 掌握【资源】面板的使用方法。

★ 掌握制作、编辑和使用库的方法。

★ 掌握制作、编辑模板以及通过模板新建网页的方法。

★ 掌握模板中可编辑区域、重复区域和重复表格的使用方法。

任务一　制作库文件

在 Dreamweaver 中，库是一种特殊的 Dreamweaver 文件，用来存放诸如文本、图像等网页元素，这些元素通常被广泛用于整个站点，并且经常被重复使用或更新。将网页制作中经常使用到的广告条、页眉、页脚、菜单等制作成库是最合适的。在网页中应用库，不仅可以提高效率，也会给网站的维护带来便利。

本任务将通过创建库来制作广告条，要求读者掌握在 Dreamweaver 中创建和编辑库的方法以及【资源】面板的使用方法。

【操作步骤】

在 Dreamweaver CS3 中定义一个本地静态站点，并将本项目素材文件复制到站点根文件夹下，然后进行以下操作。

1. 在主菜单中选择【窗口】/【资源】命令，打开【资源】面板。在【资源】面板中单击 📖 （库）按钮，切换至【库】分类，如图 10-2 所示。

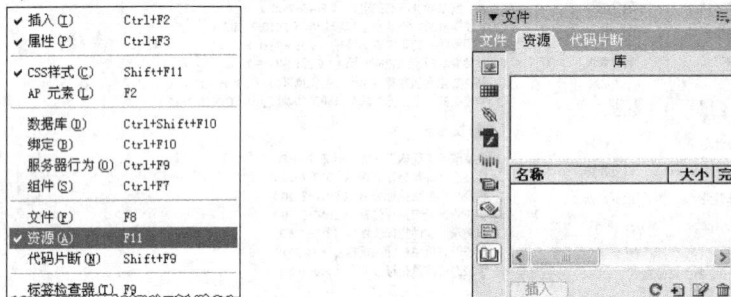

图10-2　打开【资源】面板并切换至【库】分类

重要提示

【资源】面板将网页的元素分为 9 类，面板的左边垂直并排着 🖼 （图像）、▦（颜色）、✎ （URLs）、🎬 （Flash）、🎵 （Shockwave）、🎞 （影片）、◈ （脚本）、▤ （模板）和 📖 （库）9 个按钮，每一个按钮代表一大类网页元素。面板的右边是列表区，分为上栏和下栏，上栏是元素的预览图，下栏是明细列表，单击 ↻ 按钮将刷新站点列表，单击 🔁 按钮将新建库文件或模板文件，单击 ✏ 按钮将打开库文件或模板文件进行编辑，单击 🗑 按钮将删除选中的库文件或模板文件。

2. 单击【资源】面板右下角的 🔁 按钮新建一个库，如图 10-3 左图所示，然后在列表框中输入库的名称"banner"并加以确认，如图 10-3 右图所示。

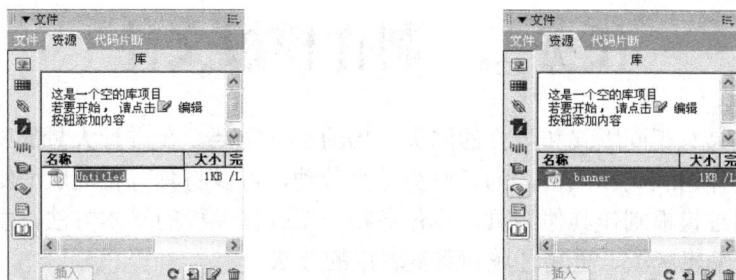

图10-3　新建库并命名

重要提示

也可通过选择【文件】/【新建】命令，打开【新建文档】对话框，然后选择【空白页】/【库项目】选项来创建库文件。另外，还可以从已有的网页中创建库文件，其操作过程是：首先打开一个已有的文档，从中选择要保存为库文件的对象，然后在主菜单中选择【修改】/【库】/【增加对象到库】命令，则该对象即被添加到库文件列表中，库文件名为系统默认的名称，修改名称后按 Enter 键确认即可。

3. 单击 📝 按钮打开库文件，然后插入图像 "banner.gif"，如图 10-4 所示。

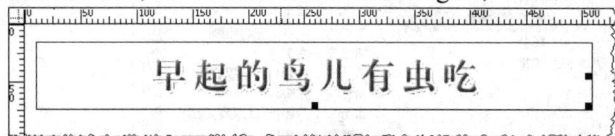

图10-4　编辑库文件

重要提示

在库中编辑网页元素和平时制作网页没有本质区别。另外，如果在库中使用 CSS 样式，注意不要创建"标签"类型的 CSS 样式，以免破坏被插入文档的文档属性。

4. 选择【文件】/【保存】命令保存文件。

知识链接

在【资源】面板中创建库项目的方法是，首先通过【窗口】/【资源】命令打开【资源】面板，在【资源】面板中单击 📖 按钮并切换至【库】分类，然后单击面板右下角的 按钮新建一个库，并在列表框中输入库的名称，最后单击【资源】面板右下角的 📝 按钮或者直接双击新建的库项目名称，在文档窗口中将库打开，开始编辑库中的内容。如果要删除一个库项目，只要先选中该项目，然后单击【资源】面板右下角的 🗑 按钮即可。

库项目是可以在多个页面中重复使用的页面元素。在使用库项目时，Dreamweaver 不是向网页中插入库项目，而是向库项目中插入一个链接。每当更改某个库项目的内容时，都可以更新所有使用该项目的页面。

创建的库文件保存在文件夹 "Library" 内，"Library" 是自动产生的，不能对其随意修改，否则库将不能正常使用。

课堂练习

(1) 认识【资源】面板并练习其使用方法。

(2) 通过【资源】面板创建一个库文件，根据自己的爱好添加内容。

任务二 制作模板文件

模板是制作具有相同版式和风格的网页文档的基础文档。在进行大量的网页制作时，很多网页会用到同样的版式和风格，为了避免重复劳动，可以将具有相同版面结构的网页制作成模板，然后通过模板制作其他网页。本任务将介绍制作模板的基本方法，主要知识点包括在模板中插入可编辑区域、重复区域和重复表格的方法。

【操作步骤】

1. 在主菜单中选择【文件】/【新建】命令，打开【新建文档】对话框，然后选择【空模板】/【HTML 模板】选项，如图 10-5 所示。

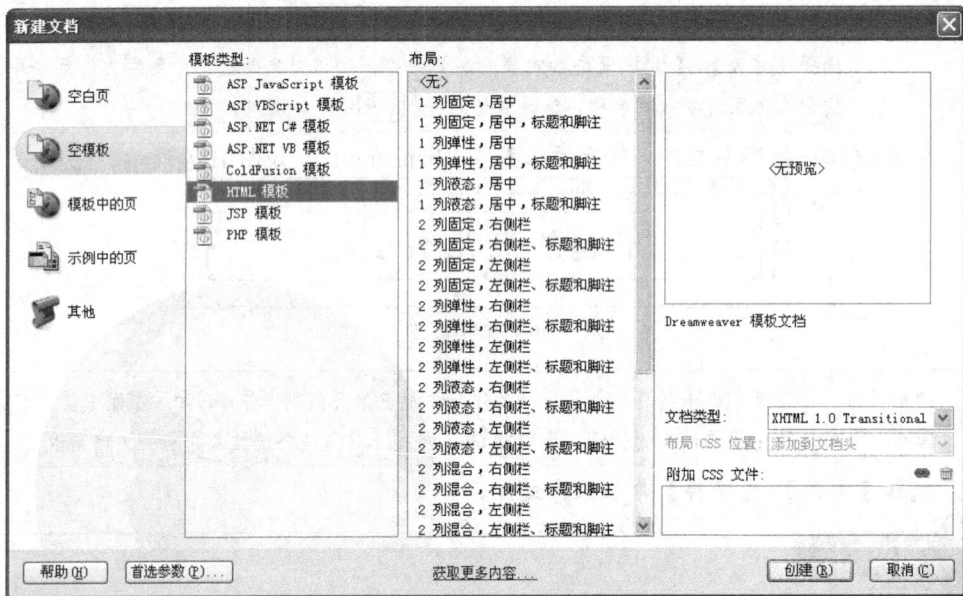

图10-5 选择【空模板】/【HTML 模板】选项

> **重要提示**
> 也可在【资源】面板中单击 按钮，切换至【模板】分类，单击【资源】面板右下角的 按钮新建一个默认名称为 "Untitled" 的模板，然后输入新名称并单击【资源】面板右下角的 按钮，打开模板文件编辑即可。

2. 单击 创建(R) 按钮，创建一个 HTML 模板文件，然后在主菜单中选择【文件】/【另存为】命令，此时弹出一个提示对话框，如图 10-6 所示。

3. 单击 确定 按钮，打开【另存为】对话框，输入新名称 "class.dwt"，如图 10-7 所示。

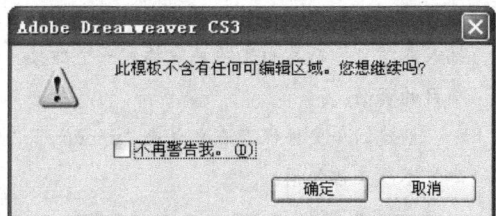

图10-6 链接外部样式表文件 "main.css"

4. 单击 保存(S) 按钮保存模板文件，此时在【资源】面板的【模板】分类中出现了新建的模板文件，如图 10-8 所示。

图10-7　【另存为】对话框

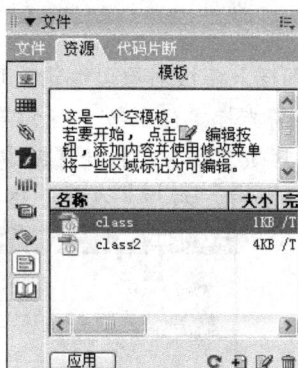

图10-8　【资源】面板的【模板】分类

重要
提示

　　创建的模板文件保存在"Templates"文件夹内，"Templates"是自动产生的，不能对其进行随意修改，否则模板将不能正常使用。

　　5. 在主菜单中选择【窗口】/【CSS 样式】命令，打开【CSS 样式】面板，单击右下角的 按钮打开【链接外部样式表】对话框，参数设置如图 10-9 所示。

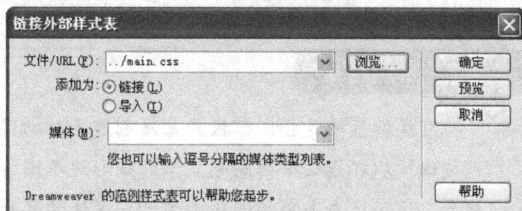

　　6. 单击 确定 按钮关闭对话框，然后插入一个 1 行 2 列的表格，设置其宽度为"780像素"，填充、间距和边框均为"0"，对齐方式为"居中对齐"，背景图像为"top-bg.jpg"，如图 10-10 所示。

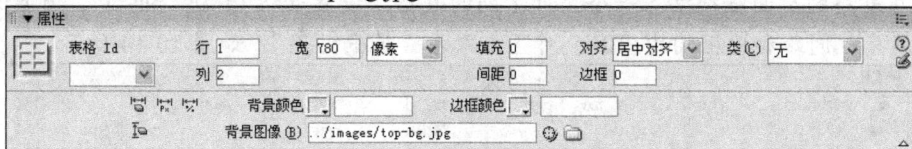

图10-9　链接外部样式表文件"main.css"

图10-10　插入表格

　　7. 将第 1 个单元格的水平属性均设置为"居中对齐"，宽度设置为"200"，高度设置为"60"，然后在其中插入图像"logo.gif"，如图 10-11 所示。

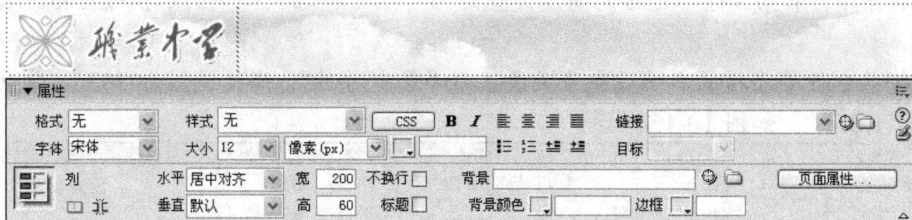

图10-11　设置单元格属性

　　8. 将第 2 个单元格的水平属性均设置为"居中对齐"，宽度设置为"580"，如图 10-12所示。

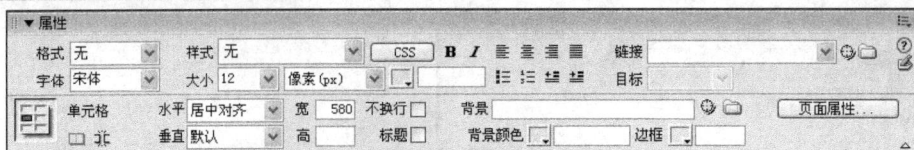

图10-12　设置单元格属性

下面插入模板对象可编辑区域。

9. 将光标定位在第 1 行的单元格内，然后在主菜单中选择【插入记录】/【模板对象】/【可编辑区域】命令，打开【新建可编辑区域】对话框，在【名称】文本框中输入"banner"，然后单击 确定 按钮，在单元格内插入可编辑区域，如图 10-13 所示。

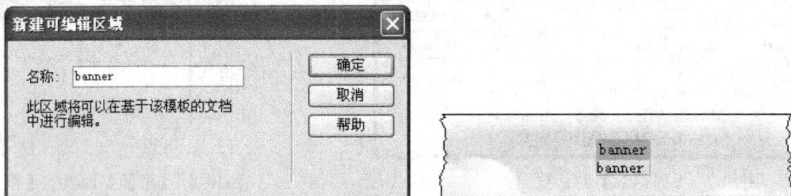

图10-13　插入可编辑区域

重要提示　也可在【插入】/【常用】面板的【模板】列表框中单击 （可编辑区域）按钮，打开【新建可编辑区域】对话框来插入可编辑区域。

知识链接

可编辑区域是指以模板为基准创建文档的区域，可以进行添加、修改和删除网页元素等操作。可编辑区域在模板中由高亮显示的矩形边框围绕，该边框使用在【首选参数】对话框中设置的高亮颜色。该区域左上角的选项卡显示该区域的名称。另外需要注意的是，在一个可编辑区域内不能再插入另一个可编辑区域。

10. 在表格的后面继续插入一个 3 行 1 列的表格，设置表格 Id 为"nav-1"，宽度为"780像素"，填充、间距和边框均为"0"，对齐方式为"居中对齐"，如图 10-14 所示。

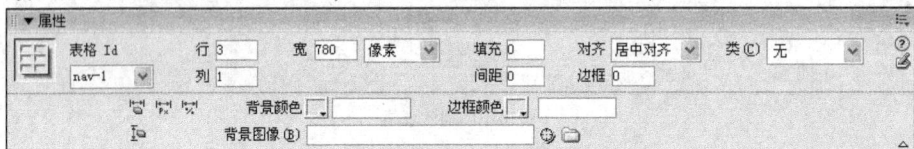

图10-14　插入表格

11. 将第 1 行和第 3 行单元格的高度设置为"5"，然后将源代码中的不换行空格符" "删除。

12. 将第 2 行单元格的水平对齐方式设置为"居中对齐"，高度设置为"33"，背景颜色设置为"#B7EBFF"，如图 10-15 所示。

图10-15　设置单元格属性

13. 在单元格中输入文本并添加空链接，如图 10-16 所示。

图10-16 输入文本并添加空链接

14. 单击【CSS 样式】面板右下角的 🔳 按钮，创建高级 CSS 样式 "#nav-1 a:link, #nav-1 a:visited"，如图 10-17 所示。

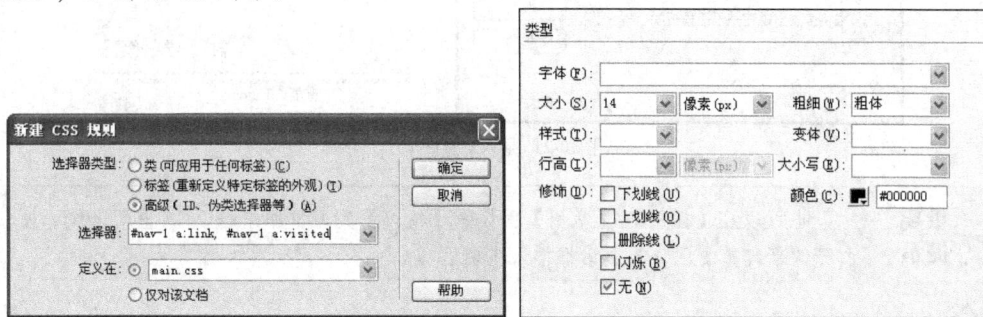

图10-17 创建高级 CSS 样式 "#nav-1 a:link, #nav-1 a:visited"

15. 接着创建高级 CSS 样式 "#nav-1 a:hover"，如图 10-18 所示。

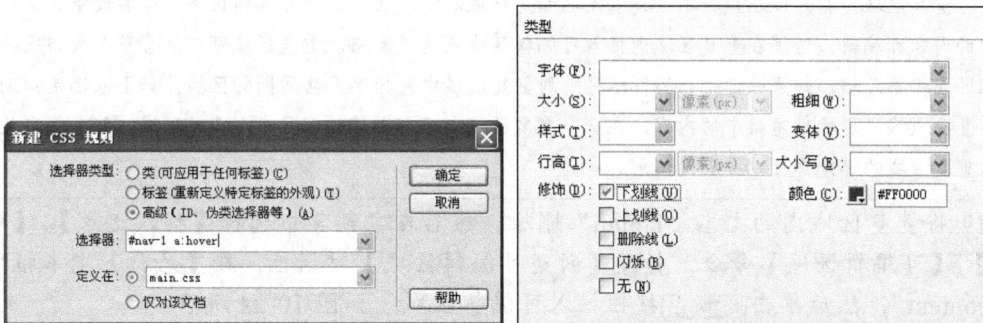

图10-18 创建高级 CSS 样式 "#nav-1 a: hover"

16. 在表格后面继续插入一个 1 行 2 列的表格，设置宽度为 "780 像素"，填充和边框均为 "0"，间距为 "1"，对齐方式为 "居中对齐"，背景颜色为 "#B7EBFF"，如图 10-19 所示。

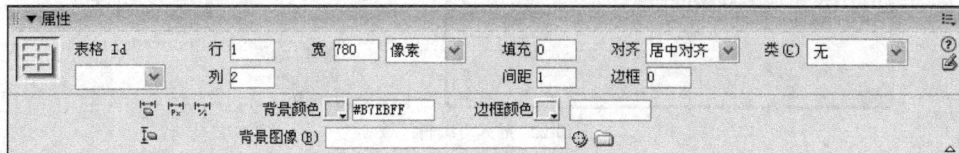

图10-19 插入表格

17. 将左侧单元格的水平对齐方式设置为 "居中对齐"，垂直对齐方式设置为 "顶端"，宽度设置为 "218"，背景颜色设置为 "#FFFFFF"，如图 10-20 所示。

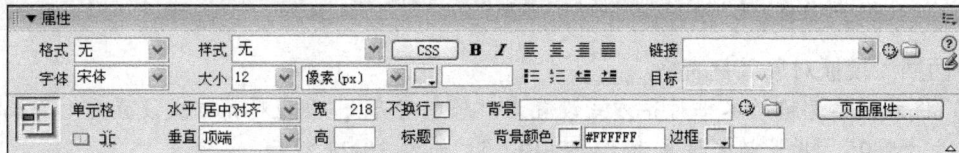

图10-20 设置单元格属性

下面插入模板对象重复区域。

18. 将光标置于左侧单元格内，然后在主菜单中选择【插入记录】/【模板对象】/【重复区域】命令，打开【新建重复区域】对话框，在【名称】文本框中输入"lanmu"，单击 确定 按钮，在单元格内插入一个重复区域，如图 10-21 所示。

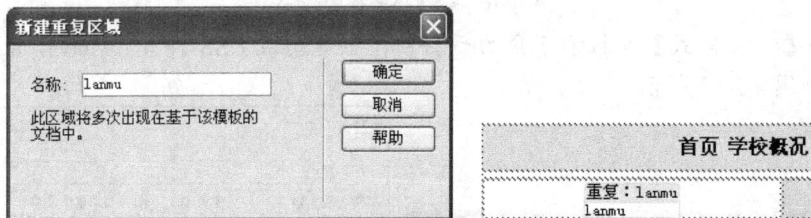

图10-21 插入重复区域

重要提示 也可以在【插入】/【常用】面板的【模板】列表框中单击 (重复区域) 按钮，打开【新建重复区域】对话框插入重复区域。

知识链接

重复区域是指可以在模板中任意复制的指定区域。重复区域不是可编辑区域，若要使重复区域中的内容可编辑，必须在重复区域内插入可编辑区域或重复表格。重复区域可以包含整个表格或单独的表格单元格。如果选定"<td>"标签，则重复区域中包括单元格周围的区域，如果未选定，则重复区域将只影响单元格中的内容。在一个重复区域内可以继续插入另一个重复区域。整个被定义为重复区域的部分都可以被重复使用。

19. 将重复区域内的文本"lanmu"删除，然后在主菜单中选择【插入记录】/【模板对象】/【可编辑区域】命令，打开【新建可编辑区域】对话框，在【名称】文本框中输入"content"，然后单击 确定 按钮插入可编辑区域，如图 10-22 所示。

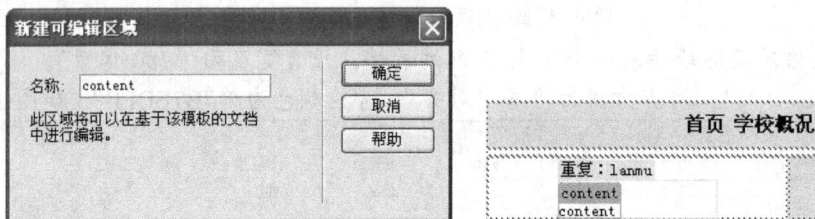

图10-22 插入可编辑区域

重要提示 选择模板对象的方法，一种是单击模板对象的名称，另一种是将光标定位在模板对象处，然后在工作区下面选择相应的标签。在选择模板对象时会显示其【属性】面板，在【属性】面板中可个性化设置模板对象的名称。

下面插入模板对象重复表格。

20. 将右侧单元格的水平对齐方式设置为"居中对齐"，垂直对齐方式设置为"顶端"，宽度设置为"559"，背景颜色设置为"#FFFFFF"，如图 10-23 所示。

图10-23　设置单元格属性

21. 在主菜单中选择【插入记录】/【模板对象】/【重复表格】命令，插入一个重复表格，并将表格所有单元格的水平对齐方式设置为"左对齐"，如图 10-24 所示。

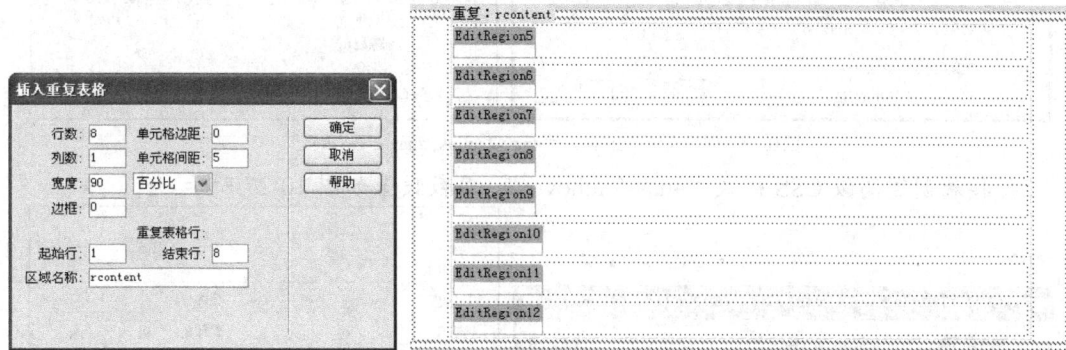

图10-24　在单元格内插入重复表格

> **重要提示**　也可以在【插入】/【常用】面板的【模板】列表框中单击　（重复表格）按钮，打开【插入重复表格】对话框，在当前区域插入重复表格。

> **知识链接**
>
> 可以使用重复表格创建包含重复行的表格格式的可编辑区域，可以定义表格属性并设置哪些表格单元格可编辑。
>
> 如果在对话框中不设置单元格边距、单元格间距和边框的值，则大多数浏览器按单元格边距为"1"、单元格间距为"2"、边框为"1"显示表格。对话框的上半部分与普通的表格参数没有什么不同，重要的是下半部分的参数。
>
> ❖ 【重复表格行】：指定表格中的哪些行包括在重复区域中。
> ❖ 【起始行】：将输入的行号设置为包括在重复区域中的第 1 行。
> ❖ 【结束行】：将输入的行号设置为包括在重复区域中的最后 1 行。
> ❖ 【区域名称】：为重复区域设置唯一的名称。
>
> 重复表格可以被包含在重复区域内，但不能被包含在可编辑区域内。另外，不能将选定的区域变成重复表格，只能插入重复表格。

22. 将页眉中的导航表格"nav-1"复制粘贴到上面外层表格的后面，将其 Id 名称修改为"nav-2"，并对文本进行相应修改，如图 10-25 所示。

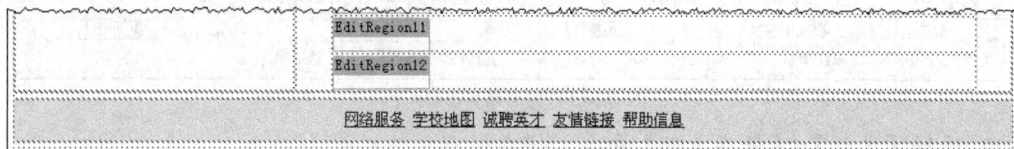

图10-25　复制表格

23. 单击【CSS 样式】面板右下角的 按钮，创建高级 CSS 样式"#nav-2 a:link, #nav-2 a:visited"，参数设置如图 10-26 所示。

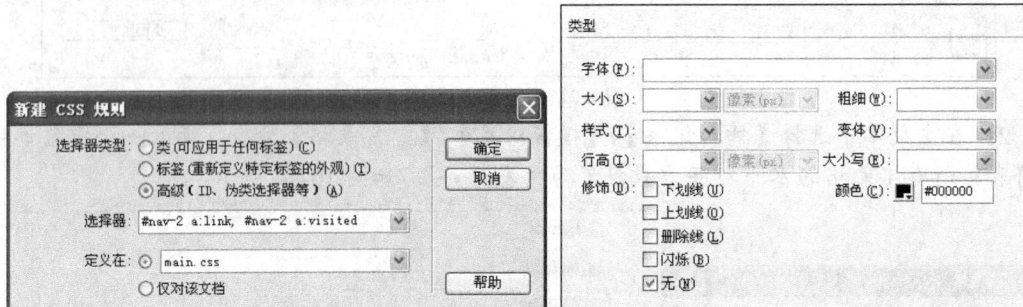

图10-26 创建高级 CSS 样式"#nav-2 a:link, #nav-2 a:visited"

24. 接着创建高级 CSS 样式"#nav-2 a:hover"，参数设置如图 10-27 所示。

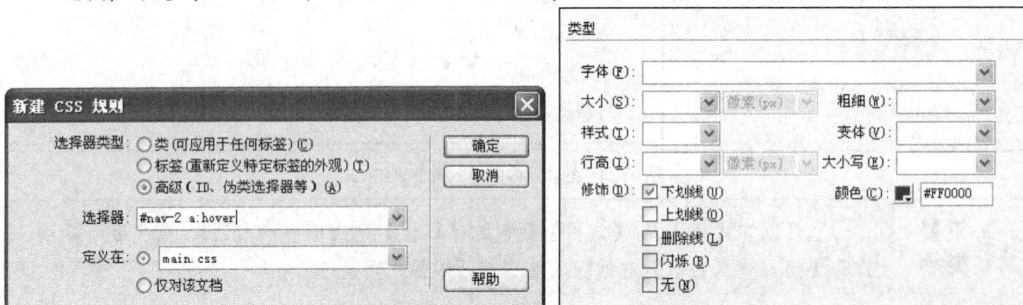

图10-27 创建高级 CSS 样式"#nav-2 a: hover"

25. 在上面表格的后面继续插入一个 1 行 1 列的表格，设置宽度为"780 像素"，填充、间距和边框均为"0"，对齐方式为"居中对齐"，如图 10-28 所示。

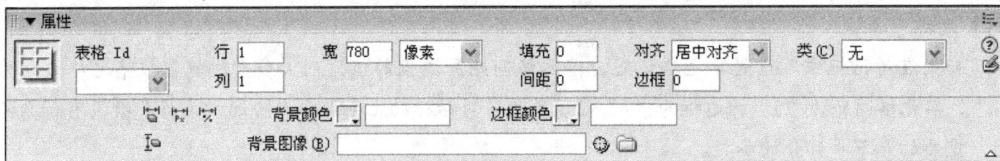

图10-28 插入表格

26. 将单元格的水平对齐方式均设置为"居中对齐"，高度设置为"50"，然后在其中输入文本，如图 10-29 所示。

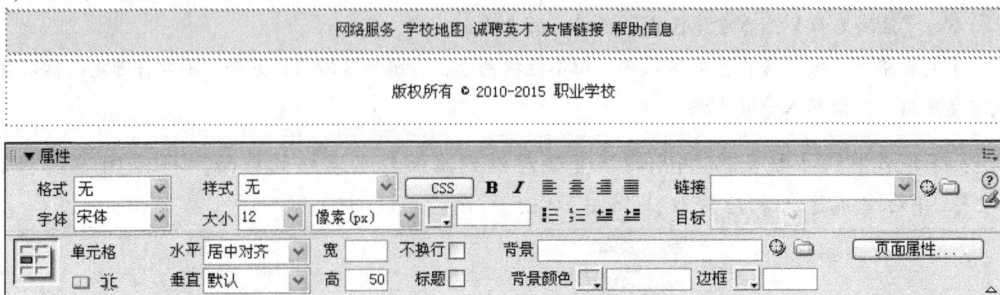

图10-29 设置单元格属性

27. 选择【文件】/【保存全部】命令，保存所有文件。

至此，学校的主页模板就制作完成了。

任务三 制作学校主页

本任务将介绍通过模板和库制作学校主页的基本方法。

【操作步骤】

1. 选择主菜单中的【文件】/【新建】命令，打开【新建文档】对话框，选择已经创建的模板 "class"，并勾选【当模板改变时更新页面】复选框，如图 10-30 所示。

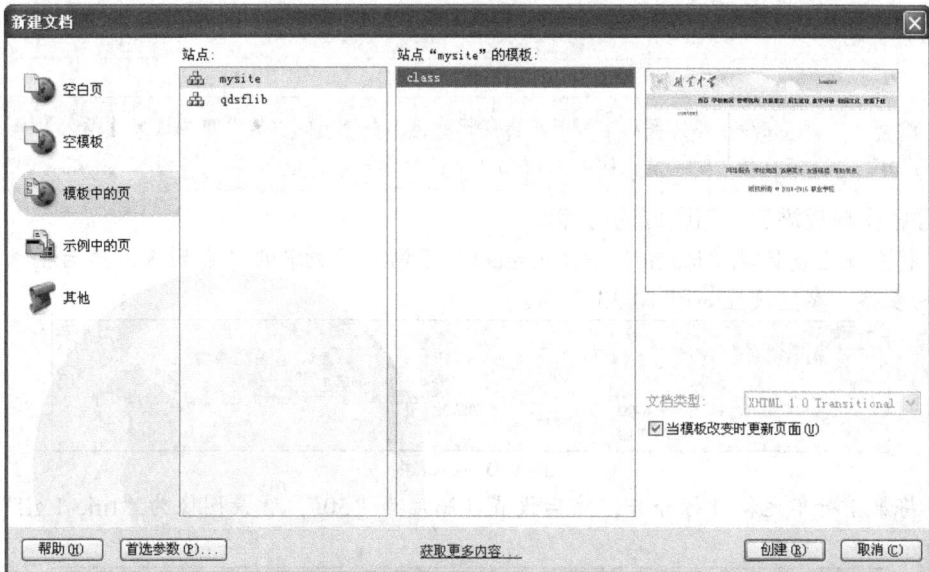

图10-30 【新建文档】对话框

重要提示

如果在 Dreamweaver 中已经定义了多个站点，这些站点会依次显示在【站点】列表框中，在列表框中选择一个站点，在右侧的列表框中就会显示这个站点中的模板。

如果没有勾选【当模板改变时更新页面】复选框，那么模板改变了，由模板生成的网页就不会改变。在这种情况下如何才能让由模板生成的页面也发生变化呢？可以在主菜单中选择【修改】/【模板】/【更新页面】命令，打开【更新页面】对话框，在对话框中设置相应参数后，单击 开始(S) 按钮，Dreamweaver 将对选定范围内由模板生成的网页进行更新，如图 10-31 所示。

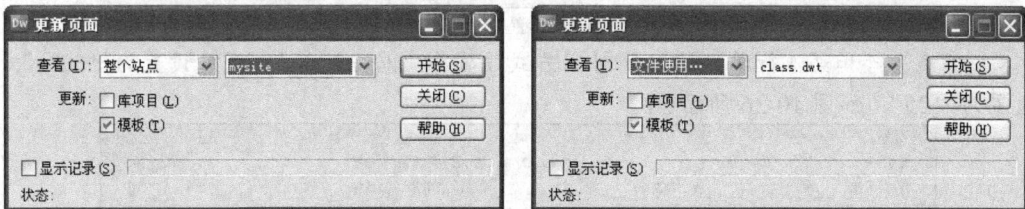

图10-31 【更新页面】对话框

2. 单击 创建(R) 按钮，打开文档窗口，然后将在浏览器标题栏显示的标题设置为 "职业学校"，并将文档保存为 "index.html"。

重要提示　　应用了模板的网页文档除了可编辑区域之外，其他部分无法进行编辑。但是如果将网页文档和模板分离，那么应用了模板的网页文档就会转化为一般网页文档，这时就可在所有区域内进行随意编辑。分离模板和网页文档可以在主菜单中选择【修改】/【模板】/【从模板中分离】命令。

3.　将页眉 "banner" 可编辑区域中的文本删除，然后在【资源】面板中切换至库分类，并在列表框中选中库文件 "banner"。

4.　单击【资源】面板底部的 [插入] 按钮，将库项目插入到可编辑区域中，如图 10-32 所示。

图10-32　插入库文件

重要提示　　在选中库文件后也可以单击鼠标右键，在弹出的快捷菜单中选择【插入】命令，将库项目插入到当前文档中。

下面根据模板添加左侧区域的内容。

5.　将左侧重复区域 "lanmu" 中 "content" 可编辑区域中的文本删除，然后插入一个 4 行 2 列的表格，参数设置如图 10-33 所示。

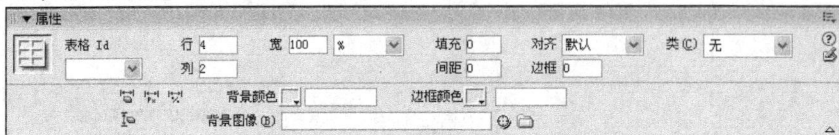

图10-33　插入表格

6.　将第 1 行单元格进行合并，然后设置其高度为 "50"，背景图像为 "title-1.gif"，如图 10-34 所示。

图10-34　设置单元格属性

7.　将第 2 行单元格水平对齐方式设置为 "居中对齐"，宽度设置为 "50%"，高度设置为 "25"，背景图像设置为 "bg-1.gif"，如图 10-35 所示。

图10-35　设置单元格属性

8.　将第 3 行和第 4 行单元格水平对齐方式设置为 "居中对齐"，宽度设置为 "50%"，高度设置为 "25"，如图 10-36 所示。

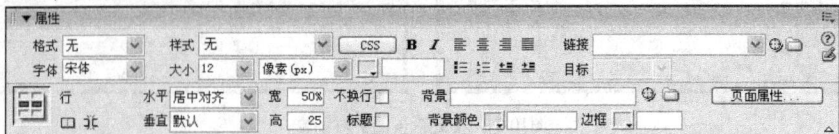

图10-36　设置单元格属性

9.　在单元格中输入相应的文本，如图 10-37 所示。

10. 单击"重复：lanmu"右侧的 ⊞ 按钮，添加一个重复栏目，将"content"可编辑区域中的文本删除，然后将"学校概况"的表格复制粘贴过来，并将第 1 行和第 2 行单元格的背景图像依次修改为"title-2.gif"、"bg-2.gif"，将原有文本依次删除，并输入新的文本，如图 10-38 所示。

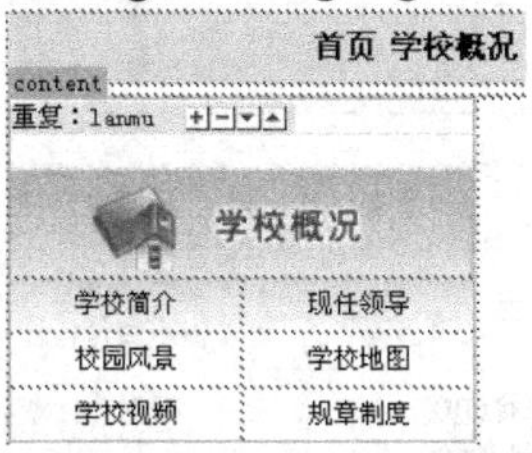

图10-37 输入相应的文本

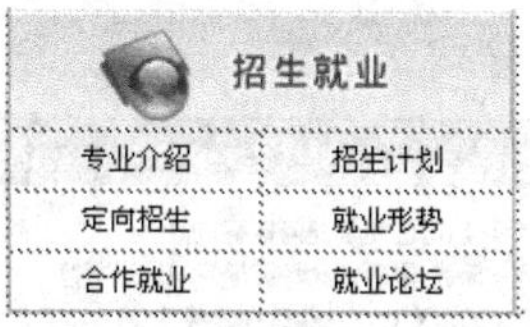

图10-38 添加栏目内容（1）

重要提示 单击 ⊞ 按钮可以添加一个重复栏目。如果要删除已经添加的重复栏目，可以先选择该栏目，然后单击 ⊟ 按钮。

11. 单击"重复：lanmu"右侧的 ⊞ 按钮，继续添加一个重复栏目，将"content"可编辑区域中的文本删除，然后将"学校概况"的表格复制粘贴过来，并将第 1 行单元格的背景图像修改为"title-3.gif"、高度修改为"43"，将第 2 行单元格进行合并，并将背景图像修改为"bg-3.gif"，将第 3 行和第 4 行单元格分别进行合并，同时删除所有单元格中原有文本并输入新的文本，如图 10-39 所示。

下面添加右侧区域的内容。

12. 在重复表格"rcontent"单元格的可编辑区域中依次输入相应文本，如图 10-40 所示。

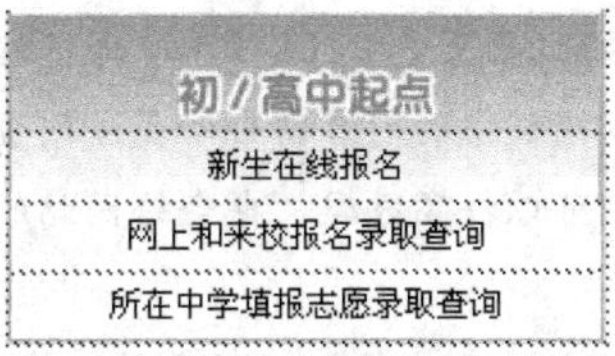

图10-39 添加栏目内容（2）

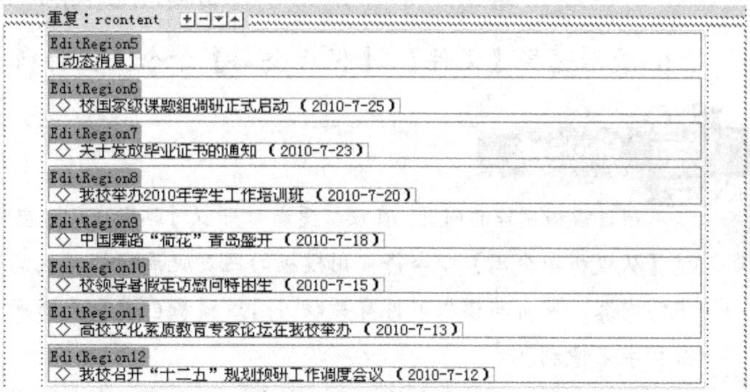

图10-40 添加栏目内容（3）

13. 单击"重复：rcontent"右侧的 ⊞ 按钮，再添加一个重复栏目并输入相应的内容，如图 10-41 所示。

图10-41 添加栏目内容（4）

14. 单击【CSS 样式】面板右下角的 🗗 按钮，创建类 CSS 样式 ".titlestyle"，如图 10-42 所示。

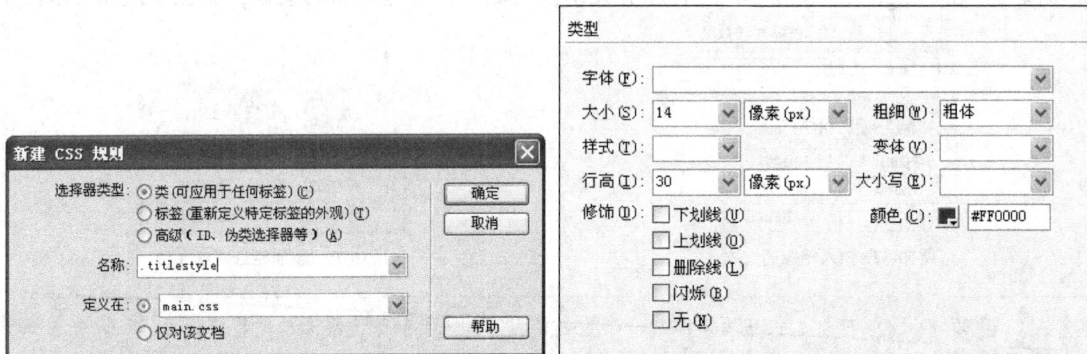

图10-42　创建类样式

15. 依次选中文本 "[动态消息]" 和 "[信息发布]"，然后依次在【属性】面板的【样式】下拉列表中选择样式名称 "titlestyle"，如图 10-43 所示。

图10-43　应用类样式

16. 最后选择【文件】/【保存全部】命令，保存所有文件。

知识链接

　　通过模板制作的网页，在模板更新时可以对站点中所有应用同一模板的网页进行批量更新，还可通过【从模板中分离】命令将使用模板的网页脱离模板，脱离模板后，模板中的内容将自动变成网页中的内容，网页与模板不再有关联。通过模板创建和更新网页，不仅可以提高效率，也会给网站的维护带来便利。

　　在模板中引用的库文件无法直接修改，如果要添加或修改其内容，需要直接打开库文件，然后根据实际需要添加相应的文本或图像等内容。在库文件被修改后，通常引用该库的网页文件会自动进行更新，如果没有进行更新，可以在主菜单中选择【修改】/【库】/【更新页面】命令，打开【更新页面】对话框进行设置，Dreamweaver 将对相关网页进行更新。

　　本项目介绍的是创建基于现有模板的文档的基本方法，另外，还有两种通过模板创建文档的方法。第 1 种方法是在【资源】面板中从现有模板创建文档。首先在【资源】面板中切换到模板分类，查看当前站点中的模板列表，用鼠标右键单击要应用的模板，在弹出的快捷菜单中选择【从模板新建】命令，基于模板的新文档即会在文档窗口中打开。第 2 种方法是将当前文档应用模板。首先打开要应用模板的文档，然后在【资源】面板的模板列表框中选中要应用的模板，再单击 应用 按钮，也可以直接从模板列表中将要应用的模板拖到文件窗口中。

实训　认识学校的主页

本项目着重介绍了利用模板和库来创建网页的基本方法，通过本实训，可以让读者从感性上认识学校主页的板块组成和层次结构，特别是模板和库的功能及应用等。

【实训目的】

❖ 了解学校网页的特点和板块组成。

❖ 掌握创建库文件的方法。

❖ 掌握创建模板文件的方法。

❖ 掌握可编辑区域、重复区域和重复表格的使用方法。

【实训步骤】

1. 浏览学校的主页，分析主页的板块组成和层次结构。

2. 分析学校主页的哪些内容适合做成库项目。

3. 分析学校主页的哪些内容适合做在模板中。

4. 将以上内容写成一份详细的说明书并进行实际的上机操作。

小结

本项目以制作学校主页为例，介绍了学校主页的制作流程以及模板和库的创建、编辑和应用方法。通过本项目的学习，读者应该熟练掌握模板和库的创建、编辑和应用方法，特别是模板中重复区域、可编辑区域和重复表格的创建和应用。

要特别强调的是，模板对象重复区域单独使用没有实际意义，只有将其与可编辑区域和重复表格一起使用才能发挥其价值。另外，在模板中，如果指定错了可编辑区域、重复区域或重复表格的位置，可以进行删除，方法是：选取模板中需要删除的标记，然后在主菜单中选择【修改】/【模板】/【删除模板标记】命令即可。

习题

一、问答题

1. 如何理解模板和库？

2. 常用的模板对象有哪些？如何理解这些模板对象？

二、操作题

利用模板和库制作如图 10-44 所示网页。

图10-44 由模板和库生成的网页

项目十一 完善阅读网页功能

　　使用 Dreamweaver CS3 可以轻松地完成设置滚动字幕、状态栏信息、交换图像、弹出信息、Spry 菜单栏、Spry 选项卡式面板、Spry 折叠式构件、Spry 可折叠面板等许多小功能。通过本项目的学习，读者可掌握使用字幕、行为和 Spry 布局构件增强网页功能的方法。

项目背景

　　随着计算机技术和网络技术的飞速发展，阅读的媒介从早期的竹简、纸张到如今的计算机，发生了翻天覆地的变化，如今人们可以直接通过计算机阅读各种信息，不仅可以在单机上阅读，还可以通过连网的计算机在网络上阅读。现在，互联网上许多网站都设有阅读频道，甚至有些网站本身就是专业性的阅读网站。正是基于此背景，本项目将通过制作如图 11-1 所示的在线阅读网页来学习关于滚动字幕、行为和 Spry 构件的基本知识。

图11-1　在线阅读网页

项目分析

　　本项目的重点是页眉和主体部分，在页眉部分使用了字幕以及行为中的状态栏文本、交换图像、弹出消息，在主体部分使用了 Spry 构件，具体包括 Spry 菜单栏、Spry 选项卡式面板、Spry 折叠式构件和 Spry 可折叠面板。Spry 构件是 Dreamweaver CS3 新增功能，恰当使用会使页面更美观，但低版本浏览器是不支持的。

任务一　设置页眉部分

在网页设计中经常使用滚动的字幕，包括横向滚动和纵向滚动两种，适当使用字幕可使网页显得活泼富有动感。行为是 Dreamweaver 内置的脚本程序，适当使用行为能够为网页增添许多特殊效果。本任务主要在页眉中设置字幕和状态栏文本、交换图像、弹出信息等行为。

操作一　设置滚动字幕

本操作主要介绍插入字幕的方法，即如何使用"标签选择器"插入 marquee 标签并设置相关参数。

【操作步骤】

在 Dreamweaver CS3 中定义一个本地静态站点，并将本项目素材文件复制到站点根文件夹下，然后进行以下操作。

1. 打开网页文档"index.html"，将文本"div-1 字幕"删除，然后输入文本"本站决定，近期在广大读者中开展读书有感征文活动，请参加者将征文发送到 dushu@163.com，谢谢！"。

2. 将输入的文本选定，单击鼠标右键，在弹出的快捷菜单中选择【快速标签编辑器】命令，出现快速标签编辑器和标签列表框，在列表中选择"marquee"标签，然后双击鼠标左键，将标签插入到快速标签编辑器中，如图 11-2 所示。

3. 按空格键，标签列表中出现了该标签的属性参数，在其中选择【behavior】属性，如图 11-3 所示。

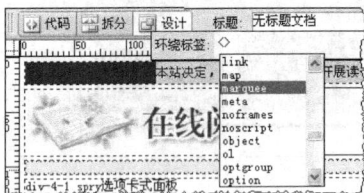

图11-2 插入"marquee"标签　　　　图11-3 选择"behavior"

4. 按 Enter 键插入属性，在双引号内出现下拉列表，双击选择"scroll"选项。

5. 继续按空格键，在出现的列表框中双击选择"direction"选项，其参数值包含"down"（下）、"left"（左）、"right"（右）、"up"（上）4个选项，选择"left"选项，然后按 Enter 键。

6. 继续设置【hspace】的值为"5"，【loop】的值为"-1"，【scrollamount】的值为"1"，【scrolldelay】的值为"5"，【width】的值为"400"，最后按 Enter 键确认，源代码如图 11-4 所示。

重要提示

如果需要修改"marquee"标签的各参数值，首先将光标置于"marquee"标签内的文本上，然后在主菜单中选择【窗口】/【标签检查器】命令，打开【标签<marquee>】面板，选择【属性】选项，单击【未分类】前面的"+"号，展开"marquee"标签的各项参数。在这里，可以继续设置未设置的参数或修改已经设置的参数值，如图11-5所示。

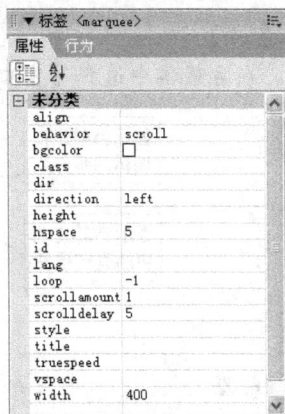

```
<marquee behavior="scroll" direction="left" hspace="5" loop="-1"
scrollamount="1" scrolldelay="5" width="400">
本站决定，近期在广大读者中开展读书有感征文活动，请参加者将征文发送到
dushu@163.com，谢谢！
</marquee>
```

图11-4　源代码　　　　　　　　　　　图11-5　【标签<marquee>】面板

知识链接

使用"<marquee>…</marquee>"标签可创建滚动的文本字幕。相关参数如下。

❖ <direction=#>：表示滚动的方向，"#"可以是 left、right、up、down，默认为 left。

❖ <behavior=#>：表示滚动的方式，"#"可以是 scroll（连续滚动）、slide（滑动一次）、alternate（来回滚动）。

❖ <loop=#>：表示循环的次数，"#"是正整数，默认为无限循环，即"loop=-1"。

❖ <scrollamount=#>：表示运动速度，"#"是正整数，默认为6。

❖ <scrolldelay=#>：表示停顿时间，值是正整数，默认为0，单位是毫秒（ms）。

❖ <align=#>：表示元素的水平对齐方式，"#"可以是 left、center、right，默认为 left。

❖ <valign=#>：valign 表示元素的垂直对齐方式，值可以是 top、middle、bottom，默认为 middle。

❖ <bgcolor=#>：表示运动区域的背景色，值是十六进制的 RGB 颜色或者是下列预定义色彩：Black、Olive、Teal、Red、Blue、Maroon、Navy、Gray、Lime、Fuchsia、White、Green、Purple、Silver、Yellow、Aqua，默认为白色。

❖ <height=# width=#>：表示运动区域的高度和宽度，"#"是正整数（单位是像素）或百分数，默认 width=100%，height 为标签内元素的高度。

❖ <hspace=# vspace=#>：表示元素到区域边界的水平和垂直距离，"#"是正整数，单位是像素。

❖ <onmouseover=this.stop() onmouseout=this.start()>：表示当鼠标指针移到对象上面时滚动停止，当鼠标指针移开对象时又继续滚动。

课堂练习

练习插入和设置字幕的方法。

操作二　设置状态栏文本

本操作主要使用行为设置状态栏文本，即当鼠标指针停留在对象上时，浏览器状态栏将显示事先定义的文本。

【操作步骤】

1. 在主菜单中选择【窗口】/【行为】命令，打开【行为】面板，如图11-6所示。

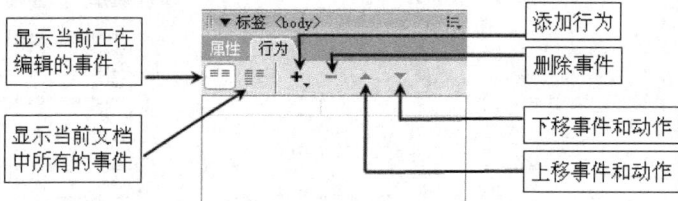

图11-6　【行为】面板

> **重要提示**
>
> 一个特定事件的动作将按照指定的顺序执行。对于在列表中不能上移或下移的动作，上移和下移按钮将不起作用。

2. 选中页眉左端的 logo 图像"logo.jpg"，然后在【行为】面板中单击 + 按钮，打开行为菜单，从中选择【设置文本】/【设置状态栏文本】命令，打开【设置状态栏文本】对话框，在【消息】文本框中输入"在线阅读网！"，如图11-7所示。

3. 单击 确定 按钮完成设置，如图11-8所示。

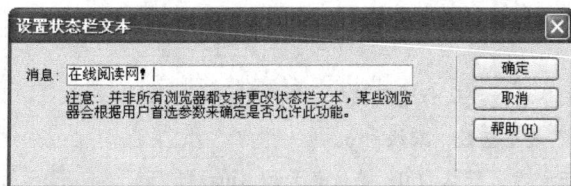

图11-7　【设置状态栏文本】对话框

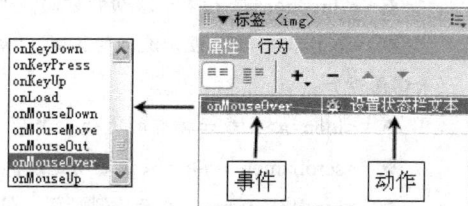

图11-8　【行为】面板中的事件和动作

知识链接

一个行为是由一个事件所触发的动作组成的，因此行为的基本元素有两个：事件和动作。事件是浏览器产生的有效信息，也就是访问者对网页所做的事情。例如，当访问者将鼠标指针移到一个链接上，浏览器就会为这个链接产生一个"onMouseOver"（鼠标经过）事件。然后，浏览器会检查当事件为这个链接产生时，是否有一些代码需要执行，如果有就执行这段代码，这就是动作。

在【行为】面板中添加了一个动作，也就有了一个事件。当单击【行为】面板中事件名右边的 ▼ 按钮时，会弹出所有可以触发动作的【事件】菜单。这个菜单只有在一个事件被选中的时候才可见。选择不同的动作，【事件】菜单中会罗列出可以触发该动作的所有事件。不同的动作，所支持的事件也不同。

不同的事件为不同的网页元素所定义。例如，在大多数浏览器中，"onMouseOver"（鼠标经过）和"onClick"（单击）行为是和链接相关的事件，然而"onLoad"（载入）行为是和图像及文档相关的事件。一个单一的事件可以触发几个不同的动作，而且可以指定这些动作发生的顺序。

操作三　设置交换图像

交换图像行为可以将一个图像替换为另一个图像，这是通过改变图像的"src"属性实现的。可以使用交换图像行为来创建翻转的按钮或其他图像效果。本操作将介绍设置交换图像的基本方法。

【操作步骤】

1. 在文档中选定图像"banner1.jpg"，并确认在其【属性】面板中设置了图像名称，这里为"banner"。

> **重要提示**　交换图像行为在没有命名图像时仍然可以执行，它会在附加该动作到某对象时自动命名图像，但是如果预先命名图像，在操作中将更容易区分各图像。

2. 在【行为】面板中单击 **+** 按钮，从行为菜单中选择【交换图像】命令，打开【交换图像】对话框。

3. 在【图像】列表框中选择要改变的图像"banner"，然后在【设定原始档为】文本框中定义其要交换的图像文件"banner2.jpg"，并勾选【预先载入图像】和【鼠标滑开时恢复图像】两个复选框，如图11-9所示。

> **重要提示**　【预先载入图像】选项用于在页面载入时，在浏览器的缓存中存入替换的图像，这样可以防止由于显示替换图像时需要下载而造成的时间延迟。

4. 单击 确定 按钮关闭对话框，【行为】面板如图11-10所示。

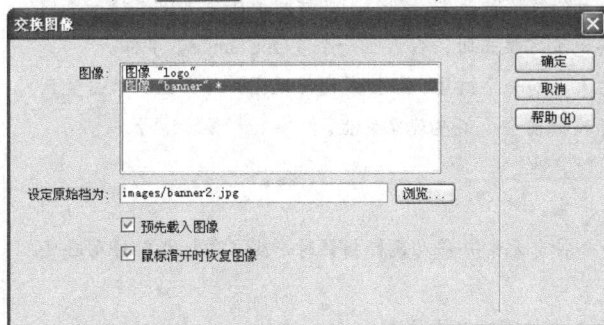

图11-9　【交换图像】对话框　　　　　　图11-10　【行为】面板中的事件和动作

操作四　设置弹出信息

弹出信息行为将显示一个提示信息框，给用户提供提示信息。本操作将介绍设置弹出信息行为的基本方法。

【操作步骤】

1. 在文档中选定图像"banner1.jpg"，然后在【行为】面板中单击 **+** 按钮，从行为菜单中选择【弹出信息】命令，打开【弹出信息】对话框。

2. 在【消息】文本框中输入提示信息，如图11-11所示。

3. 单击 确定 按钮关闭对话框，然后在【行为】面板中选择【onMouseDown】事件。

4. 保存网页并按 F12 键进行预览，单击鼠标左键或右键都会弹出信息框，如图11-12所示。

图11-11 【弹出信息】对话框   图11-12 提示信息框

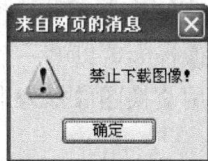

重要提示

　　在浏览网页时，用户可以在预下载的图像上单击鼠标右键，在弹出的快捷菜单中选择【图片另存为】命令，从而将网页中的图像下载到自己的计算机当中。而当添加了这个行为动作以后，当访问者单击鼠标右键时，就只能看到提示框，而看不到快捷菜单，这样就限制了用户使用鼠标右键来将图片下载至自己的计算机中。

知识链接

　　在行为中比较常用的事件有以下几种。

　　❖ 【onFocus】：当指定的元素成为访问者交互的中心时产生。例如，在一个文本区域中单击将产生一个【onFocus】事件。

　　❖ 【onBlur】：【onFocus】事件的相反事件，该事件是指当前指定元素不再是访问者交互的中心。例如，当访问者在文本区域内单击后再在文本区域外单击，浏览器将为这个文本区域产生一个【onBlur】事件。

　　❖ 【onChange】：当访问者改变页面的一个数值时产生。例如，当访问者从菜单中选择一条内容或改变一个文本区域的值，然后在页面的其他地方单击时，会产生一个【OnChange】事件。

　　❖ 【onClick】：当访问者单击指定的元素（如一个链接、按钮或图像地图）时产生。单击直到访问者释放鼠标按键时才完成，只要按下鼠标按键便会令某些现象发生。

　　❖ 【onLoad】：当图像或页面结束载入时产生。

　　❖ 【onUnload】：当访问者离开页面时产生。

　　❖ 【onMouseMove】：当访问者指向一个特定元素并移动鼠标指针时产生（鼠标指针停留在元素的边界以内）。

　　❖ 【onMouseDown】：当鼠标在特定元素上按下时产生该事件。

　　❖ 【onMouseOut】：当鼠标指针从特定的元素（该特定元素通常是一个图像或一个附加于图像的链接）移走时产生。这个事件经常被用来和【恢复交换图像】（Swap Image Restore）动作关联，当访问者不再指向一个图像时，将它返回到其初始状态。

　　❖ 【onMouseOver】：当鼠标指针首次指向特定元素时产生（指针从没有指向元素向指向元素移动），该特定元素通常是一个链接。

　　❖ 【onSelect】：当访问者在一个文本区域内选择文本时产生。

　　❖ 【onSubmit】：当访问者提交表格时产生。

课堂练习

　　（1）练习设置状态栏文本。

　　（2）练习设置交换图像和弹出信息行为。

任务二 设置主体部分

本任务主要是设置网页主体部分的 Spry 布局构件,包括 Spry 菜单栏、Spry 选项卡式面板、Spry 折叠式构件和 Spry 可折叠面板。

操作一 设置 Spry 菜单栏

Spry 菜单栏是一组可导航的菜单按钮,当将鼠标指针悬停在其中的某个按钮上时,将显示相应的子菜单。根据需要,可以使用 Spry 菜单栏构件创建横向或纵向的菜单。本操作将介绍创建 Spry 菜单栏的基本方法。

【操作步骤】

1. 将文本"div-3 spry 菜单栏"删除,然后选择【插入记录】/【Spry】/【Spry 菜单栏】命令,打开【Spry 菜单栏】对话框,参数设置如图 11-13 所示。

2. 点选【水平】单选按钮并单击 确定 按钮,在文档中插入一个水平放置的 Spry 菜单栏,如图 11-14 所示。

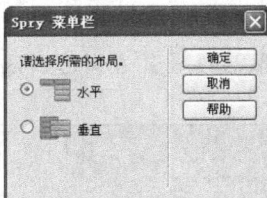

图11-13 【Spry 菜单栏】对话框   图11-14 插入 Spry 菜单栏

3. 确保 Spry 菜单栏构件处于选中状态,其【属性】面板如图 11-15 所示。

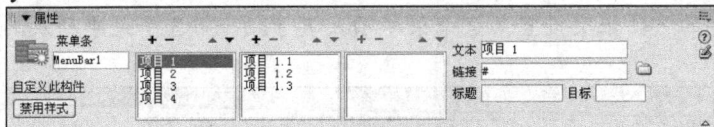

图11-15 Spry 菜单栏【属性】面板

> **重要提示**
>
> 由【属性】面板可以看出,创建的菜单栏可以有 3 级菜单。在【属性】面板中,从左至右的 3 个列表框分别用来定义一级菜单项、二级菜单项和三级菜单项,在定义每个菜单项时,均使用右侧的【文本】、【链接】、【标题】和【目标】4 个文本框进行设置。单击列表框上方的＋按钮将添加一个菜单项,单击－按钮将删除一个菜单项,单击▲按钮将选中的菜单项上移,单击▼按钮将选中的菜单项下移。

4. 选中第 1 个列表框中的"项目 1"选项,然后设置最右侧选项区的【文本】、【链接】、【标题】、【目标】4 个选项,如图 11-16 所示。

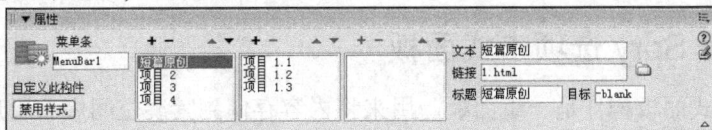

图11-16 添加内容

5. 选中第 2 个列表框中的"项目 1.1"选项,然后设置最右侧选项区的【文本】、【链接】、【标题】、【目标】4 个选项,如图 11-17 所示。

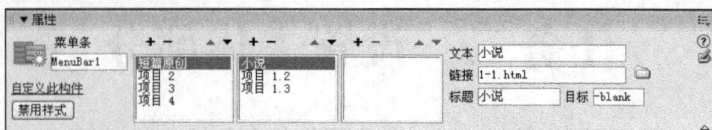

图11-17　添加内容

6. 选中第2个列表框中的"项目1.2"选项，然后设置最右侧选项区的【文本】、【链接】、【标题】、【目标】4个选项，如图11-18所示。

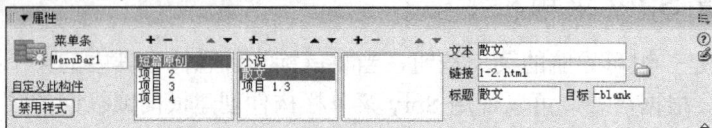

图11-18　添加内容

7. 选中第2个列表框中的"项目1.3"选项，然后设置最右侧选项区的【文本】、【链接】、【标题】、【目标】4个选项，如图11-19所示。

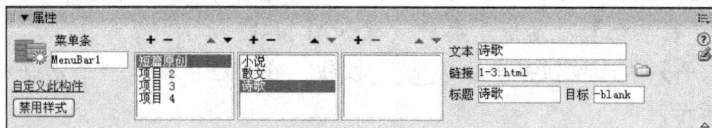

图11-19　添加内容

8. 单击第2个列表框上方的+按钮，添加一个菜单项，然后设置最右侧选项区的【文本】、【链接】、【标题】、【目标】4个选项，如图11-20所示。

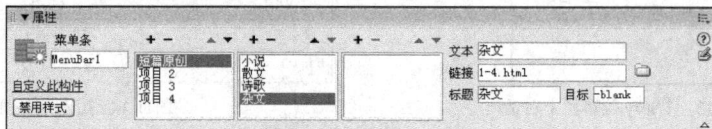

图11-20　添加内容

9. 运用同样的方法依次设置第2个菜单项及其子项、第3个菜单项及其子项，效果如图11-21所示。

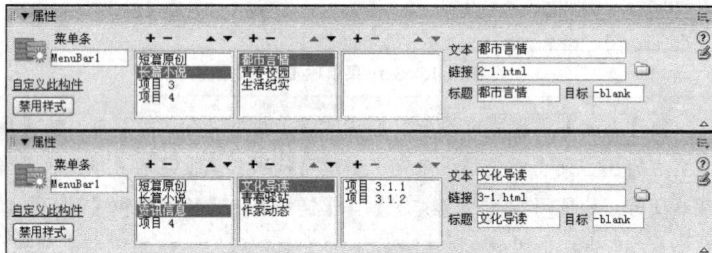

图11-21　添加内容

10. 选中第1个列表框中的"项目4"选项，然后单击列表框上方的─按钮将其删除。

11. 选择【文件】/【保存】命令保存文档。

操作二　设置Spry选项卡式面板

　　Spry选项卡式面板构件是一组面板，用来将内容存储到紧凑空间中。用户可以通过单击要访问面板上的选项卡来隐藏或显示存储在选项卡式面板中的内容。当访问者单击不同的选项卡时，构件的面板会相应地打开。在给定时间内，选项卡式面板构件中只有一个内容面板处于打开状态。本操作将介绍设置Spry选项卡式面板的基本方法。

【操作步骤】

1. 删除"div-4-1 spry选项卡式面板"文本，在主菜单中选择【插入记录】/【Spry】/【Spry选项卡式面板】命令，在页面中添加一个Spry选项卡式面板，如图11-22所示。

2. 在【CSS样式】面板中，双击"SpryTabbedPanels.css"下面的".TabbedPanelsTab"样式名称，打开CSS规则定义对话框，将字体大小由"0.7"修改为"1"，如图11-23所示。

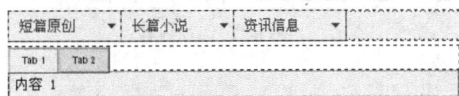

图11-22　添加Spry选项卡式面板　　　　图11-23　修改面板标题大小

3. 单击 确定 按钮关闭对话框，然后将Spry选项卡式面板中的"Tab 1"修改为"美丽的森林"，"Tab 2"修改为"阅读之美女"，如图11-24所示。

图11-24　修改面板标题

4. 将鼠标指针移到Spry选项卡式面板上并单击【Spry选项卡式面板：TabbedPanels1】选中该面板，其【属性】面板如图11-25所示。

图11-25　Spry选项卡式面板的【属性】面板

> **重要提示**
> 在【属性】面板中，可以在【选项卡式面板】文本框中设置面板的名称。在【面板】列表框中可以通过单击＋按钮添加面板，单击－按钮删除面板，单击▲按钮上移面板，单击▼按钮下移面板。当在【面板】列表框中选择面板名称时，在文档窗口中可以编辑相应面板中的内容。在【默认面板】下拉列表中可以设置在浏览器中默认打开的显示内容的面板。

5. 在【面板】列表框中选择"美丽的森林"选项，然后将选项卡中的"内容1"删除，接着插入一个1行1列的表格，宽度为"100%"，间距为"1"，填充和边框均为"0"，单元格水平对齐方式为"居中对齐"，并在单元格中插入图像"book1.jpg"，如图11-26所示。

图11-26　添加内容

> **重要提示**
> 在选项卡的内容区域可以像平时制作网页一样添加网页元素，如文本、图像、超级链接、表格等，并可进行属性设置。

6. 将鼠标指针移到 Spry 选项卡式面板上并单击【Spry 选项卡式面板：TabbedPanels1】选中该面板，然后在【面板】列表框中选择"阅读之美女"选项，将选项卡中的"内容 2"删除，并将【美丽的森林】面板中的表格复制过来，将单元格中的图像文件修改为"book2.jpg"，如图 11-27 所示。

7. 在【属性】面板的【默认面板】列表框中选择默认打开的面板，这里仍然选择"美丽的森林"面板。

8. 选择【文件】/【保存】命令保存文档。

图11-27 添加内容

操作三 设置 Spry 折叠式构件

折叠式构件是一组可折叠的面板，它可以将大量内容存储在一个紧凑的空间中。站点浏览者可通过单击该面板上的选项卡来隐藏或显示存储在折叠式构件中的内容。当浏览者单击不同的选项卡时，折叠式构件的面板会相应地展开或收缩。在折叠式构件中，每次只能有一个内容面板处于打开且可见的状态。本操作将介绍设置折叠式构件的基本方法。

【操作步骤】

1. 删除"div-4-2 spry 折叠式"文本，然后在主菜单中选择【插入记录】/【Spry】/【Spry 折叠式】命令，在页面中添加一个 Spry 折叠式构件，如图 11-28 所示。

2. 确保 Spry 折叠式构件处于选中状态，其【属性】面板如图 11-29 所示。

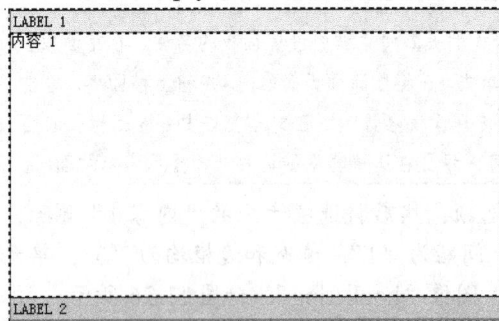

图11-28 添加 Spry 折叠式构件

图11-29 Spry 折叠式构件的【属性】面板

重要提示 在【属性】面板中，可以在【折叠式】文本框中设置面板的名称，在【面板】列表框中通过单击＋按钮添加面板、单击－按钮删除面板、单击▲按钮上移面板、单击▼按钮下移面板。

3. 在【属性】面板的【面板】列表框中选择"LABEL 1"选项，然后更改折叠条的标题名称为"城市记忆"，并在内容框中插入一个 3 行 1 列，宽度为"100%"的表格，设置其间距为"5"，填充和边框均为"0"，然后在单元格中输入文本，如图 11-30 所示。

4. 将鼠标指针移到 Spry 折叠式构件上并单击【Spry 折叠式：Accordion1】，在【属性】面板的【面板】列表框中选择"LABEL 2"选项，然后更改折叠条的标题名称为"初识柴埠溪"，按照相同的方法插入表格并输入文本，如图 11-31 所示。

图11-30　更改折叠条的标题名称及内容（1）

图11-31　更改折叠条的标题名称及内容（2）

5. 选择【文件】/【保存】命令保存文档。

操作四　设置 Spry 可折叠面板

可折叠面板构件是一个面板，可将内容存储到紧凑的空间中。用户单击构件的选项卡即可隐藏或显示存储在可折叠面板中的内容。本操作将介绍设置可折叠面板的基本方法。

【操作步骤】

1. 删除"div-5 spry 可折叠面板"文本，然后在主菜单中选择【插入记录】/【Spry】/【Spry 可折叠面板】命令，在页面中添加一个 Spry 可折叠面板，如图 11-32 所示。

图11-32　添加 Spry 可折叠面板

> **重要提示**
>
> 如果页面中需要多个可折叠面板，可以多次选择该命令，依次添加多个 Spry 可折叠面板。

2. 确保 Spry 可折叠面板处于选中状态，其【属性】面板如图 11-33 所示。

> **重要提示**
>
> 在【属性】面板中，可以在【可折叠面板】文本框中设置面板的名称；在【显示】下拉列表中设置面板当前状态为"打开"或"已关闭"；在【默认状态】下拉列表中设置在浏览器中浏览时面板默认状态为"打开"或"已关闭"；勾选【启用动画】复选框将启用动画效果。

3. 更改标题名称为"推荐阅读"，然后在内容区插入一个 1 行 5 列的表格，设置宽度为"100%"，间距为"5"，填充和边框均为"0"，设置所有单元格宽度均为"20%"，水平对齐方式为"居中对齐"，并在单元格中依次插入图像，效果如图 11-34 所示。

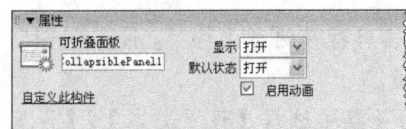

图11-33　Spry 可折叠面板构件的【属性】面板

图11-34　更改标题名称并输入相应的内容

4. 选择【文件】/【保存】命令保存文档。

Spry 构件作为 Dreamweaver CS3 的全新理念，给用户带来耳目一新的视觉体验。Spry 构件是预置的常用用户界面组件，可以使用 CSS 来自定义这些组件，然后将其添加到网页中。

可以在主菜单中选择【插入记录】/【Spry】中的相应命令向页面中插入各种 Spry 构件，也可以通过【插入】/【Spry】工具栏中的相应按钮进行操作。

如果要编辑构件，可以将鼠标指针指向这个构件直到看到构件的蓝色选项卡式轮廓，单击构件左上角的选项卡将其选中，然后在【属性】面板中编辑构件即可。

课堂练习

（1）练习设置 Spry 菜单栏。

（2）练习设置 Spry 选项卡式面板。

（3）练习设置 Spry 折叠式构件。

（4）练习设置 Spry 可折叠面板。

实训　完善"小熊主页"功能

本项目着重介绍了字幕、行为和 Spry 布局构件在网页中的基本应用，本实训将创建如图 11-35 所示的网页，以进一步巩固这些知识的基本应用。

图11-35　小熊主页

【实训目的】

❖　进一步掌握【行为】面板的使用方法。

❖　进一步掌握添加和编辑行为的基本方法。

❖　进一步掌握 Spry 布局构件的使用方法。

【操作步骤】

1．首先将本实训的素材文件复制到站点根文件夹下，然后打开网页文档"shixun.html"，在主菜单中选择【窗口】/【行为】命令，打开【行为】面板。

2．选中页眉左端的 logo 图像"logo.jpg"，然后在行为菜单中选择【设置文本】/【设置状态栏文本】命令，打开【设置状态栏文本】对话框，在【消息】文本框中输入"欢迎光临小熊主页！"。

3. 单击 确定 按钮，关闭【设置状态栏文本】对话框，然后在【行为】面板中确认触发事件为 "OnMouseOver"。

4. 在文档中选定图像 "banner.jpg"，然后在行为菜单中选择【弹出信息】命令，打开【弹出信息】对话框，在【消息】文本框中输入提示信息 "禁止下载！"。

5. 单击 确定 按钮关闭对话框，然后在【行为】面板中选择【onMouseDown】事件。

6. 在文档中选定图像 "xiongmao1.jpg"，并确保在【属性】面板中已设置了图像名称，然后在行为菜单中选择【交换图像】命令，打开【交换图像】对话框。

7. 在【图像】列表框中选择要改变的图像 "xiongmao"，在【设定原始档为】文本框中定义要交换的图像文件 "xiongmao2.jpg"，然后勾选【预先载入图像】和【鼠标滑开时恢复图像】两个复选框，最后单击 确定 按钮关闭对话框。

8. 删除文本 "div3-2"，然后在主菜单中选择【插入记录】/【Spry】/【Spry 选项卡式面板】命令，添加一个 Spry 选项卡式面板。

9. 在【CSS 样式】面板中，双击 "SpryTabbedPanels.css" 下面的 ".TabbedPanelsTab" 样式名称，打开 CSS 规则定义对话框，将字体大小由 "0.7" 修改为 "1"。

10. 在【属性】面板中单击【面板】列表框中的 "Tab 1" 选项，使该面板成为当前面板，然后在文档窗口修改标题名称，并添加内容，然后运用相同的方法修改其他面板的名称并添加相应内容。

11. 最后保存全部文档。

小结

本项目通过一个网页案例介绍了字幕、行为和 Spry 布局构件在网页中的基本应用。其中行为只介绍了最基本的几种，如设置状态栏文本、交换图像和弹出信息，除此之外还有很多，插入方法是相同的，只是参数设置有所差异，读者可以自行练习。

习题

一、 问答题

1. 构成行为的两个基本元素是什么？它们之间是什么关系？

2. 请简要描述【onMouseDown】、【onMouseMove】、【onMouseOut】、【onMouseOver】4 个事件的含义。

3. Spry 布局构件包括哪几种？

二、 操作题

自行设计和制作一个网页，要求在该网页中使用行为和 Spry 布局构件。

项目十二　制作注册网页

如果想通过网页收集用户的信息或对用户开展调查，就要使用到表单网页。本项目将以用户注册网页为例，介绍制作表单网页的基本方法。通过本项目的学习，读者可掌握创建表单、添加表单事件、验证表单的基本方法。

项目背景

读者对注册网页应该并不陌生，在论坛上发表帖子，在网站上申请邮箱，都要先在相应的网站进行注册，用来注册的页面就是表单网页。通常注册网页包括用户名、用户密码、性别、出生日期、职业、学历、爱好及自我介绍等内容。当然不同用途的注册网页，其包括的项目也不完全一样。

本项目制作的注册通行证表单网页如图 12-1 所示。

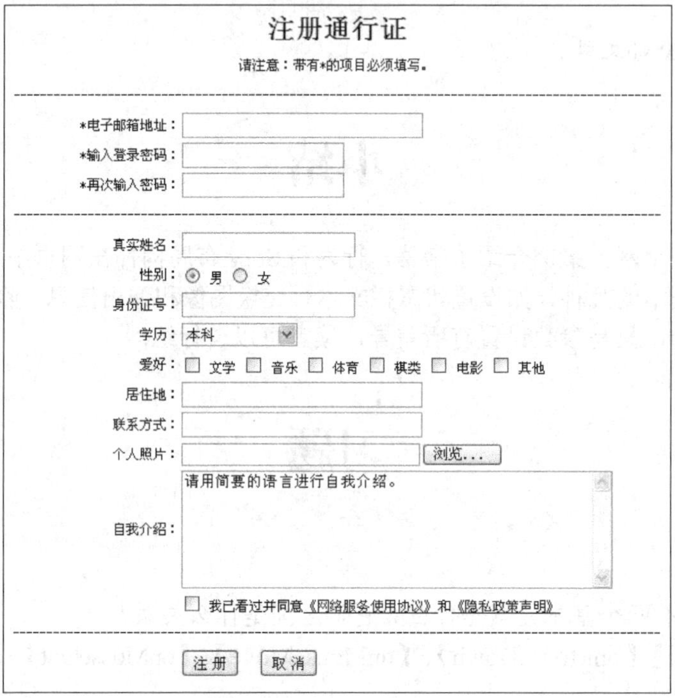

图12-1　注册表单网页

项目分析

本项目制作的是注册通行证表单网页，包括的表单对象有文本域、文本区域、单选按钮、复选框、列表/菜单、文件域和按钮，另外，还有一个隐藏域，用来收集用户的注册时间。

制作本项目页面时，为了使页面整齐，建议使用表格对表单元素进行布局，然后进行验证表单的设置。由于本项目主要是介绍表单网页页面的制作，故不涉及后台数据库和应用程序。

★ 了解表单及各个表单对象的基本作用。

★ 掌握插入表单对象的基本方法。

★ 掌握表单及表单对象属性设置的基本方法。

任务一 创建表单

在 Dreamweaver CS3 中，可以通过在主菜单中选择【插入记录】/【表单】命令的子命令来插入表单对象，或者在【插入】/【表单】面板中单击相应的按钮插入表单对象。本任务主要介绍插入表单及文本域、文本区域、单选按钮、复选框、列表/菜单、文件域、隐藏域、按钮等表单对象及其属性设置的基本方法。

【操作步骤】

在 Dreamweaver CS3 中定义一个本地静态站点，并将本项目素材文件复制到站点根文件夹下，然后进行以下操作。

1. 打开网页文档"index.html"，将光标置于文本"注册通行证"的下面，然后在主菜单中选择【插入记录】/【表单】/【表单】命令（或在【插入】/【表单】面板中单击□（表单）按钮），插入一个空白表单，如图 12-2 所示。

图12-2 插入空白表单

> **重要提示**
>
> 任何其他表单对象，都必须插入到表单中，这样浏览器才能正确处理这些数据。表单将以红色虚线框显示，但在浏览器中是不可见的。

2. 将网页文档"index.html"中的表格及其内容剪切到表单中，如图 12-3 所示。

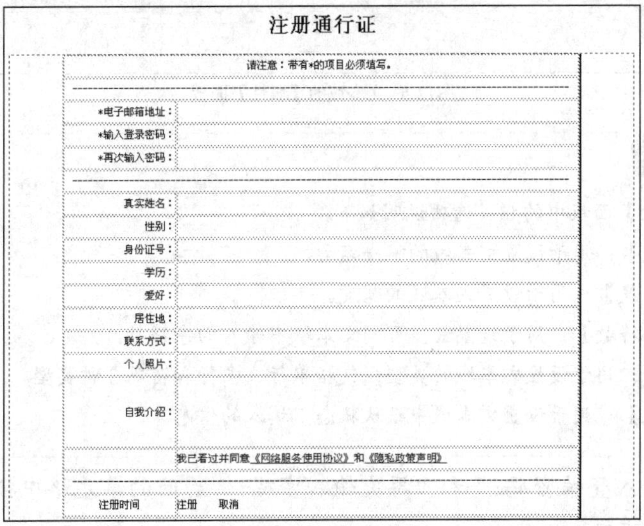

图12-3 移动表格

> **重要提示**　在表单中使用表格来整齐地排列各个表单域，这是使用表单的基本技巧。

3．将光标置于"电子邮箱地址："文本右侧单元格中，然后在主菜单中选择【插入记录】/【表单】/【文本域】命令，弹出【输入标签辅助功能属性】对话框，单击【请更改"辅助功能"首选参数】链接，在弹出的【首选参数】对话框的【辅助功能】分类中，取消【表单对象】复选框的勾选，如图12-4所示，这样再插入表单对象时就不会弹出【输入标签辅助功能属性】对话框而直接插入表单。

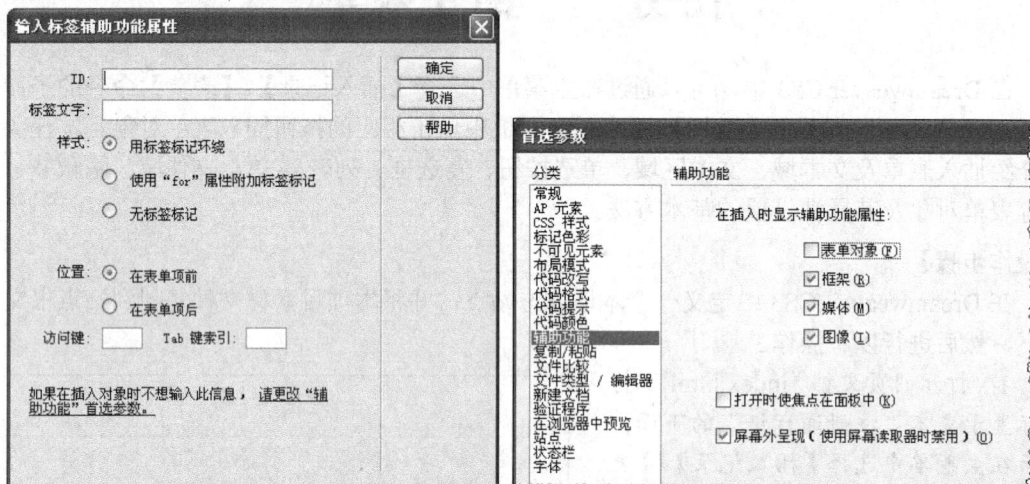

图12-4　修改首选参数

> **重要提示**　也可以直接单击 取消 按钮，跳过这一步，但每次插入表单域时，都会出现此对话框，比较麻烦。

4．在文本域的【属性】面板中设置各项属性，如图12-5所示。

图12-5　文本域的【属性】面板

知识链接

文本域【属性】面板中的相关选项说明如下。

❖　【文本域】：用于设置文本域的唯一名称。

❖　【字符宽度】：用于设置文本域的宽度。

❖　【最多字符数】：用于设置最多可向文本域中输入的字符数。

❖　【类型】：用于设置文本域的类型，包括单行、多行和密码3种类型。

❖　【初始值】：用于设置文本域中默认状态下填入的信息。

5．分别在"输入登录密码："和"再次输入密码："后面的单元格中插入文本域并进行属性设置，如图12-6所示。

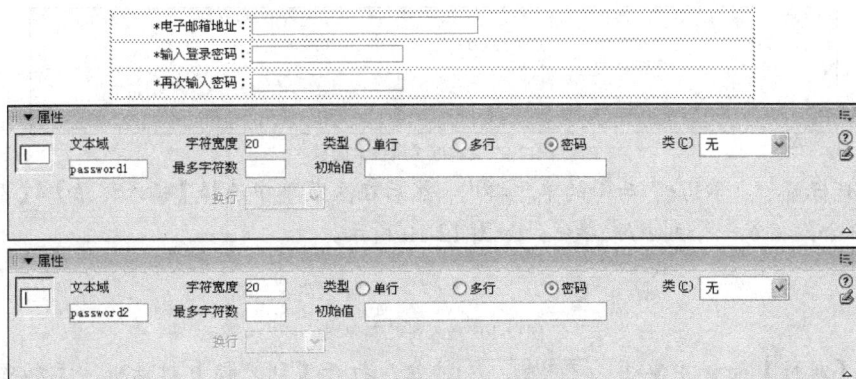

图12-6 添加密码文本域

重要提示 当向密码文本域中输入密码时，文本内容显示为"*"号而不是实际输入的密码，以防被别人看见。

6. 在"真实姓名："后面的单元格内插入一个单行文本域并进行属性设置，如图 12-7 所示。

图12-7 文本域的【属性】面板

7. 将光标置于"性别："后面的单元格内，然后在主菜单中选择【插入记录】/【表单】/【单选按钮】命令，插入两个单选按钮，并设置其属性参数，然后分别在两个单选按钮的后面输入文本"男"和"女"，如图 12-8 所示。

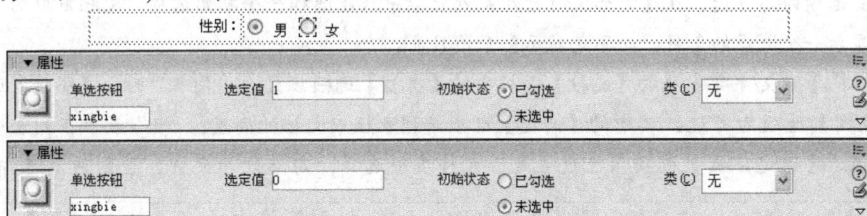

图12-8 插入单选按钮

知识链接

❖ 单选按钮一般以两个或者两个以上的形式出现，它的作用是让用户在两个或者多个选项中选择一项。既然单选按钮的名称都是一样的，那么依靠什么来判断哪个按钮被选定呢？因为单选按钮是具有唯一性的，即多个单选按钮只能有一个被选定，所以【选定值】选项就是判断的唯一依据。每个单选按钮的【选定值】选项被设置为不同的数值，如性别"男"的单选按钮的【选定值】选项被设置为"1"，性别"女"的单选按钮的【选定值】选项被设置为"0"。

❖ 在主菜单中选择【插入】/【表单】/【单选按钮组】命令，可以一次性在表单中插入多个单选按钮。

8. 在"身份证号："后面的单元格内插入一个单行文本域并进行属性设置，如图 12-9 所示。

图12-9 文本域【属性】面板

9. 将光标置于"学历:"后面的单元格内，然后在主菜单中选择【插入记录】/【表单】/【列表/菜单】命令，插入一个列表/菜单域，如图12-10 所示。

图12-10 插入列表/菜单域

10. 在【属性】面板中单击 列表值... 按钮，打开【列表值】对话框，添加项目标签和对应的值，如图12-11 所示。

11. 在【属性】面板中将名称设置为"xueli"，将"本科"设置为初始化选项，如图12-12 所示。

图12-11 添加【列表/菜单】的内容

图12-12 列表/菜单【属性】面板

知识链接

❖ 当在【列表/菜单】域的【属性】面板中将【类型】选项设置为"菜单"时，【高度】和【选定范围】选项为不可选，在【初始化时选定】列表框中只能选择一个初始选项，文档窗口的下拉菜单中只显示一个选择的条目，而不是显示整个条目表。

❖ 将【列表/菜单】域的【属性】面板中的【类型】选项设置为"列表"时，【高度】选项和【选定范围】选项为可选。其中的【高度】选项是列表框中文档的高度，"1"表示在列表中显示一个选项。【选定范围】选项用于设置是否允许多项选择，勾选表示允许，否则为不允许。

12. 将光标置于"爱好:"后面的单元格内，然后在主菜单中选择【插入记录】/【表单】/【复选框】命令，插入6个复选框，其中前两个复选框的参数设置如图12-13 所示，其他参数的设置依此类推。

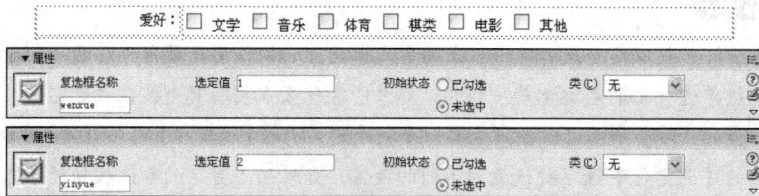

图12-13 添加复选框

重要提示

由于复选框在表单中一般都不单独出现，而是多个复选框同时使用，因此其【选定值】选项的设置就显得格外重要。另外，复选框的名称最好与其说明性文字发生联系，这样在表单脚本程序的编制中将会节省许多时间和精力。由于复选框的【复选框名称】设置不同，【选定值】可以取相同的值。

13. 在"居住地："和"联系方式："后面的单元格内分别插入单行文本域并进行属性设置，如图 12-14 所示。

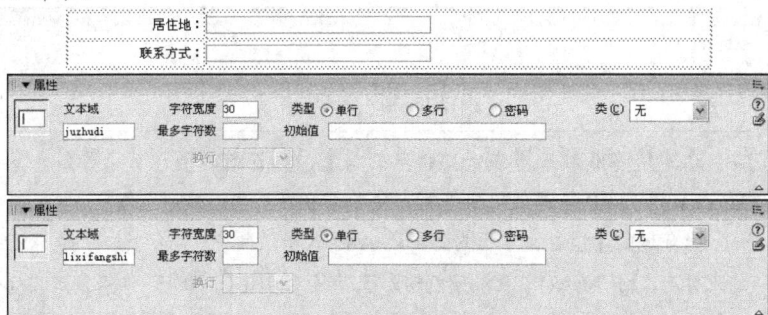

图12-14　添加头像单选按钮

14. 将光标置于"个人照片"后面的单元格内，然后在主菜单中选择【插入记录】/【表单】/【文件域】命令，插入一个文件域，并设置其属性参数，如图 12-15 所示。

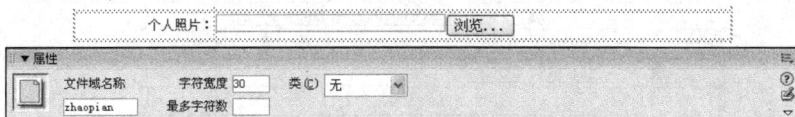

图12-15　插入文件域

> **重要提示**　文件域的作用是使用户可以浏览并选择本地计算机上的某个文件，并将该文件作为表单数据进行上传，文件域的使用需要上传程序的支持。

15. 将光标置于"自我介绍："文本后面的单元格内，然后在主菜单中选择【插入记录】/【表单】/【文本区域】命令，插入一个文本区域，并设置其属性参数，如图 12-16 所示。

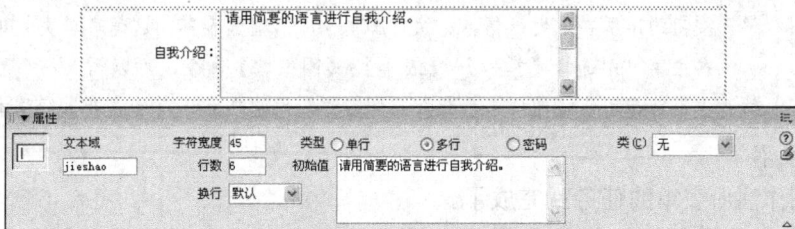

图12-16　插入文本区域

知识链接

❖　【行数】：用于设置文本区域的高度，默认值为"3"。

❖　【初始值】：用于设置文本区域的初始值。

❖　【换行】：当单行的字符数大于文本区域的字符宽度时，如果选择"关"选项时，行中的信息不会自动换行而是出现水平滚动，当选择其他 3 个选项时，行中的信息自动换行不出现滚动水平条。

16. 在"我已看过并同意《网络服务使用协议》和《隐私政策声明》"的前面插入一个复选框，并设置其属性参数，如图 12-17 所示。

图12-17　插入复选框

17.将文本"注册时间"删除，然后在主菜单中选择【插入记录】/【表单】/【隐藏域】命令，插入一个隐藏域来记录用户的注册时间，并设置其属性参数，如图 12-18 所示。

图12-18 插入隐藏域

重要提示

通常用隐藏域来传递一些特殊的信息，如注册时间、认证号等，这些都需要使用 JavaScript、ASP 等源代码来编写，隐藏域在网页中一般不显现。

隐藏域的【值】文本框内是一段 ASP 代码，其中 "<%…%>" 是 ASP 代码的开始、结束标志，而 "date()" 表示当前的系统日期（2010-10-30），如果换成 "now()" 则表示当前的系统日期和时间（2010-10-30 10:16:44），而 "time()" 则表示当前的系统时间（10:16:44）。

18.将文本"注册 取消"删除，然后在主菜单中选择【插入记录】/【表单】/【按钮】命令，插入两个按钮，并设置其属性参数，如图 12-19 所示。

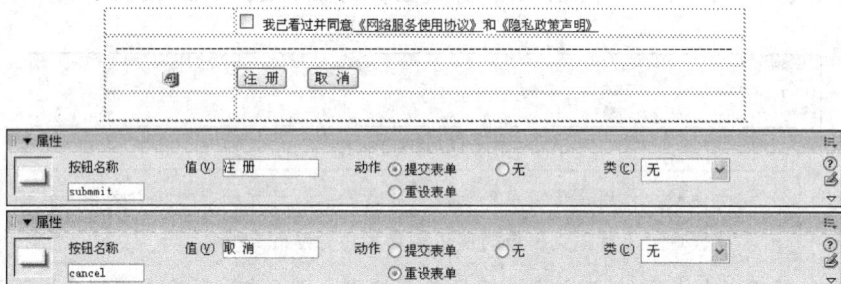

图12-19 插入按钮

重要提示

按钮的作用在于发送信息、执行脚本程序、重置表单，这是表单页收尾的工作。

在主菜单中选择【插入】/【表单】/【图像域】命令，可以插入一个图像域。图像域的作用就是用一幅图像来替代按钮的工作，用它来发送表单或者执行脚本程序。

19.保存文件。

至此，制作注册表单的任务就完成了。

知识链接

表单只是起装载作用，在表单中添加表单对象后才能起作用。常用的表单对象已经介绍完毕，下面对实例中未涉及的其他表单对象进行简要说明。

在主菜单中选择【插入】/【表单】/【跳转菜单】命令，可以在页面中插入跳转菜单，【插入跳转菜单】对话框如图 12-20 所示。跳转菜单的外观和菜单相似，不同的是跳转菜单具有超级链接功能。但是一旦在文档中插入了跳转菜单，就无法再对其进行修改了。如果要修改，只能将菜单删除，然后再重新创建一个。这样做非常麻烦，而 Dreamweaver 所设置的【跳转菜单】行为，可以弥补这个缺陷。方法是分别选定跳转菜单域和按钮，在【行为】面板中双击【跳转菜单】和【跳转菜单开始】，将再次打开【跳转菜单】和【跳转菜单开始】对话框，然后进行修改即可。

在主菜单中选择【插入】/【表单】/【字段集】命令，可以在页面中插入一个字段集。使用字段集可以在页面中显示一个圆角矩形框，可以将一些相关的内容放在一起。可以先插入字段集，然后再在其中插入相关的内容。也可以先插入内容，然后将其选择再插入字段集。

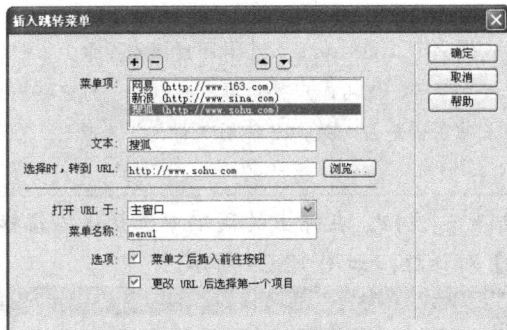

图12-20 插入跳转菜单

课堂练习

（1）制作一个收集班内同学基本信息的表单网页，具体项目根据需要自定义，不作统一要求。只要设计出表单网页页面即可，不涉及表单程序。

（2）制作一个跳转菜单，内容包括常用网站名称和相应的网址，以方便以后上网。

任务二 验证表单

表单在提交到服务器端以前，必须进行验证，这是非常重要的一步，如果忽略了这一步，那么很可能将错误的信息直接发送到服务器端，不但浪费时间，而且也有一定的危险性，最起码要做到的是防止空白表单被提交至服务器端。本任务将对上面制作的表单进行验证。

【操作步骤】

1. 将光标置于表单内，单击左下方的"<form>"标签，选中整个表单，然后在主菜单中选择【窗口】/【行为】命令，打开【行为】面板，单击 + 按钮，在弹出菜单中选择【检查表单】命令，打开【检查表单】对话框，如图 12-21 所示。

2. 将"Email"的【值】设置为"必需的"，【可接受】设置为"电子邮件地址"，将"password1"、"password2"的【值】设置为"必需的"，【可接受】设置为"任何东西"，然后单击 确定 按钮完成设置。

3. 在【行为】面板中检查默认事件是否是"onSubmit"，如图 12-22 所示。

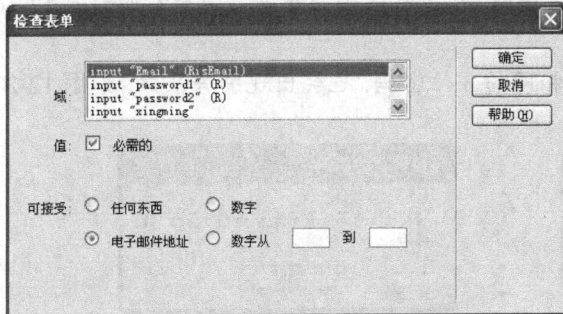

图12-21 【检查表单】对话框

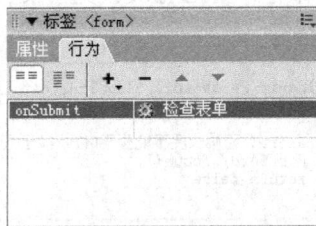

图12-22 检查默认事件

161

重要提示　当表单被提交时（onSubmit 大小写不能随意更改），验证程序会自动启动，必填项如果为空则发生警告，提示用户重新填写，如果不为空则提交表单。

两次输入的密码是否一致无法使用"行为"来检验，但可以通过简单的 JavaScript 来验证。

4. 在表单中右键单击 注册 按钮，在弹出的菜单中选择【编辑标签〔E〕<input>】命令，打开【标签编辑器－input】对话框，如图 12-23 所示。

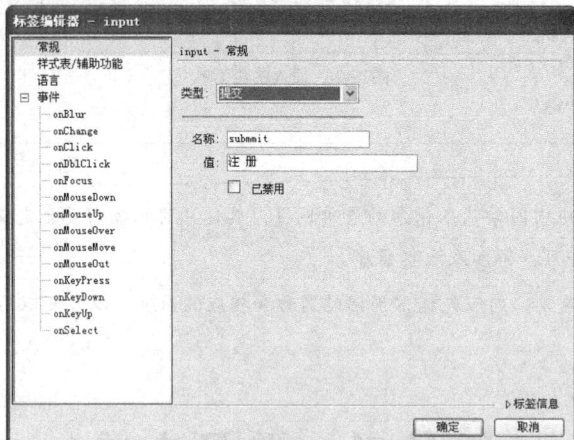

图12-23　【标签编辑器－input】对话框

5. 在对话框中选中 "onClick" 事件，然后在右侧的文本框中输入以下代码，如图 12-24 所示，然后单击 确定 按钮完成设置并保存网页。

6. 预览网页，当两次输入的密码不相同，单击 注册 按钮时会自动弹出警示框，单击 确定 按钮，表单不提交，焦点回到密码域中，如图 12-25 所示。

```
if(PassWord1.value != PassWord2.value)
{
alert('两次输入的密码不相同');
PassWord1.focus();
return false;
}
```

图12-24　输入代码

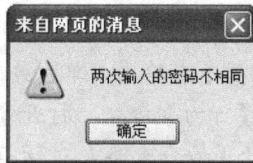

图12-25　提示框

重要提示　许多注册表单都会对密码的长度进行限制，如密码的长度不能少于 6 位，且不能多于 10 位，这个功能是如何实现的呢？

7. 重新对 注册 按钮的 "onClick" 事件进行编辑，在原有代码的基础上接着添加如图 12-26 所示代码。

8. 保存网页后再次预览网页，两次输入相同的 3 位密码，也会出现警告窗口，如图 12-27 所示。

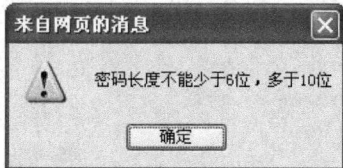

```
else if(PassWord1.value.length<6 ||
PassWord1.value.length>10)
{
    alert('密码长度不能少于6位，多于10位！');
    PassWord1.focus();
    return false;
}
```

图12-26　添加代码

图12-27　提示框

知识链接

前面介绍了验证表单的方法，但这种方法比较简单，不能从更广的范围对文本域等表单对象进行验证。例如，文本域中要求输入 IP 地址，并在提交表单时验证输入的合法性，使用【检查表单】行为就无法进行验证。Dreamweaver CS3 新增功能中的 Spry 框架提供了 4 个验证表单构件：Spry 验证文本域、Spry 验证文本区域、Spry 验证复选框和 Spry 验证选择，使用它们可以更好地对表单对象进行验证。

Spry 验证文本域用于在输入文本时，显示文本的状态（有效或无效），如图 12-28 所示。例如，在表单中添加一个 Spry 验证文本域，用于用户输入电子邮件地址，如果用户没有在电子邮件地址中键入"@"符号和句点，Spry 验证文本域会返回一条消息，声明用户输入的信息无效。

Spry 验证文本区域用于在用户输入几个文本句子时显示文本的状态（有效或无效），如图 12-29 所示。如果文本区域是必填域，而用户没有输入任何文本，将返回一条消息，声明必须输入值。Spry 验证文本区域的属性设置与 Spry 验证文本域相似，这里不再详述。另外，可以添加字符计数器，以便当用户在文本区域中输入文本时知道自己已经输入了多少字符或者还剩多少字符。默认情况下，当添加字符计数器时，计数器会出现在构件右下角的外部。

Spry 验证复选框是 HTML 表单中的一个或一组复选框，该复选框在用户选择（或没有选择）复选框时会显示其状态（有效或无效），如图 12-30 所示。例如，向表单中添加一个验证复选框，要求用户进行两项选择。如果用户没有进行所有这两项选择，将会返回一条消息声明不符合最小选择数要求。默认情况下，Spry 验证复选框设置为"必需（单个）"。但是，如果在页面上插入了多个复选框，则可以指定选择范围，即设置为"强制范围（多个复选框）"，然后设置【最小选择数】和【最大选择数】参数。

Spry 验证选择构件是一个下拉菜单，该菜单在用户进行选择时会显示构件的状态（有效或无效），如图 12-31 所示。例如，可以插入一个包含状态列表的验证选择构件，这些状态按不同的部分组合并用水平线分隔。如果用户意外选择了某条分界线（而不是某个状态），验证选择构件会向用户返回一条消息，声明他们的选择无效。

图12-28　Spry 验证文本域

图12-29　Spry 验证文本区域

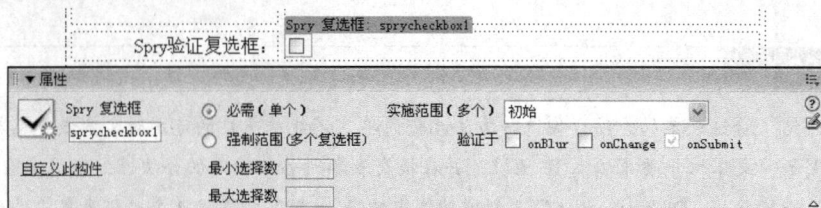

图12-30 Spry 验证复选框

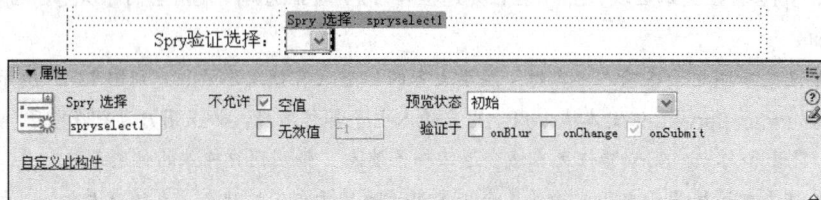

图12-31 Spry 验证选择

课堂练习

（1）使用"检查表单"行为对制作的收集班内同学基本信息的表单网页进行验证，设置哪些文本域是必填项，哪些文本域只能接受数字以及验证输入的电子邮件地址是否合法等。

（2）对密码验证的方法认真理解，并练习应用。

实训 制作在线调查网页

本实训将创建如图 12-32 所示的在线调查表单网页，以进一步巩固表单网页的相关知识。

图12-32 在线调查表单网页

【实训目的】
- ❖ 进一步掌握插入常用表单对象的方法。
- ❖ 进一步掌握表单及表单对象属性的设置方法。
- ❖ 进一步掌握使用"检查表单"行为验证表单的基本方法。

【操作步骤】

1. 首先将实训素材文件复制到站点根文件夹下，然后插入相应的表单对象。
2. 表单对象的名称等属性不作统一要求，读者可根据需要自行设置。
3. 整个表单内容分为"个人信息"和"调查内容"两部分，使用表单对象"字段集"进行区域划分。
4. 使用【检查表单】行为设置"您的姓名:"和"您的电邮:"为必填项，同时设置"您的电邮:"，检查其格式的合法性。

小结

本项目通过制作用户注册网页介绍了制作表单网页的基本知识，包括插入表单对象及其属性设置，利用"检查表单"行为验证表单的方法以及 Spry 验证表单等。希望通过本项目的学习，能使读者对各个表单对象的作用有一个清楚的认识，并能够在操作中熟练运用。

习题

一、问答题

1. 列举常用的表单对象有哪些？
2. 根据自己的理解简要说明单选按钮和复选框在使用上有何不同？
3. 菜单/列表中的菜单和列表有何不同？
4. 隐藏域有什么作用？
5. 文件域有什么作用？

二、操作题

制作一个在线咨询网页，使用"检查表单"行为对制作的留言表单网页进行验证，要求所有文本域和文本区域均为必填项，并检查电子邮件地址的合法性，如图 12-33 所示。

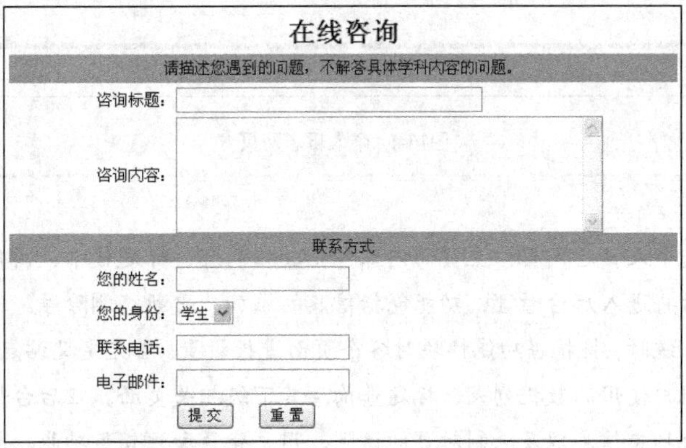

图12-33 在线咨询网页

项目十三 制作个人日志网页

在制作网页的过程中，读者可能经常需要制作带有后台数据库的交互式网页。本项目将以制作个人日志网页为例，介绍在 Dreamweaver CS3 中通过服务器行为构建 ASP 交互式网页的基本方法。通过本项目的学习，读者能够掌握的基本知识包括显示记录、网页参数的传递、插入记录、更新记录、删除记录、用户的登录和注销、限制用户对页的访问等。

项目背景

网络日志（即 Blog）是继 E-mail、BBS、ICQ 之后出现的第 4 种网络交流方式，是网络时代的个人"读者文摘"，是以超级链接为武器的网络日记，它代表着新的生活方式和新的工作方式，更代表着新的学习方式。

正是基于此背景，本项目将制作一个简单的个人日志网页，如图 13-1 所示。

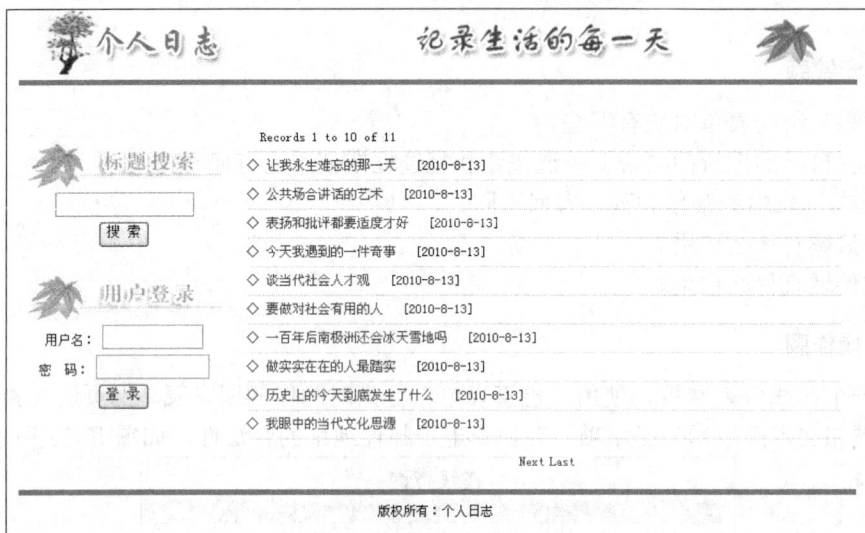

图13-1 个人日志网页

项目分析

本项目制作的是个人日志网页，主页面内容包括数据列表、标题搜索、用户登录等功能模块。管理员从主页登录后将进入后台管理，功能包括信息的添加、更新、删除等。

在制作本项目系统时，将根据功能模块对各个页面进行设置。首先定义站点并创建数据库连接，然后在页面中设置用户使用的数据列表、标题查询及其下级相关页面。在后台管理模块，将先后设置添加、更新、删除日志信息以及限制对页的访问、用户登录和注销等功能。制作本系统时，使用的服务器技术是 ASP VBScript。

★ 掌握定义使用脚本语言站点的方法。

★ 掌握创建数据库连接的基本方法。

★ 掌握显示数据库记录及页面分页的基本方法。

★ 掌握插入、更新和删除数据库记录的基本方法。

★ 掌握用户登录和注销的基本方法。

★ 掌握限制用户访问的基本方法。

任务一　定义站点并创建数据库连接

在开始交互式网页制作之前，首先需要做好以下工作。

❖ 定义可以使用脚本语言的站点。

❖ 创建数据库连接。

操作一　定义站点

在制作交互式网页之前，需要根据自己的实际情况设置好 IIS 服务器并在 Dreamweaver 中定义好使用脚本语言的站点。为了方便制作和临时测试，建议直接在本机上安装并配置 IIS 服务器，制作好后再上传到远程服务器。

【操作步骤】

1. 在本地硬盘创建一个文件夹，如"mysite"，然后在 IIS 服务器中将该文件夹设置为站点主目录，将主页文档设置为"index.asp"（可参考"项目十四/任务一/操作一"中的"配置 Web 服务器"的相关内容）。

2. 在 Dreamweaver CS3 中定义站点。设置站点名字为"mysite"，站点的 HTTP 地址与步骤 1 保持一致，如果没有 IP 地址可以输入"http://localhost/"。使用的服务器技术是"ASP VBScript"，在本地进行编辑和测试，文件的存储位置和 IIS 中主目录位置一致。浏览站点根目录的 URL，如果有 IP 地址即设置该地址，如果没有则设置为"http://localhost/"，最后测试设置是否成功，暂时不使用远程服务器。

3. 最后将素材文件复制到站点根文件夹下面。

知识链接

ASP（Active Server Pages）是由 Microsoft 公司推出的专业的 Web 开发语言。ASP 可以使用 VBScript、JavaScript 等语言编写，具有简单易学、功能强大等优点，因此受到广大 Web 开发人员的青睐。

操作二　创建数据库连接

本项目创建的数据库是 Access 数据库"dbrizhi.mdb"，位于文件夹"data"中，该数据库包括 users 和 rizhi 两个数据表，如表 13-1 和表 13-2 所示。这些数据表的创建都是与应用程序的实际需要密切相关的，其中 users 表用来保存管理员信息，rizhi 表用来保存日志信息。

表 13-1　　　　　　　　　　　　users 表的字段名和相关含义

字段名	数据类型	字段大小	必填字段	是否可为空	说明
id	自动编号	长整型	-	-	id 号
username	文本	50	是	否	用户名
passw	文本	50	是	否	用户密码

表 13-2　　　　　　　　　　　　rizhi 表的字段名和相关含义

字段名	数据类型	字段大小	必填字段	是否可为空	说明
id	自动编号	长整型	—	—	id 号
title	文本	200	是	否	日志题名
content	备注	50	否	是	日志内容
username	文本	50	是	否	用户名
adddate	日期/时间	—	否	—	发表日期

要在网页中使用数据库，首先必须成功连接数据库。就连接数据库而言，一般采用两种方式：ODBC 和 OLE DB。如果自己拥有服务器，可以使用 ODBC 方式，这种方式比较安全，但需要直接在服务器端设置 ODBC 数据源。如果自己没有服务器，使用的是租用的空间，则设置 ODBC 是不现实的，因此建议使用 OLE DB 方式。由于 OLE DB 方式能够提供对数据更有效的访问，且不需要在服务器端进行设置，使用时将更方便。下面介绍创建 OLE DB 数据库连接的方法。

【操作步骤】

1．打开主页文件"index.asp"，在主菜单中选择【窗口】/【数据库】命令，打开【数据库】面板，如图 13-2 所示。

2．在【数据库】面板中单击 ➕ 按钮，在弹出的菜单中选择【自定义连接字符串】命令，打开【自定义连接字符串】对话框，参数设置如图 13-3 所示。

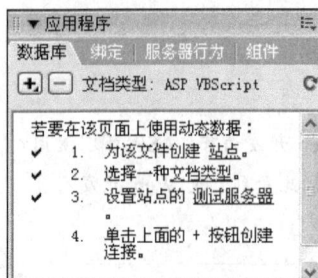

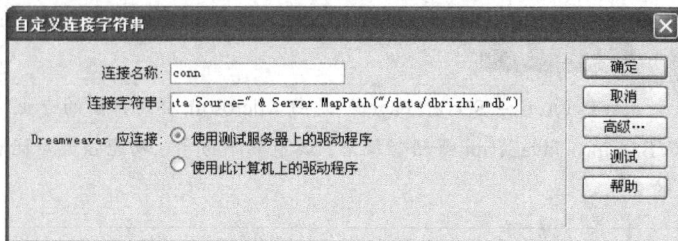

图13-2　【数据库】面板　　　　　　　　　图13-3　【自定义连接字符串】对话框

用户可以自定义连接名称，一般将其命名为"conn"。

在【连接字符串】文本框中输入的是："Provider=Microsoft.Jet.OLEDB.4.0;Data Source= " & Server.MapPath("/data/dbrizhi.mdb")。

如果连接字符串中使用的是虚拟路径（/data/ dbrizhi.mdb），则必须选择【使用测试服务器上的驱动程序】单选按钮；如果连接字符串中使用的是物理路径，则必须选择【使用此计算机上的驱动程序】单选按钮。

3. 单击 测试 按钮，弹出"成功创建连接脚本"的消息提示框，说明设置成功，如图13-4所示。

4. 测试成功后，在【自定义连接字符串】对话框中单击 确定 按钮关闭对话框，然后在【数据库】面板中展开创建的连接，会看到数据库中包含的表名及表中的各字段，如图13-5所示。

图13-4　消息提示框

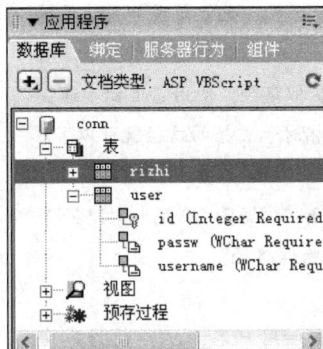

5. 成功创建连接后，系统自动在站点管理器的文件列表中创建专门用于存放连接字符串的文档"conn.asp"及其文件夹"Connections"，打开该文件并切换到【代码】视图，可以看到创建的连接字符串在文档中显示出来，如图13-6所示。

图13-5　创建数据库连接

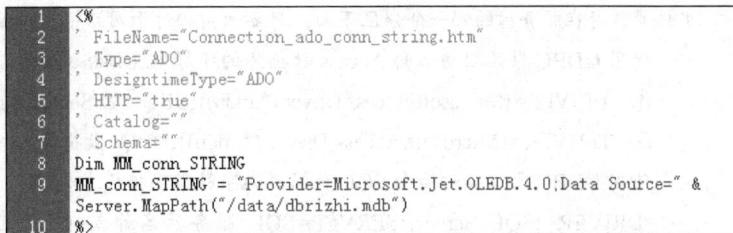

```
1  <%
2  ' FileName="Connection_ado_conn_string.htm"
3  ' Type="ADO"
4  ' DesigntimeType="ADO"
5  ' HTTP="true"
6  ' Catalog=""
7  ' Schema=""
8  Dim MM_conn_STRING
9  MM_conn_STRING = "Provider=Microsoft.Jet.OLEDB.4.0;Data Source=" &
   Server.MapPath("/data/dbrizhi.mdb")
10 %>
```

图13-6　"conn.asp"中的代码

由于在该文件中，数据库信息完全暴露无遗，所以这也是使用此种数据库连接方式不安全的原因。

在 Windows XP 的 IIS 环境下，初次使用自定义连接字符串连接数据库时，可能会出现路径无效的错误。对于这个问题，目前还没有很好的解决方法，不过用户可以将数据库按已存在的相对路径复制一份放在"_mmServerScripts"文件夹下，这样就不会出现路径错误的情况了。但如果一开始就出现连接不上的情况，则不会生成该文件夹，此时可以修改连接字符串，将"Server.MapPath("data/hyxxb.mdb")"中的数据库路径修改为"/data/hyxxb.mdb"，即在路径前增加一个"/"，这样就可以成功连接，并生成"_mmServerScripts"文件夹。在上传到服务器前，如果不是放在站点根文件夹下应该再改正过来。

Windows XP 的 IIS 只是给用户提供了一个开发环境，开发完毕后最好放在 Windows 2000 Server 或 Windows 2003 Server 的服务器环境下进行测试，这样插入记录、修改记录、删除记录等功能就可以正常使用了。

知识链接

目前使用 OLE DB 原始驱动面向 Access、SQL 两种数据库的连接字符串已被广泛使用。对于 Access 97 数据库的连接字符串有以下两种格式。

① "Provider=Microsoft.Jet.OLEDB.3.5;Data Source=" & Server.MapPath("数据库文件的相对路径")

② "Provider=Microsoft.Jet.OLEDB.3.5;Data Source=数据库文件的物理路径"

对于 Access 2000～Access 2003 数据库的连接字符串有以下两种格式。

① "Provider=Microsoft.Jet.OLEDB.4.0;Data Source=" & Server.MapPath("数据库文件的相对路径")

② "Provider=Microsoft.Jet.OLEDB.4.0;Data Source=数据库文件的物理路径"

Access 2007 数据库的连接字符串有以下两种格式。

① "Provider=Microsoft.ACE.OLEDB.12.0;Data Source= "& Server.MapPath ("数据库文件相对路径")

② "Provider=Microsoft.ACE.OLEDB.12.0;Data Source=数据库文件物理路径"

对于 SQL 数据库的连接字符串格式如下。

"PROVIDER=SQLOLEDB;DATA SOURCE=SQL 服务器名称或 IP 地址;UID=用户名;PWD=数据库密码;DATABASE=数据库名称"

不同的 Access 版本会使用不同的连接字符串，而连接字符串是向下兼容的，也就是说如果使用针对 Access 97 的连接字符串，对于 Access 2000 也是有效的。而如果使用 Access 2000 的连接字符串，对于 Access 97 则是无效的。代码中的"Server.MapPath（）"指的是文件的虚拟路径，使用它可以不理会文件具体存在服务器的哪一个分区下面，只要使用相对于网站根目录或者相对于文档的路径就可以了。

使用 ODBC 原始驱动面向 Access 数据库的字符串连接格式如下。

① "DRIVER={Microsoft Access Driver (*.mdb)};DBQ=" & Server.MapPath ("数据库文件的相对路径")

② "DRIVER={Microsoft Access Driver (*.mdb)};DBQ=数据库文件的物理路径"

使用 ODBC 原始驱动面向 SQL 数据库的字符串连接格式如下。

"DRIVER={SQL Server};SERVER=SQL 服务器名称或 IP 地址;UID=用户名;PWD=数据库密码;DATABASE=数据库名称"

课堂练习

（1）练习使用 OLE DB 的方式创建数据库连接。

（2）练习使用 ODBC 的方式创建数据库连接。

任务二　制作日志显示页面

本任务主要介绍设置个人日志显示和查询页面相关功能的内容，包括数据列表、标题查询等。

操作一　制作数据列表

本操作的主要任务是在主页"index.asp"的右侧区域创建数据列表，以显示数据库中的日志内容。创建数据列表的第 1 步是根据需要创建记录集，然后将记录集中的数据以动态数据的形式插入到文档中，最后为动态数据创建重复区域、分页以及记录计数，这样一个数据列表就制作完成了。

【操作步骤】

首先创建日志记录集"RsRizhi"。

在 Dreamweaver 中，根据不同的需求通过【记录集】对话框可构建不同的记录集。读者可将记录集想象成一个动态变化的表格，这个表格的数据是从数据库中按照一定的规则筛选出来的。即使针对同一个数据表，规则不同，产生的记录集也不同。在 Dreamweaver CS3 中创建记录集是在对话框中完成的，不需要手工编写代码，只要设置一些参数和选项就可以了。

1. 在文档"index.asp"中，通过以下任意一种方式打开【记录集】对话框。

❖ 在主菜单中选择【插入记录】/【数据对象】/【记录集导航条】命令。

❖ 在菜单栏下面的【插入】/【数据】面板中单击 ⊡（记录集）按钮。

❖ 在【应用程序】/【服务器行为】面板中单击⊞按钮，在弹出的菜单中选择【记录集】命令。

服务器行为的相关命令一般都可以通过以上3种方式进行，请读者多加练习。

2. 在【记录集】对话框中进行参数设置。在【名称】文本框中输入记录集名称"RsRizhi"，在【连接】下拉列表中选择数据库连接名称"conn"，在【表格】下拉列表中选择数据表"rizhi"，在【列】选项中选择【选定的】单选按钮，然后按住 Ctrl 键在字段列表中依次选择"adddate"、"id"和"title"，将【排序】设置为按照发表日期"adddate"、"降序"排列，如图 13-7 所示。

如果只是用到数据表中的某几个字段，那么最好不要将全部字段都选中，因为字段数越多应用程序执行起来就越慢。

3. 单击 确定 按钮完成创建记录集的任务，如图 13-8 所示。

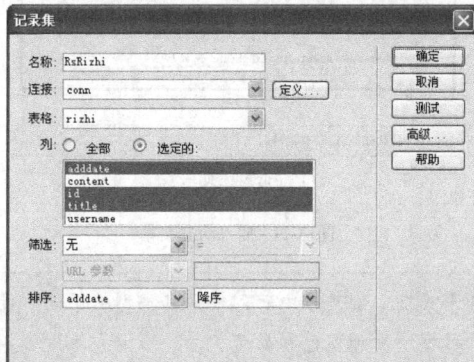

图13-7 【记录集】对话框

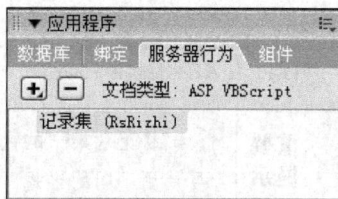

图13-8 创建记录集

设置完毕后单击 测试 按钮，在【测试 SQL 指令】对话框中如果出现选定表中的记录，说明创建记录集成功（在有数据的情况下）。

如果对创建的记录集不满意，可以在其【属性】面板中单击 编辑 按钮，打开【记录集】对话框对原有设置进行编辑，如图 13-9 所示。也可以直接在【服务器行为】面板中双击记录集名称打开【记录集】对话框对参数进行修改。

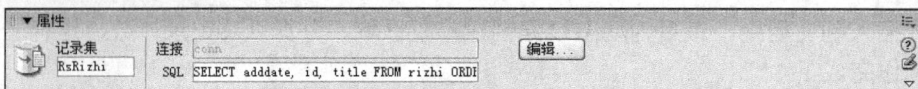

图13-9　记录集【属性】面板

> **重要提示**　　每次根据不同的查询需要创建不同的记录集，有时在一个页面中需要创建多个记录集。

下面将记录集中的数据以动态数据的形式插入到文档中。

> **重要提示**　　记录集负责从数据库中按照预先设置的规则取出数据，而要将数据插入到文档中，就需要通过动态数据的形式，其中最常用的是动态文本。

4.　将单元格中的提示文本"数据"删除，在主菜单中选择【插入记录】/【数据对象】/【动态数据】/【动态文本】命令，打开【动态文本】对话框。

5.　展开【记录集（RsRizhi）】，选择【title】，设置【格式】为"编码－Server.HTMLEncode"，单击 确定 按钮，插入动态文本，如图13-10所示。

> **重要提示**　　"编码－Server.HTMLEncode"的作用是把含有HTML代码的文本转换成HTML格式进行显示。

6.　按照相同的方法插入发表日期动态文本，如图13-11所示。

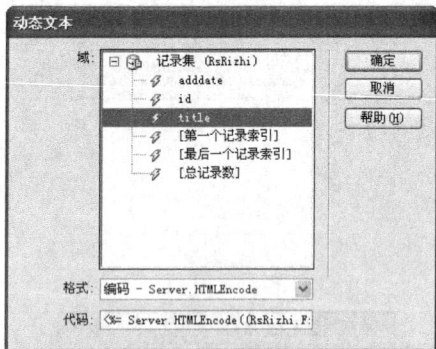

图13-10　插入日志标题名"title"

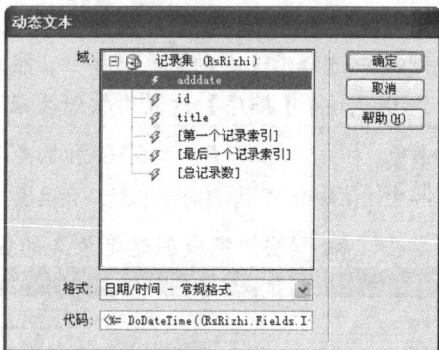

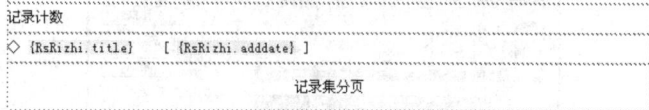

图13-11　插入动态文本

> **重要提示**　　将记录集中的数据以动态文本的形式插入到文档中时，根据其类型的不同，可能需要使用不同的格式，这样显示出来的数据才更加规范和易读。

下面设置重复区域。

> **重要提示**　　重复区域是指将当前包含动态数据的区域沿垂直方向循环显示，在记录集分页导航条的帮助下完成对大数据量页面的分页显示技术。

7.　选定如图13-12所示表格中的数据显示行，然后在主菜单中选择【插入记录】/【数据对象】/【重复区域】命令，打开【重复区域】对话框。

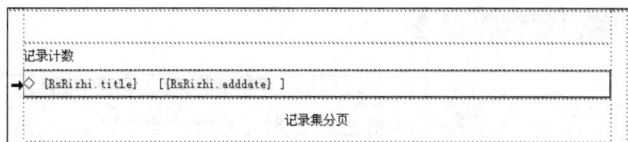

图13-12　选择重复的行

8. 在【重复区域】对话框中，设置【记录集】为"RsBook"，【显示】为"10"记录，如图 13-13 所示。

9. 单击 确定 按钮关闭对话框，所选择的数据行被定义为重复区域，如图 13-14 所示。

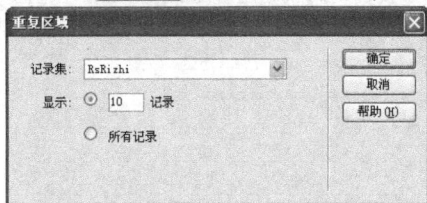

图13-13　【重复区域】对话框　　　　　　　　　　　图13-14　文档中的重复区域

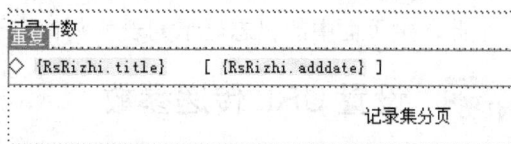

> **重要提示**　如果将【显示】设置为"所有记录"，则不需要设置分页功能，但在数据量大的情况下很不现实。

下面添加分页功能。

> **重要提示**　在数据较多的情况下，设置重复区域后还需要使用分页技术来进行分页显示，这也是为了满足人们的阅读习惯。

10. 将单元格中的提示文本"记录集分页"删除，然后在主菜单中选择【插入记录】/【数据对象】/【记录集分页】/【记录集导航条】命令，打开【记录集导航条】对话框，在【记录集】下拉列表中选择"RsRizhi"，选择【文本】单选按钮，如图 13-15 所示。

11. 单击 确定 按钮，文档中插入的记录集分页导航条如图 13-16 所示。

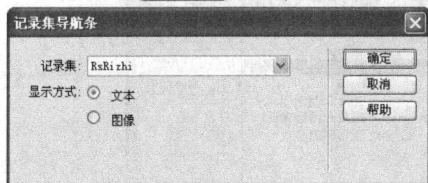

图13-15　【记录集导航条】对话框　　　　　　　　　图13-16　插入的记录集导航条

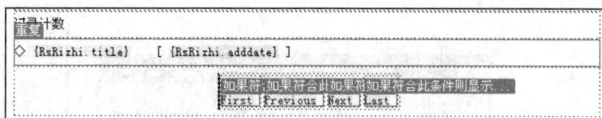

> **重要提示**　如果选择"图像"显示方式，则会自动添加 4 幅图像，用做翻页指示。

下面添加记录计数功能。

> **重要提示**　添加记录计数功能后，将显示当前记录集中共有多少条记录，当前页显示的是第几条至几条的记录。

12. 将单元格中的提示文本"记录计数"删除，然后在主菜单中选择【插入记录】/【数据对象】/【显示记录计数】/【记录集导航状态】命令，打开记录集导航状态对话框，在【Recordset】下拉列表中选择"RsRizhi"选项，如图 13-17 所示。

13. 单击 确定 按钮，插入动态文本，如图 13-18 所示。

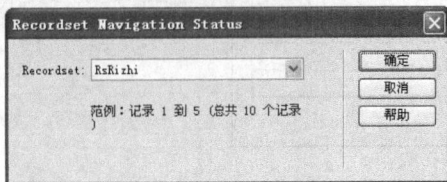

图13-17　记录计数对话框　　　　　　　　　　图13-18　插入记录计数功能

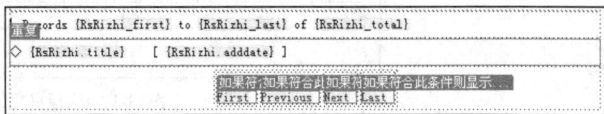

重要提示　在【服务器行为】面板中将显示创建的服务器行为名称，双击名称可以打开对话框对设置的选项进行修改，单击 ⊟ 按钮将删除被选定的服务器行为。

14. 保存文件。

至此，主页面中的日志显示列表就制作完了。

操作二　设置 URL 传递参数

在主页文档"index.asp"右侧显示的仅仅是日志标题，那么如何查看其正文内容呢？在这里将进行如下设置：单击日志标题可打开网页文件"content.asp"来查看该日志的详细内容，这其中需要设置 URL 传递参数，并在"content.asp"中创建接收该参数的记录集，并用动态文本的形式将内容显示出来。

【操作步骤】

1. 在主页文件"index.asp"中选中动态文本"{RsRizhi.title}"，然后在【属性】面板中单击【链接】后面的 🗀 按钮，打开【选择文件】对话框，在文件列表中选择文件"content.asp"。

2. 在【选择文件】对话框中单击【URL:】后面的 [参数…] 按钮，打开【参数】对话框，在【名称】文本框中输入"id"，在【值】文本框中单击右侧的 🖋 按钮打开【动态数据】对话框，选择"记录集（RsRizhi）"中的"id"选项，然后单击 [确定] 按钮返回【参数】对话框，如图 13-19 所示。

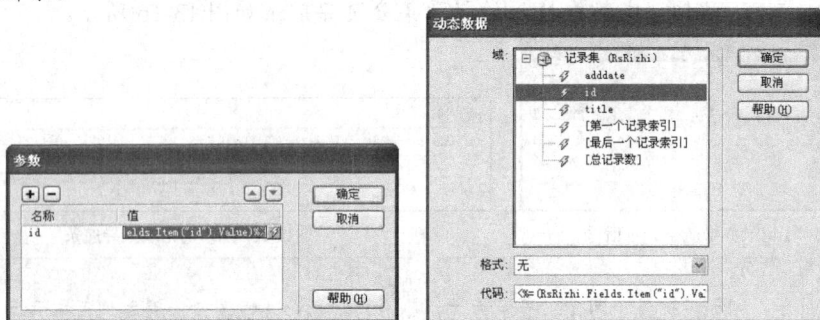

图13-19　设置页面间的参数传递

3. 在【参数】对话框中单击 [确定] 按钮返回【选择文件】对话框，如图 13-20 所示，最后单击 [确定] 按钮关闭对话框并保存文件。

重要提示　经过设置【URL:】参数选项，【URL:】后面的文本框中出现了下面一条语句："content.asp?id=<%=(RsRizhi.Fields.Item("id").Value)%>"，当单击主页面中的日志标题时，将打开文件"content.asp"，同时将该标题的"id"参数传递给"content.asp"，从而使该页面只显示符合该条件的记录。

下面设置文件"content.asp"。

4．打开文件"content.asp"，在主菜单中选择【插入记录】/【数据对象】/【记录集导航条】命令创建记录集"RsContent"，如图 13-21 所示。

图13-20　【选择文件】对话框 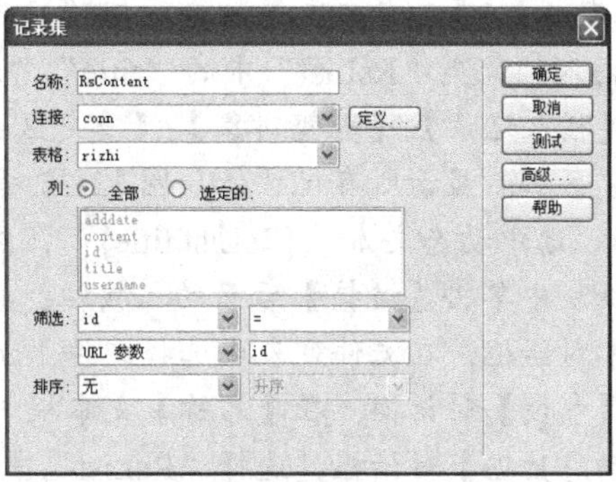　　　　　　　　图13-21　【记录集】对话框

重要提示

该对话框将创建由主页面传递参数条件的记录集。

在【筛选】选项的第 1 个列表中选择数据表"rizhi"中的字段"id"，在第 2 个列表中选择"="运算符，在第 3 个列表中选择"URL 参数"变量类型，文本框中的"id"是在图 13-19 所示【参数】对话框中设置的传递参数。

5．通过主菜单中的【插入记录】/【数据对象】/【动态数据】/【动态文本】命令，依次在"标题"和"正文"处以及"发表日期："和"发表者："后面插入记录集"RsContent"中的"title"、"content"、"adddate"和"username"，其中"title"、"content"的【格式】设置为"编码—Server.HTMLEncode"，如图 13-22 所示。

{RsContent.title}

发表日期：{RsContent.adddate}　　|　　发表者：{RsContent.username}
{RsContent.content}

图13-22　插入动态文本

6．保存文件。

操作三　制作标题搜索

本操作的主要任务是制作主页面中左侧的标题搜索，通过在表单文本域中输入日志标题或标题关键字并单击 搜索 按钮打开网页文件"list.asp"来显示查询到的日志列表，单击日志标题可打开网页文件"content.asp"查看具体内容。

【操作步骤】

1．在主页文档"index.asp"中，选中"标题搜索"所在表单"form1"，在【属性】面板的【动作】文本框中输入"list.asp"，然后保存文档，如图 13-23 所示。

图13-23　设置表单动作

2. 打开文档 "list.asp"，通过主菜单中的【插入记录】/【数据对象】/【记录集导航条】命令创建记录集 "RsList"，如图 13-24 所示。

3. 通过主菜单中的【插入记录】/【数据对象】/【动态数据】/【动态文本】命令，在 "日志列表" 处依次插入记录集 "RsList" 中的 "title"、"adddate"，通过【插入记录】/【数据对象】/【重复区域】命令设置重复区域，显示所有记录，如图 13-25 所示。

4. 选中动态文本 " {RsList.title} "，然后在【属性】面板中单击【链接】后面的 ▭ 按钮，打开【选择文件】对话框，在文件列表中选择文件 "content.asp"，单击【URL:】后面的 参数... 按钮，打开【参数】对话框，在【名称】文本框中输入 "id"，单击【值】文本框右侧的 ✍ 按钮，打开【动态数据】对话框，选择 "RsList" 中的 "id" 选项，依次单击 确定 按钮加以确认。

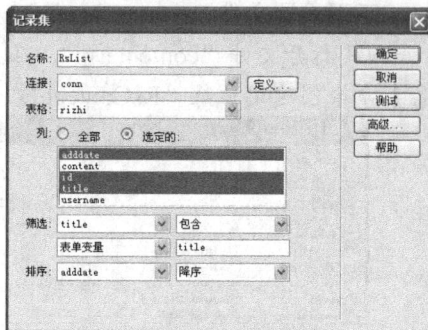

图13-24 创建记录集 "Rsbook"

重要提示

> 在【列】选项中选择的字段有 "adddate"、"id"、"title"。
>
> 在【筛选】选项的第 1 个列表中选择数据表中的字段 "title"，在第 2 个列表中选择 "包含" 运算符，在第 3 个列表中选择 "表单变量" 变量类型，文本框中的 "title" 是主页文档 "标题搜索" 文本域的名称。

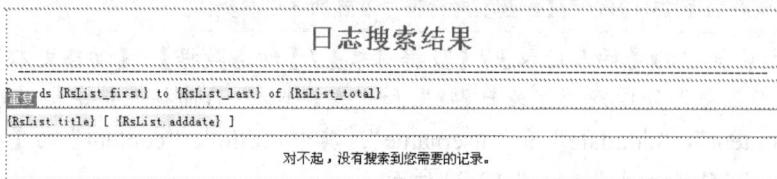

图13-25 设置搜索结果

在文件 "list.asp" 中，如果搜索到符合要求的记录应该显示数据列表，如果没有搜索到符合要求的记录应该显示 "对不起，没有搜索到您需要的记录。"，下面进行设置。

5. 选中含有数据列表的表格，然后在主菜单中选择【插入记录】/【数据对象】/【显示区域】/【如果记录集不为空则显示】命令，打开对话框进行设置，如图 13-26 所示。

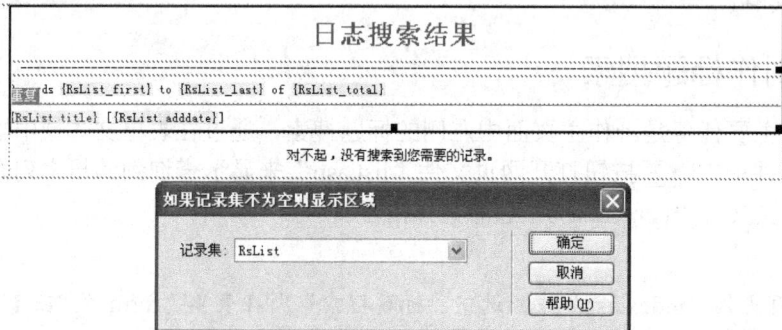

图13-26 设置显示区域

6. 选中含有 "对不起，没有搜索到您需要的记录。" 的表格，然后在主菜单中选择【插入记录】/【数据对象】/【显示区域】/【如果记录集为空则显示】命令，设置如果记录集为空的显示内容，如图 13-27 所示。

图13-27　设置显示区域

7. 保存文件。

知识链接

在交互式网页中使用后台数据库时，必须首先创建一个存储检索数据的记录集。记录集在存储内容的数据库和生成页面的应用程序服务器之间起一种桥梁作用。记录集由数据库查询返回的数据组成，并且临时存储在应用程序服务器的内存中，以便进行快速数据检索。当服务器不再需要记录集时，便将其丢弃。记录集本身是从指定数据库中检索到的数据集合，它可以包括完整的数据表，也可以包括表的行和列的子集。这些行和列通过在记录集中定义的数据库查询进行检索。数据库查询是用结构化查询语言（SQL）编写的，使用 Dreamweaver 可以在不了解 SQL 的情况下创建简单查询。但如果想创建复杂的 SQL 查询，则需要学习 SQL 并手动编写代码输入到 Dreamweaver 的 SQL 语句中。在【记录集】对话框中单击 高级... 按钮可以进入对话框的高级状态，在其中可以查看和修改 SQL 语句，同时还可以编辑参数，如图 13-28 所示。

通过主菜单中的【插入记录】/【数据对象】/【动态数据】/【动态文本】命令，可以有选择地将记录集中的字段插入到文档中适当的位置，如果想通过一次操作就可将记录集中的所有数据全部显示在文档中，可以通过主菜单中的【插入】/【数据对象】/【动态数据】/【动态表格】命令打开【动态表格】对话框进行设置即可，如图 13-29 所示。但这种方式直接生成的表格中字段的显示顺序会不太符合实际需要，可以手动进行调整，也可删除不需要显示的字段。

在制作标题搜索时，用到了两种类型的变量：QueryString 和 Form。QueryString 主要用来检索附加到发送页面 URL 的信息。查询字符串由一个或多个"名称/值"组成，这些"名称/值"使用一个问号（？）附加到 URL 后面。如果查询字符串中包括多个"名称/值"时，则用符号（&）将它们合并在一起。如果传递的 URL 参数中只包含简单的数字，也可以将 QueryString 省略，只采用 Request ("Classnumber")的形式。

Form 主要用来检索表单信息，该信息包含在使用 POST 方法的 HTML 表单所发送的 HTTP 请求的正文中。例如，采用 Request.Form("title")来获取表单域"title"中的值。

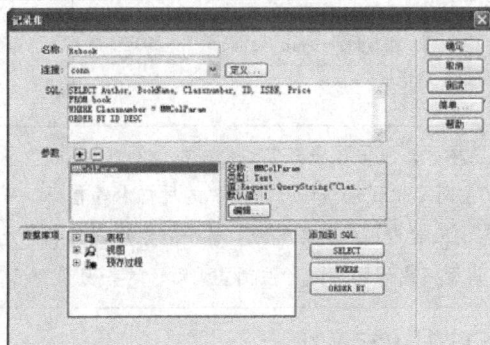

图13-28　【记录集】对话框的高级状态

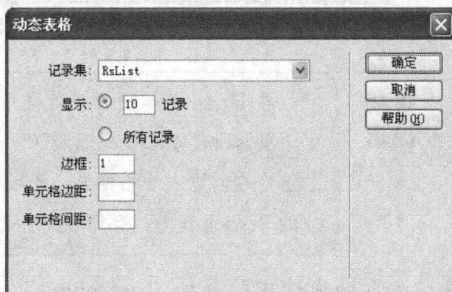

图13-29　动态表格

课堂练习

在文档中创建记录集"RsRzh"，使其只显示表"rizhi"中的"id"、"title"两个字段，并按"id"进行降序排列。然后通过主菜单中的【插入记录】/【数据对象】/【动态数据】/【动态表格】命令插入动态表格，使记录集中的所有数据全部显示在页面中。

任务三　制作日志管理页面

本任务主要来设置后台管理页面的相关功能，包括添加日志、修改和删除日志以及限制对页的访问、用户登录、注销等内容。

操作一　发表日志

本操作主要介绍如何将表单中的内容添加到数据库相应的表中。

【操作步骤】

1. 打开文档"adminadd.asp"。

> **重要提示**　本文档中的表单已经制作好，各个表单域的名称均与数据库中相应表的字段名称保持一致，以便于实际操作。

2. 在主菜单中选择【窗口】/【绑定】命令打开【绑定】面板，单击➕按钮，在弹出的菜单中选择【阶段变量】命令，打开【阶段变量】对话框，输入变量名称"MM_username"并单击 确定 按钮，如图 13-30 所示。

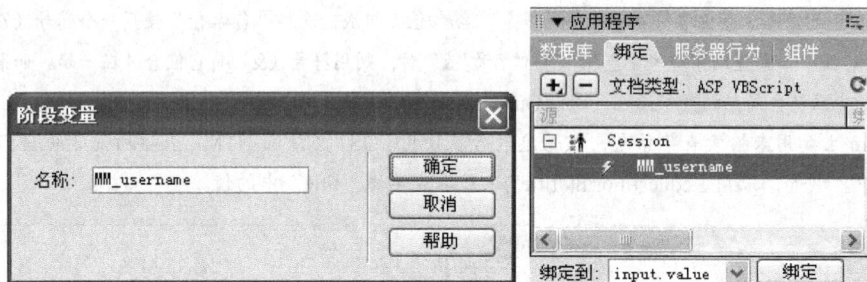

图13-30　【阶段变量】对话框

> **重要提示**　在 Dreamweaver 中创建登录应用程序后，应用程序将自动生成相应的 Session 变量，如"Session("MM_username")"，用来在网站中记录当前登录用户的用户名等信息，变量的值会在网页中互相传递，还可以用它们来验证用户是否登录。每个登录用户都有自己独立的 Session 变量，存储在服务器中，当用户离开网站或者注销登录后，这些变量会清空。

3. 在页面中选中隐藏域"username"，如图 13-31 所示。

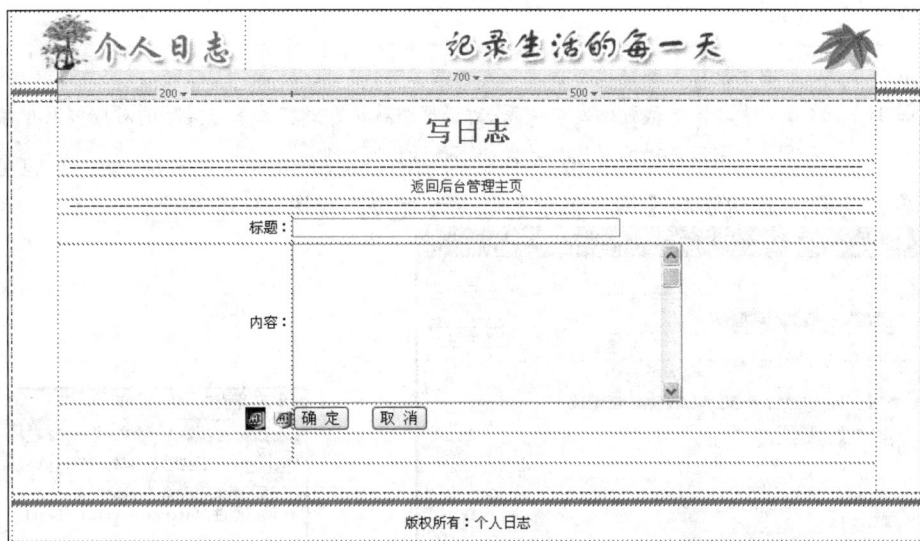

图13-31　选中隐藏域"username"

4. 在【属性】面板中单击【值】文本框后面的 按钮，打开【动态数据】对话框，选中阶段变量"MM_username"并单击 确定 按钮，如图 13-32 所示。

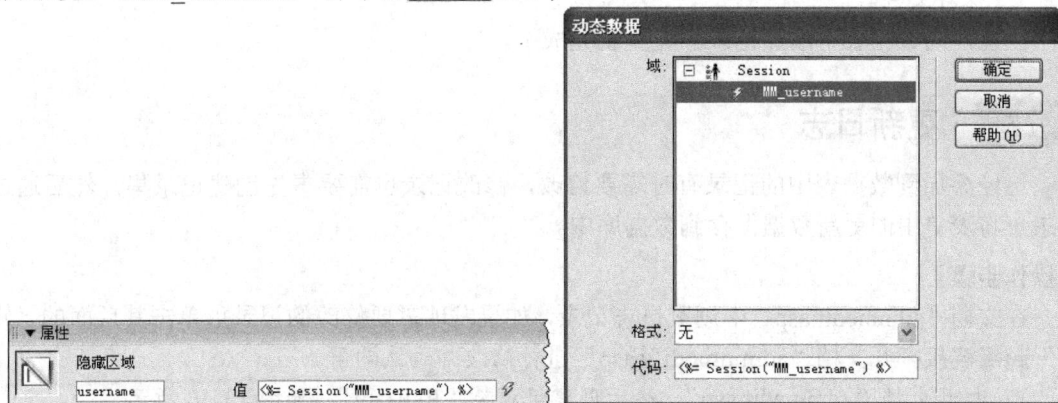

图13-32　【阶段变量】对话框

重要提示　表单中还有一个隐藏域"adddate"，其值已设置为"<% = date ( ) %>"，表示获取当前日期，即发表日志时的日期，如图 13-33 所示。

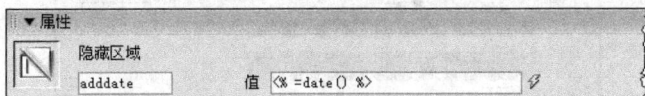

图13-33　隐藏域"adddate"

下面设置【插入记录】服务器行为。

5. 在主菜单中选择【插入记录】/【数据对象】/【插入记录】/【插入记录】命令，打开【插入记录】对话框，在【连接】下拉列表中选择已创建的数据库连接"conn"，在【插入到表格】下拉列表中选择数据表"rizhi"，在【获取值自】下拉列表中选择表单的名称"form1"，在【表单元素】中选择每一行，然后在【列】中选择数据表中与之相对应的字段名，在【提交为】列表中选择该表单元素的数据类型，如图 13-34 所示。

重要提示 由于数据表的字段与各表单元素的名称、数据类型是一致的，因此数据表的字段与表单元素之间有很强的对应关系。对话框中默认的对应关系与实际的对应关系非常相近，只需对个别不正确的对应关系做一下修改即可。

6. 单击 确定 按钮添加【插入记录】服务器行为，如图 13-35 所示。

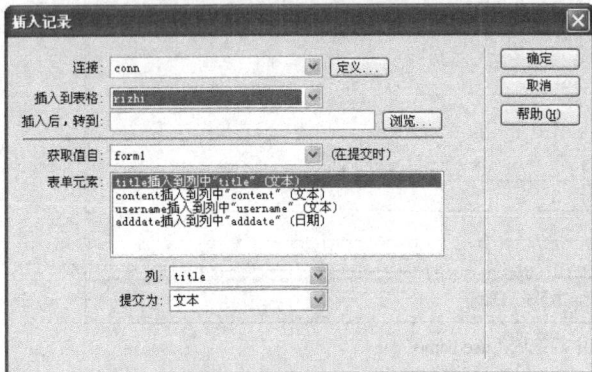

图13-34 【插入记录】对话框

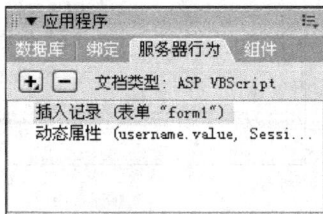

图13-35 添加【插入记录】服务器行为

7. 保存文件。

至此，向数据表中添加记录的设置就完成了。

操作二 更新日志

已经添加到数据表中的记录有时需要修改，修改记录也需要事先创建记录集，然后通过记录集将表单中的更新数据保存到数据库中。

【操作步骤】

在文档"adminedit.asp"中浏览日志记录，如果发现需要修改的记录可单击其后面的"修改"超级链接打开文档"adminmodify.asp"进行修改并确认即可。

1. 打开文档"adminedit.asp"，然后创建记录集"RsRizhi"，如图 13-36 所示。

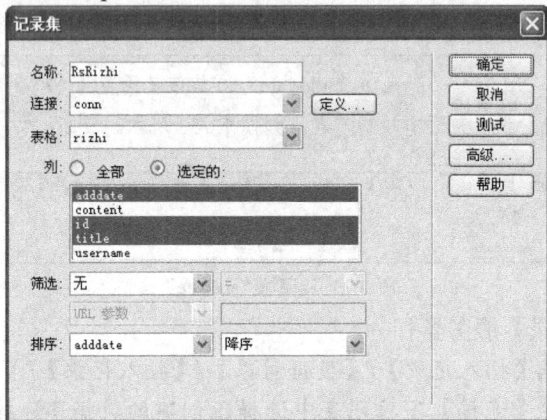

图13-36 创建记录集"RsRizhi"

2. 根据提示文本添加动态文本，并设置重复区域、记录计数和分页功能，如图 13-37 所示。

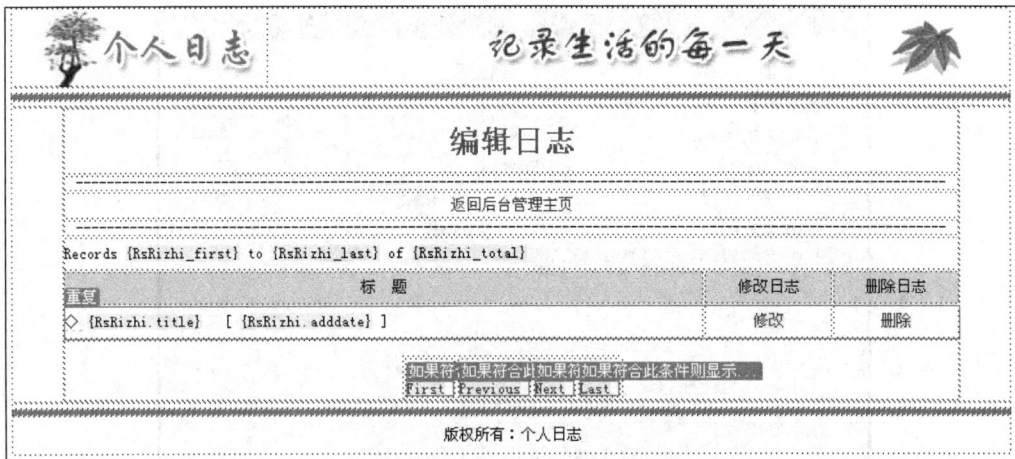

图13-37 创建数据列表

3. 选中"修改"文本，然后在【属性】面板中单击【链接】后面的▭按钮，打开【选择文件】对话框，在文件列表中选择文件"adminmodify.asp"。

4. 在【选择文件】对话框中单击【URL:】文本框右侧的 参数... 按钮，打开【参数】对话框，在【名称】文本框中输入"id"，单击【值】文本框右侧的 ✤ 按钮打开【动态数据】对话框，选择"记录集（RsRizhi）"中的"id"选项。

5. 依次单击 确定 按钮关闭对话框，然后保存文档"adminedit.asp"。

6. 打开文档"adminmodify.asp"，创建记录集"RsRizhi"，参数设置如图 13-38 所示。
下面设置页面中的动态表单元素。

7. 选中"标题:"后面的文本域，然后在【属性】面板中单击【初始值】文本框右侧的 ✤ 按钮，打开【动态数据】对话框，选择"记录集（RsRizhi）"/"title"字段，并设置【格式】选项，如图 13-39 所示，然后运用同样的方法设置文本域"content"的初始值。

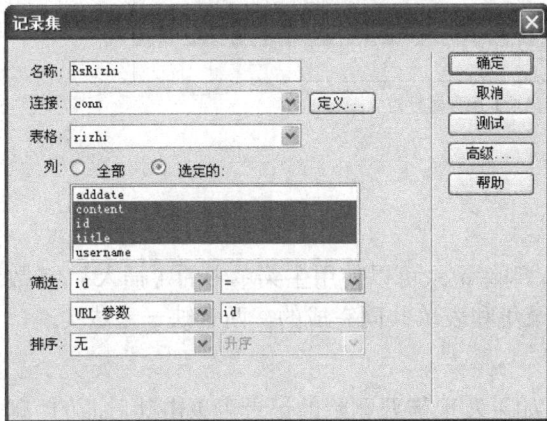

图13-38 创建记录集"RsRizhi"

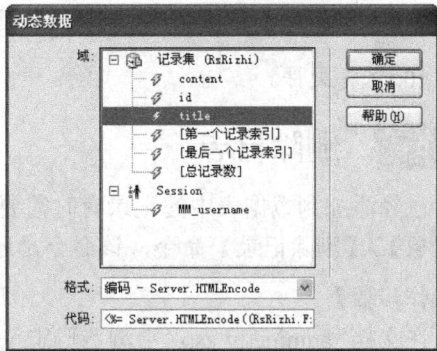

图13-39 【动态数据】对话框

8. 在主菜单中选择【插入记录】/【数据对象】/【更新记录】/【更新记录】命令，打开【更新记录】对话框。在【连接】下拉列表中选择"conn"，在【要更新的表格】下拉列表中选择【rizhi】选项，在【选取记录自】下拉列表中选择"RsRizhi"选项，在【唯一键列】下拉列表中选择"id"选项，在【在更新后，转到】文本框中输入"adminedit.asp"，在【获取值自】下拉列表中选择"form1"选项，如图 13-40 所示。

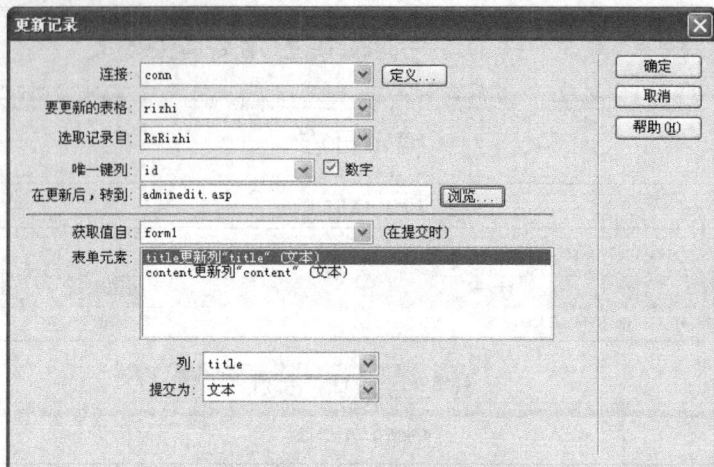

图13-40 【更新记录】对话框

9. 单击 确定 按钮，添加【更新记录】服务器行为，如图 13-41 所示。

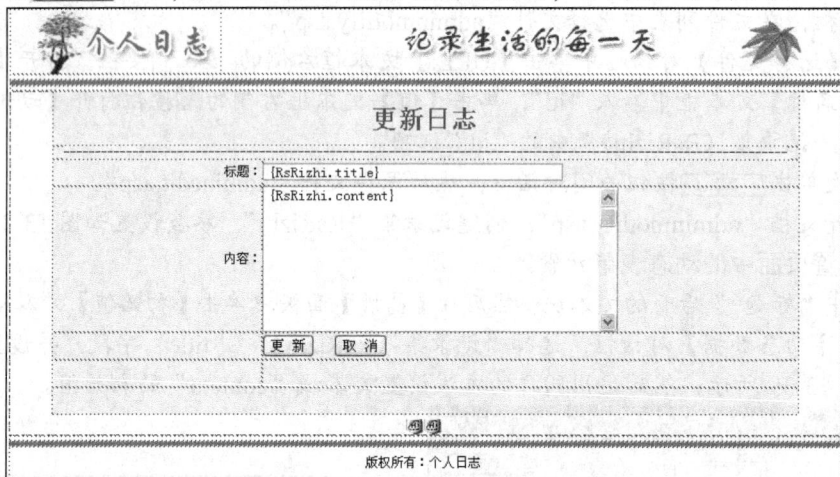

图13-41 添加【更新记录】服务器行为

10. 保存文件。

操作三 删除日志

已经添加到数据表中的记录有时需要删除，删除记录可以使用主菜单中的【插入】/【数据对象】/【删除记录】命令，该命令是通过记录集和表单共同完成的，两者缺一无法实现。

【操作步骤】

在文档"adminedit.asp"中浏览日志记录时，如果发现需要删除的记录可单击其后面的"删除"超级链接打开文档"admindelete.asp"进行删除操作。

1. 在文档"adminedit.asp"中，选中"删除"文本，然后在【属性】面板中单击【链接】后面的 按钮，打开【选择文件】对话框，在文件列表中选择文件"admindelete.asp"。

2. 在【选择文件】对话框中单击【URL:】文本框右侧的 参数... 按钮，打开【参数】对话框，在【名称】文本框中输入"id"，单击【值】文本框右侧的 按钮，打开【动态数据】对话框，选择"RsRizhi"中的"id"选项。

3. 依次单击 [确定] 按钮关闭对话框，然后保存文档"adminedit.asp"。

4. 打开文档"admindelete.asp"，然后创建记录集"RsRizhi"，如图 13-42 所示。

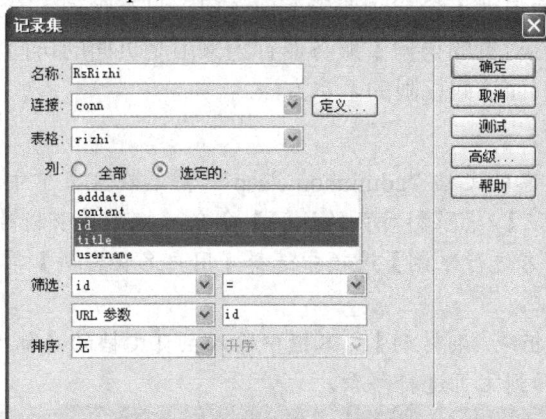

图13-42　创建记录集"RsRizhi"

5. 在主菜单中选择【插入记录】/【数据对象】/【删除记录】命令，打开【删除记录】对话框。

6. 在【删除记录】对话框中，在【连接】下拉列表中选择"conn"选项，在【从表格中删除】下拉列表中选择"rizhi"选项，在【选取记录自】下拉列表中选择"RsRizhi"选项，在【唯一键列】下拉列表中选择"id"选项，在【提交此表单以删除】下拉列表中选择"form1"选项，如图 14-43 所示。

图13-43　【删除记录】对话框

7. 单击 [确定] 按钮，添加【删除记录】服务器行为，如图 13-44 所示。

图13-44　添加【删除记录】服务器行为

8. 保存文件。

操作四　限制访问

网站的后台管理页面自然不希望浏览者随便访问，只有管理人员通过用户登录后才可访问，因此需要使用【限制对页的访问】服务器行为来限制页面的访问权限。本操作主要介绍使用服务器行为来限制页面访问权限的基本方法。

【操作步骤】

1. 打开添加图书信息的文档"adminhome.asp"，然后在主菜单中选择【插入记录】/【数据对象】/【用户身份验证】/【限制对页的访问】命令，打开【限制对页的访问】对话框。

2. 在【基于以下内容进行限制】选项中选择【用户名和密码】单选按钮，即访问该页必须经过用户名和密码验证。

3. 在【如果访问被拒绝，则转到】文本框中输入主页文档的名称"index.asp"，如图 13-45 所示，即访问被拒绝后转到主页进行登录。

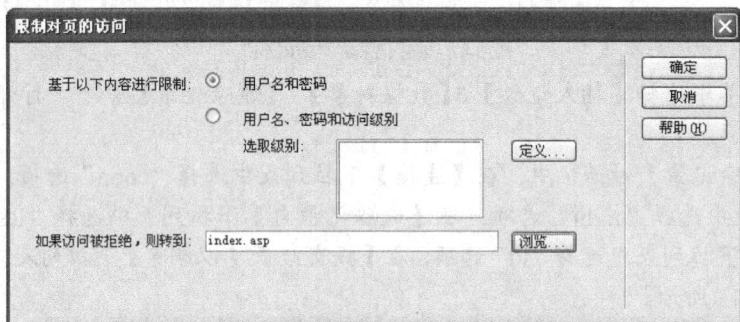

图13-45　【限制对页的访问】对话框

4. 保存文件，然后运用同样的方法对"adminadd.asp"、"adminedit.asp"、"adminmodify.asp"、"admindelete.asp"等网页文档添加【限制对页的访问】功能。

操作五　登录和注销

后台管理页面添加了【限制对页的访问】功能，这就要求给管理人员提供登录入口以便能够进入，同时提供注销功能以便安全退出。登录、注销的原理是，首先将登录表单中的用户名、密码与数据库中的数据进行对比，如果用户名和密码正确，那么允许用户进入网站，并使用阶段变量记录用户名，否则提示用户错误信息。而注销过程就是将成功登录的用户的阶段变量清空。

【操作步骤】

1. 打开主页文件"index.asp"，然后在主菜单中选择【插入】/【数据对象】/【用户身份验证】/【登录用户】命令，打开【登录用户】对话框。

2. 将登录表单"form2"中表单域与数据表"users"中的字段相对应，也就是说将【用户名字段】与【用户名列】对应，【密码字段】与【密码列】对应，然后将【如果登录成功，转到】设置为"adminhome.asp"，将【如果登录失败，转到】设置为"loginfail.asp"，如图 13-46 所示。

重要提示　如果勾选了【转到前一个 URL（如果它存在）】复选框，那么无论从哪一个页面转到登录页，只要登录成功，就会自动回到那个页面。

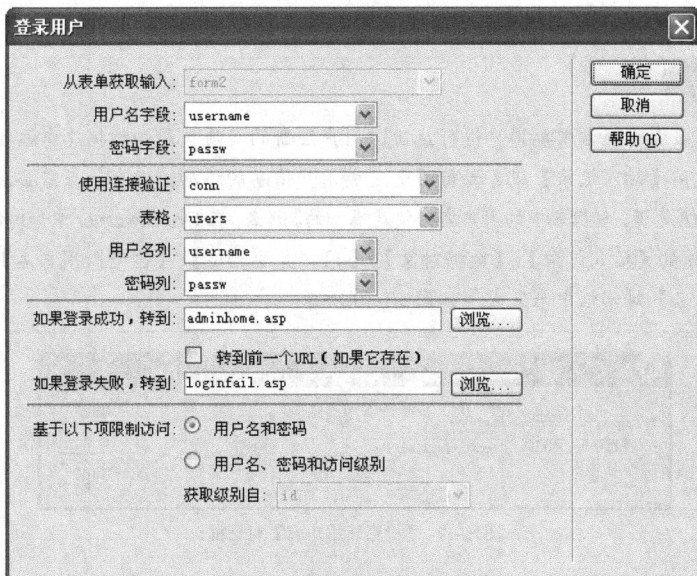

图13-46　【登录用户】对话框

3．最后保存文件"index.asp"。

用户登录成功后，若要退出最好注销用户，下面添加【注销登录】功能。

4．打开文件"adminhome.asp"，选中文本"注销"，然后在主菜单中选择【插入记录】/【数据对象】/【用户身份验证】/【注销用户】命令，打开【注销用户】对话框，参数设置如图 13-47 所示，将【在完成后，转到】设置为首页文档"index.asp"，如图 13-47 所示。

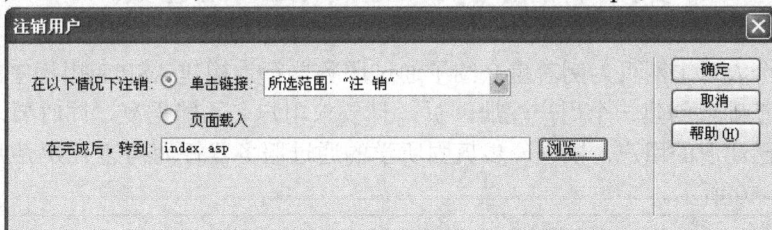

图13-47　【注销用户】对话框

5．保存文件，效果如图 13-48 所示。

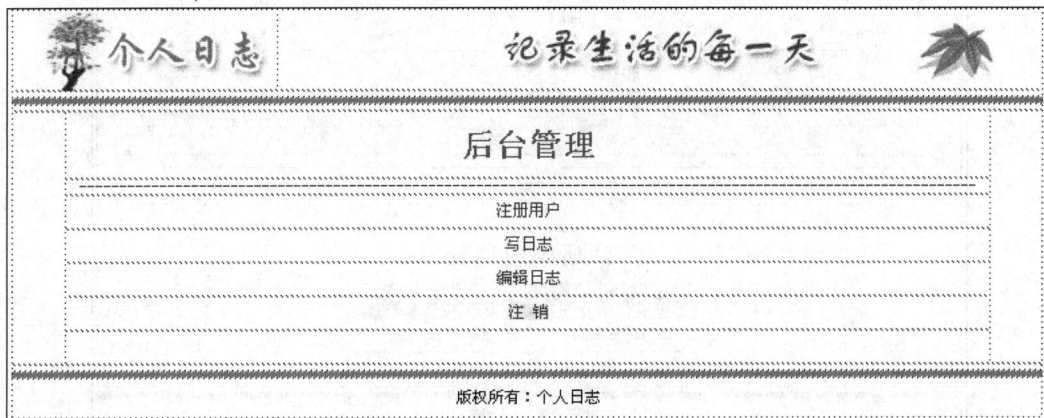

图13-48　设置注销功能

185

知识链接

在使用网络服务时经常需要用户进行注册。用户注册的实质就是向数据库中添加用户名、密码等信息，可以使用【插入记录】服务器行为来完成用户信息的添加。但有一点需要注意，就是用户名不能重名，也就是说，数据表中的用户名必须是唯一的。那么，在 Dreamweaver 中如何做到这一点呢？可以选择主菜单中的【插入记录】/【数据对象】/【用户身份验证】/【检查新用户名】命令，在弹出的【检查新用户名】对话框中来完成，如图 13-49 所示。

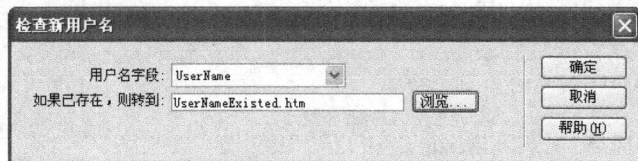

图13-49　【检查新用户名】对话框

课堂练习

练习插入、更新、删除记录的方法，同时练习限制对页的访问以及登录和注销的方法。

实训　制作用户注册网页

本项目以个人日志网页为例着重介绍了通过服务器行为构建 ASP 应用程序的基本方法。本实训将在此基础上创建一个用户注册网页，且要求用户名不能重复，同时要求在注册页面能够显示所有已注册的用户，以进一步巩固所学的通过服务器行为构建 ASP 应用程序的基本知识，如图 13-50 所示。

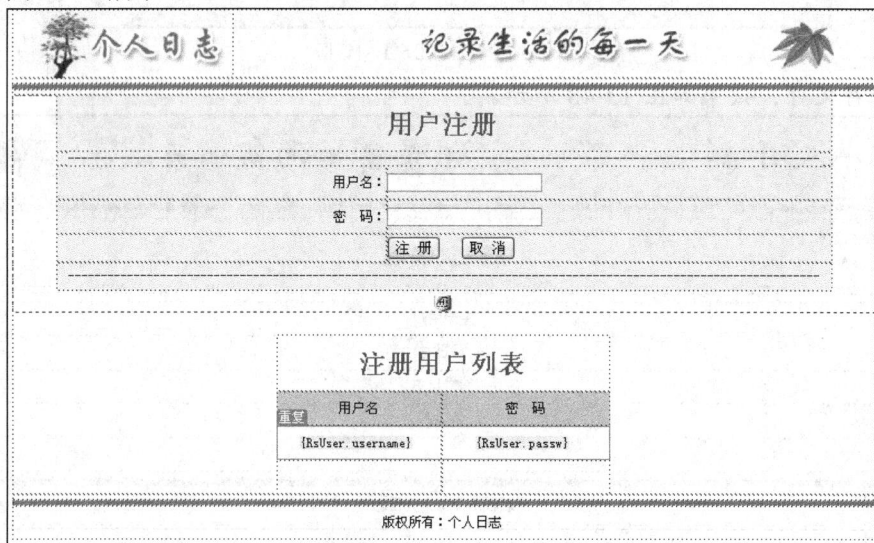

图13-50　创建用户注册网页

【实训目的】
* ❖ 进一步掌握插入记录的方法。
* ❖ 进一步掌握检查新用户名的方法。
* ❖ 进一步掌握创建记录集的基本方法。
* ❖ 进一步掌握插入动态文本的方法。
* ❖ 进一步掌握设置重复区域的方法。

【操作步骤】

1. 打开文档"reg.asp"，首先设置【插入记录】服务器行为，如图 13-51 所示。

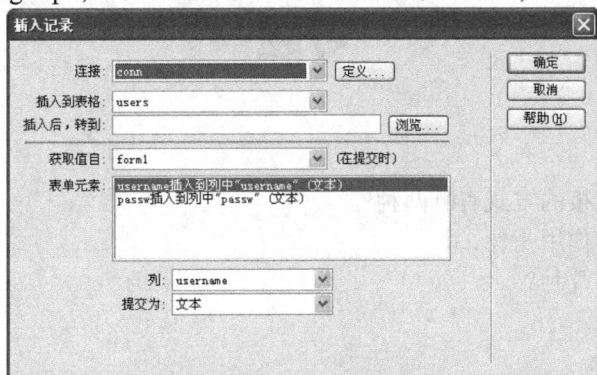

图13-51　【插入记录】对话框

2. 接着设置【检查新用户名】服务器行为，如图 13-52 所示。

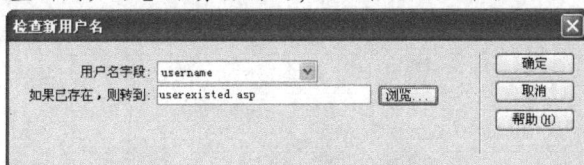

图13-52　【检查新用户名】对话框

3. 创建记录集"RsUser"，并将记录集"RsUser"中的动态文本插入到页面中，如图 13-53 所示。

4. 设置重复区域，显示所有记录，如图 13-54 所示。

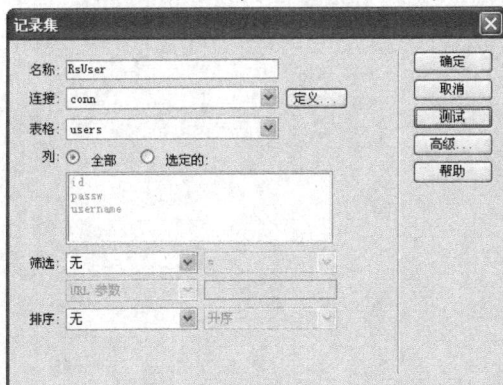

图13-53　创建记录集"RsUser"

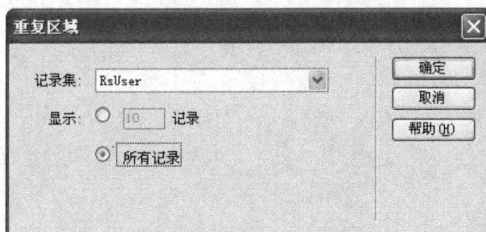

图13-54　设置重复区域

5. 保存文件。

小结

本项目以制作一个简单的个人日志网页为例，介绍了创建 ASP 应用程序的基本功能，这些功能都是围绕着显示记录、网页参数的传递、插入记录、更新记录、删除记录、用户的登录和注销、限制用户对页的访问等方面展开的。读者在学会这些基本功能以后，可以在此基础上创建更加复杂的应用程序。

习题

一、 问答题

1. 创建数据库连接的方式有哪两种？
2. 记录集的基本作用是什么？
3. 动态数据有哪几种？

二、 操作题

制作一个班级通信录管理系统，使其具有浏览记录和添加记录的功能，并设置只有管理员才可以添加记录。

项目十四　发布和维护网站

网站制作完成后需要上传到已经配置了服务器环境的空间才能运作。本项目将结合实际操作介绍配置服务器环境、发布网站和维护网站的基本知识。通过本项目的学习，读者能够学会发布和维护网站的基本方法和技能。

项目背景

网页制作完成以后，需要将所有的网页文件及文件夹上传到服务器，这个过程就是网站的上传，即网页的发布。这个过程有时也会在制作网页过程中即时发生，因为在测试网页时，如果测试服务器是远程服务器，文档会被上传至服务器端。

局域网用户可以直接在服务器上管理网站，而对于广大互联网用户则需要将网页发布至远程服务器端。网页发布通常有两种方式。一种是 HTTP 方式，另一种是 FTP 方式。HTTP 方式简单易用，用户只需登录到服务器的指定管理页面，然后输入用户名和密码，就可以一页一页地将网页发布到服务器中。但这种方式不能成批量地发布网页文件，只能逐个地发布，而且也不能将整个文件夹上传到服务器，必须在服务器中首先创建相应的文件夹后，才能将里面的子文件上传。因此，对于文件较多的网站来说，这是一种既费时又繁琐的方式。FTP 方式的优点是用户可以使用 FTP 管理软件或 Dreamweaver 中的 FTP 功能成批量地发布网页文件，而且还可以实现一些如远程查找、替换、修改文件等辅助功能。

在上传网页之前，还有一些工作需要做，这也是维护网站的一些手段，如生成报告、检查链接、清理文档、批量修改网页等。

基于此，本项目将介绍配置 Web 服务器和 FTP 服务器，并通过 Dreamweaver 发布网站的方法。

项目分析

网站运行的前提是服务器配置好了服务器环境，本项目首先介绍服务器 IIS 环境的搭建。

服务器环境搭建好了，网页还需要上传到服务器，那么如何上传，这是本项目接下来要介绍的内容。

网站发布前或发布后都需要经常维护和更新，本项目最后将介绍在 Dreamweaver 中维护网站的基本方法。

学习目标

★ 学会配置 IIS 中 Web 服务器的方法。

★ 学会配置 IIS 中 FTP 服务器的方法。

★ 学会通过 Dreamweaver 发布网站的方法。

★ 学会通过 Dreamweaver 维护网站的方法。

任务一　发布网站

网站在本地制作完毕并测试成功后，需要上传到 Internet 上，这样用户才能访问。如果是个人网站，可以到 Internet 上申请一个免费空间。如果是企业网站，应该考虑以下做法。

❖ 虚拟主机方案：租用 ISP 的 Web 服务器磁盘空间，将自己的主页放在 ISP 的 Web 服务器上。对于一般企业来说，这是最经济的方案。虚拟主机与真实主机在运作上和用户访问上都没有区别，而且企业的投入也比较低。

❖ 服务器托管方案：因为有较大的信息量和数据库而需要很大的空间或需要建立一个很大的站点时，可以采用此方案。用户可将自己的服务器或 Internet 主机放在 ISP 网络中心机房中，借用 ISP 的网络通信系统接入 Internet。

❖ DDN 专线接入方案：用户可以将服务器设置在本地机房，再通过 DDN 专线与 ISP 的网络中心的路由器端口连接，成为一台 Internet 主机。

下面简要介绍配置 IIS 服务器和发布站点的方法。

操作一　配置 Web 服务器

网页只有在支持 Web 服务的服务器上才能被正常访问。IIS（Internet Information Server）是由美国 Microsoft 公司开发的信息服务器软件，Windows 2000、Windows XP、Windows 2003 操作系统都带有 IIS，其中包含 Web 服务器的功能。本操作以 Windows XP Professional 中的 IIS 为例，简要介绍配置 Web 服务器的方法。

【操作步骤】

Windows XP Professional 中的 IIS 在默认状态下是没有安装的，所以在第 1 次使用时应首先安装 IIS 服务器。

1. 将 Windows XP Professional 光盘放入光驱中。

2. 在【控制面版】中单击【添加或删除程序】选项，打开【添加或删除程序】对话框，单击【添加/删除 Windows 组件（A）】图标进入【Windows 组件向导】对话框，勾选【Internet 信息服务（IIS）】复选框，如图 14-1 所示。

如果想将 FTP 服务器也安装上，请继续下面的操作。

3. 双击【Internet 信息服务（IIS）】选项，打开【Internet 信息服务（IIS）】对话框，勾选【文件传输协议（FTP）服务】复选框，如图 14-2 所示，然后单击 确定 按钮，返回【Windows 组件向导】对话框。

4. 单击 下一步(N) 按钮，稍等片刻，系统就可以自动安装 IIS 这个组件了。

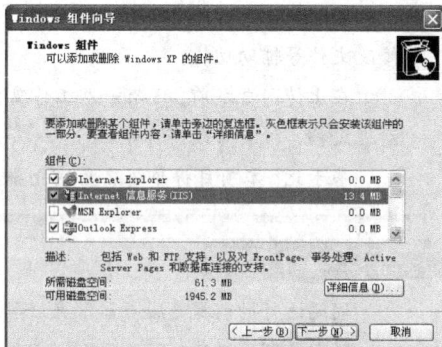

图14-1　安装 Internet 服务器

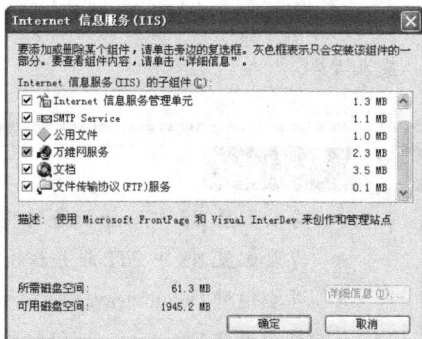

图14-2　【Internet 信息服务（IIS）】对话框

安装完成后还需要配置 IIS 服务，这样才能发挥它的作用。

5. 在【控制面版】/【管理工具】中双击【Internet 信息服务】选项，打开【Internet 信息服务】对话框，如图 14-3 所示。

6. 选中【默认网站】选项，然后单击鼠标右键，在弹出的快弹菜单中选择【属性】命令，打开【默认网站 属性】对话框，选择【网站】选项卡，在【IP 地址】下拉列表框中输入或选择本机的 IP 地址，如图 14-4 所示。

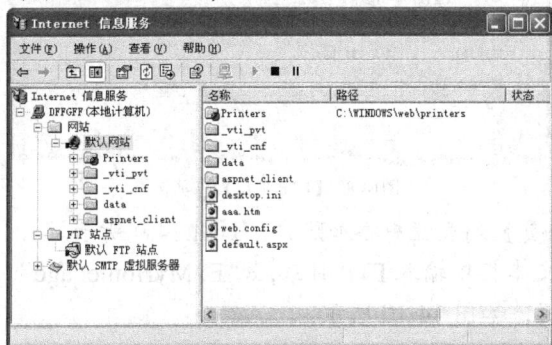

图14-3 【Internet 信息服务】对话框

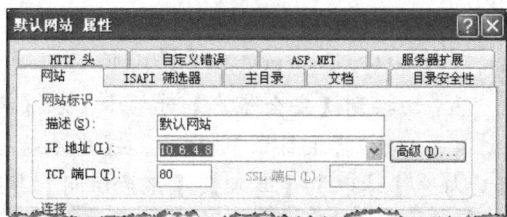

图14-4 设置 IP 地址

7. 切换到【主目录】选项卡，在【本地路径】文本框中输入（或单击 浏览(0)... 按钮选择）网页所在的目录，如 "E:\MyHomePage"，如图 14-5 所示。

8. 切换到【文档】选项卡，单击 添加(0)... 按钮，在【默认文档名】文本框中输入首页文件名，如 "Index.htm"，然后单击 确定 按钮，如图 14-6 所示。

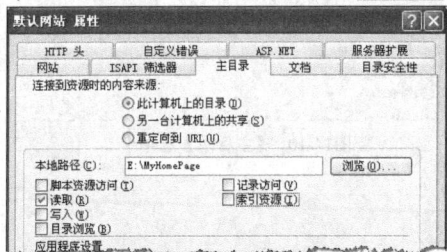

图14-5 设置主目录

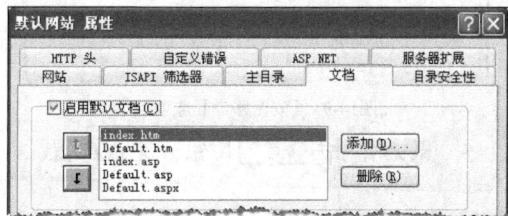

图14-6 设置首页文件

配置完 IIS 后，打开 IE 浏览器，在地址栏中输入 IP 地址后按 Enter 键，此时就可以打开网站的首页了。但前提条件是在这个目录下已经放置了包括主页在内的网页文件。

课堂练习

练习配置 Web 服务器的方法，包括设置 IP 地址、主目录、主页文件等，并在浏览器中浏览主页。

操作二 配置 FTP 服务器

如果存放网页的服务器是属于自己的，而且要通过 FTP 方式发布网页，这就要求提前配置好 FTP 服务器。现在简要说明 FTP 的配置方法。

【操作步骤】

1. 在【控制面版】/【管理工具】中双击【Internet 信息服务】选项，打开【Internet 信息服务】对话框，如图 14-7 所示。

2. 选中【默认 FTP 站点】选项，然后单击鼠标右键，在弹出的快弹菜单中选择【属性】命令，打开【默认 FTP 站点 属性】对话框，选择【FTP 站点】选项卡，在【IP 地址】下拉列表框中输入或选择 IP 地址，如图 14-8 所示。

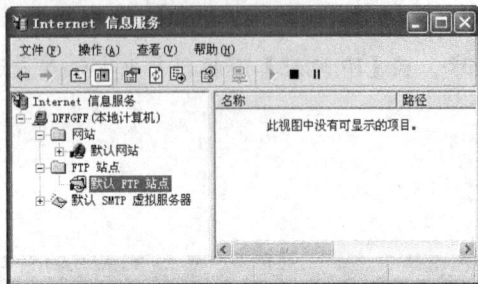

图14-7 【Internet 信息服务】对话框　　　　　图14-8 【FTP 站点】选项卡

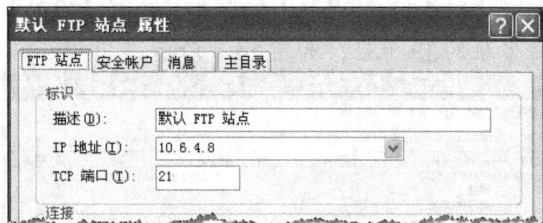

3. 切换到【安全账户】选项卡，在【操作员】列表框中添加账户，如图 14-9 所示。

4. 切换到【主目录】选项卡，在【本地路径】文本框中输入 FTP 目录，如"E:\MyHomePage"，然后勾选【读取】、【写入】、【记录访问】复选框，如图 14-10 所示。

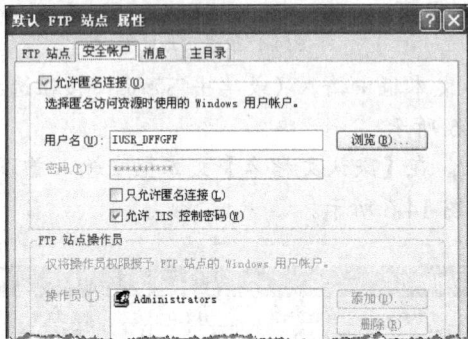

图14-9 【安全账户】选项卡　　　　　图14-10 【主目录】选项卡

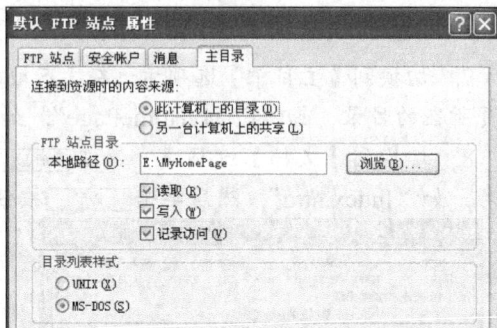

5. 最后单击 确定 按钮，完成配置。

操作三　发布网页

FTP 服务器已经配置完了，下面介绍通过 Dreamweaver 站点管理器发布网站的方法。

【操作步骤】

1. 在【文件】/【文件】面板中单击 （展开/折叠）按钮，展开站点管理器，在【显示】下拉列表中选择要发布的站点，如"mysite"，然后单击 （站点文件）按钮，切换到远程站点状态，如图 14-11 所示。

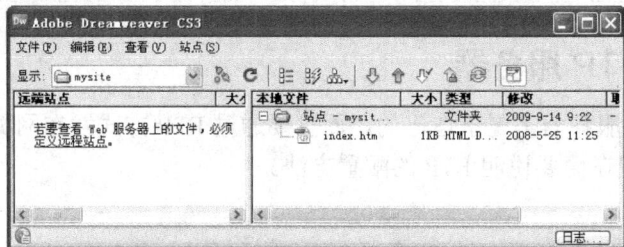

图14-11 站点管理器

在图 14-11 所示的【远端站点】栏中提示："若要查看 Web 服务器上的文件，必须定义远程站点。"这说明在本站点中还没有定义远程站点信息，需要进行定义。

2. 单击【定义远程站点】超级链接，打开站点定义对话框的【远程信息】分类，如图 14-12 所示。

3. 在【访问】下拉列表中选择"FTP"选项，然后设置 FTP 服务器的各项参数，如图 14-13 所示。

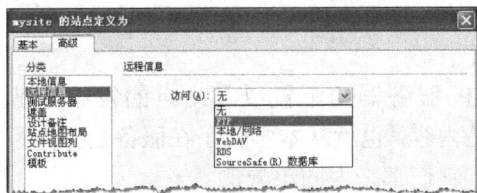

图14-12　站点【远程信息】定义对话框　　　　图14-13　设置 FTP 服务器的各项参数

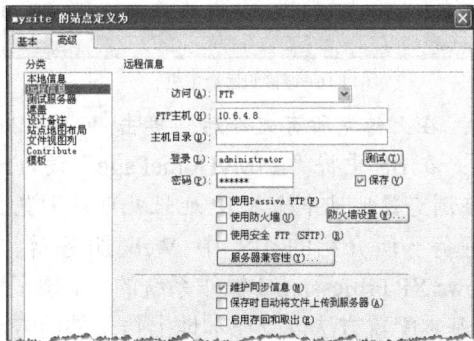

知识链接

FTP 服务器的有关参数说明如下。

❖ 【FTP 主机】：用于设置 FTP 主机地址。

❖ 【主机目录】：用于设置 FTP 主机上的站点目录，如果为根目录不用设置。

❖ 【登录】：用于设置用户登录名，即可以操作 FTP 主机目录的操作员账户。

❖ 【密码】：用于设置可以操作 FTP 主机目录的操作员账户的密码。

❖ 【保存】：用于设置是否保存设置。

❖ 【使用防火墙】：用于设置是否使用防火墙，可通过 防火墙设置(W)... 按钮进行具体设置。

4. 单击 测试(T) 按钮，如果出现如图 14-14 所示的对话框，说明已连接成功。

5. 最后单击 确定 按钮完成设置，如图 14-15 所示。

图14-14　成功连接消息提示框　　　　　　　图14-15　站点管理器

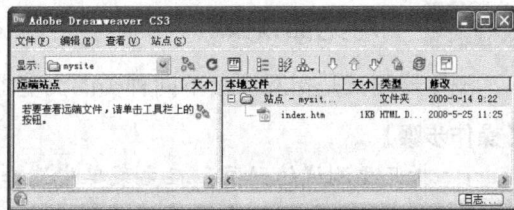

此时，【远端站点】栏中的信息由图 14-11 所示的"若要查看 Web 服务器上的文件，必须定义远程站点。"变成了"若要查看远端文件，请单击工具栏上的 🔌 按钮。"

6. 单击工具栏上的 🔌 （连接到远端主机）按钮，将开始连接远端主机，即登录 FTP 服务器。经过一段时间后，🔌 按钮上的指示灯变为绿色，表示登录成功了，并且变为 🔌 按钮状态（再次单击该按钮就会断开与 FTP 服务器的连接）。由于是第 1 次上传文件，远程文件列表中是空的，如图 14-16 所示。

7. 在【本地文件】列表中，选择站点根目录 "mysite"，然后单击工具栏中的 ⬆ （上传文件）按钮，会出现一个【您确定要上传整个站点吗？】对话框，单击 确定 按钮，将所有文件上传到远端服务器，如图 14-17 所示。

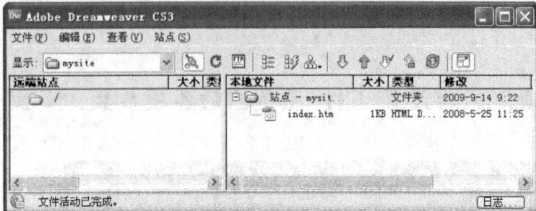

图14-16　连接到远端主机

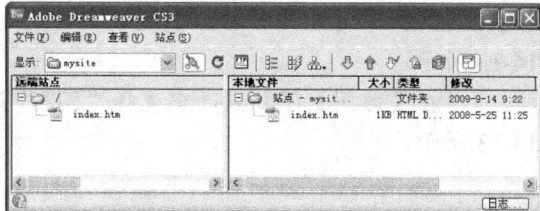

图14-17　上传文件到远端服务器

8. 在上传完所有文件后，单击 按钮断开与服务器的连接。

9. 在 IIS 中将 "E:\MyHomePage" 设为网站的主目录，将 "index.htm" 设为首页文件，然后在浏览器地址中输入 IP 地址就可以浏览主页了。

任务一所介绍的 IIS 中 Web 服务器、FTP 服务器的配置以及站点的发布都是基于 Windows XP Professional 操作系统的，掌握了这些内容，也就基本学会了在服务器操作系统中 IIS 的基本配置方法以及在本地上传文件的方法，它们都是大同小异的。

另外，使用 FTP 方式上传网页也可以使用专门的 FTP 客户端软件。

课堂练习

（1）练习配置 FTP 服务器。

（2）练习配置 Dreamweaver 远程服务器并上传主页。

任务二　维护网站

在上传网页之前，还有一些工作需要做，这也是维护网站的一些手段，如浏览器测试、链接测试、站点报告、清理文档、保持同步等。

操作一　浏览器测试

浏览器测试是指网页在不同种类的浏览器及同种浏览器不同版本中的显示效果测试。

【操作步骤】

1. 打开要测试的网页，在主菜单中选择【窗口】/【结果】命令，打开【结果】面板。

2. 在【结果】面板中切换到【浏览器兼容性检查】选项卡，如图 14-18 所示。

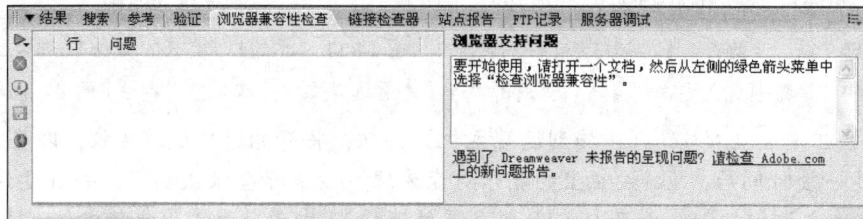

图14-18　【浏览器兼容性检查】选项卡

3. 单击▷（检查浏览器兼容性）按钮，在弹出的下拉菜单中选择【设置】命令，打开【目标浏览器】对话框，如图14-19所示。

4. 在【目标浏览器】对话框中，选择要测试的浏览器和版本，然后单击 确定 按钮，完成检测浏览器的设置并开始检测，检测的结果会显示在【结果】面板中。

5. 再次使用同样的设置检测时，在图14-19（上图）所示的下拉菜单中直接选择【检查浏览器兼容性】命令即可。

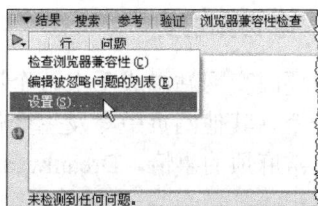

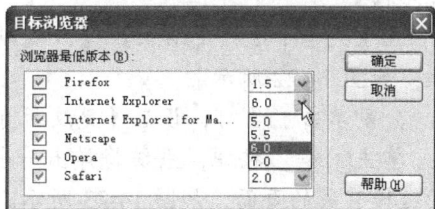

图14-19　【目标浏览器】对话框

操作二　链接测试

发布网页前需要对网站中的超级链接进行测试，Dreamweaver CS3 提供了对整个站点的链接统一进行检查的功能。

【操作步骤】

1. 在主菜单中选择【窗口】/【结果】命令，并在【结果】面板中切换到【链接检查器】选项卡。

2. 在【显示】下拉列表中选择检查链接的类型，如图 14-20 所示。

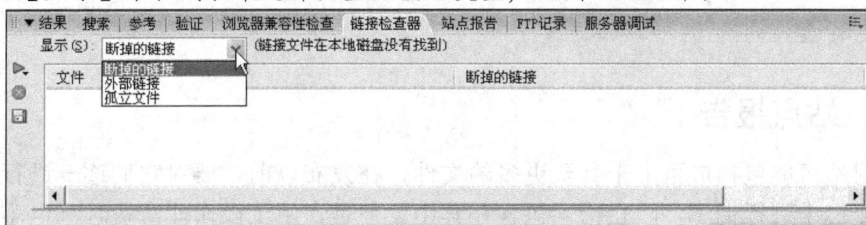

图14-20　【链接检查器】选项卡

3. 单击▷按钮，在弹出的下拉菜单中选择【检查整个当前本地站点的链接】命令，如图 14-21 所示，Dreamweaver CS3 将自动开始检测站点里的所有链接，结果也将显示在【文件】列表中。

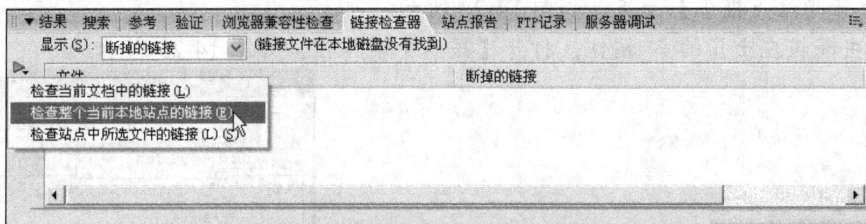

图14-21　选择【检查整个当前本地站点的链接】命令

重要提示

在【链接检查器】选项卡中，【显示】下拉列表中的链接分为"断掉的链接"、"外部链接"和"孤立文件"3 大类。对于断掉的链接，可以在【文件】列表中双击文件名，打开文件对链接进行修改；对于外部链接，只能在网络中测试其是否好用；孤立文件不是错误，不必对其进行修改。

操作三　修改链接

如果需要改变网站中成千上万个链接中的一个，会涉及很多文件。因为链接是相互的，改变其中一个，其他网页中与发生变化的网页有关的链接也要改变。逐个打开相关网页去修改是一件非常麻烦的事情，Dreamweaver CS3 设置了专门的功能来实现这项修改。

【操作步骤】

1. 在主菜单中选择【站点】/【改变站点范围的链接】命令，打开【更改整个站点链接】对话框，如图 14-22 所示。

2. 分别单击🗀图标，设置【更改所有的链接】和【变成新链接】选项。

3. 单击　确定　按钮，系统将弹出一个【更新文件】对话框，询问是否更新所有与发生改变的链接有关的页面，如图 14-23 所示。

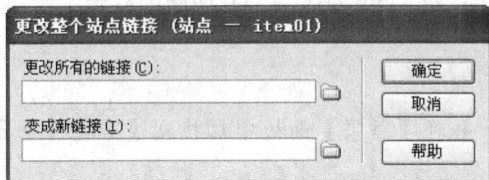

图14-22　【更改整个站点链接】对话框　　　　　图14-23　【更新文件】对话框

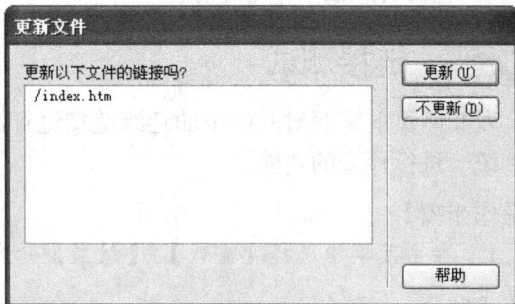

4. 单击　更新(U)　按钮，完成更新。

操作四　站点报告

一个网站可能包括成百上千甚至更多的文件，在发布以前，要对它们逐一进行检查，并在本地计算机中进行调试，防止错误包含在其中。但是，手工操作非常费时，也难免有所遗漏。使用 Dreamweaver CS3 提供的报告功能可以快速有效地检查文件。

【操作步骤】

1. 在主菜单中选择【窗口】/【结果】命令，并在【结果】面板中切换到【站点报告】选项卡，打开【站点报告】面板，如图 14-24 所示。

2. 单击面板左上角的 ▷ 按钮，打开【报告】对话框，如图 14-25 所示。

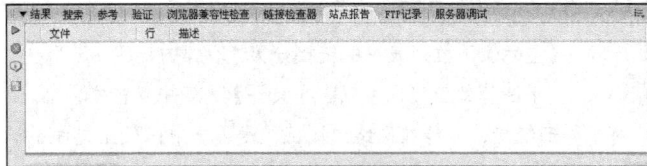

图14-24　【站点报告】面板　　　　　　　　图14-25　【报告】对话框

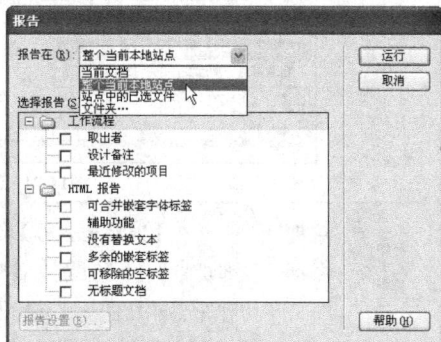

知识链接

【报告在】下拉列表中共有以下 4 个选项。

❖ "当前文档"：在文档窗口中已经打开的文件。

❖ "整个当前本地站点"：所定义的根文件夹下面的所有文件。

❖ "站点中的已选文件"：在站点管理器的【文件】列表中所选定的文件。

❖ "文件夹…"：选择某个文件夹。

在图 14-25 所示对话框的【选择报告】列表框中包含两大选项组：【工作流程】和【HTML 报告】。【工作流程】选项组与团队制作网页有关，一般个人不需要选择。

3. 在【报告在】下拉列表中选择"整个当前本地站点"选项。因为在发布网页以前，需要对整个站点的文档进行检查。

4. 根据需要选择其中的选项，然后单击 运行 按钮，开始制作报告，结果会出现在【站点报告】面板中，如图 14-26 所示。

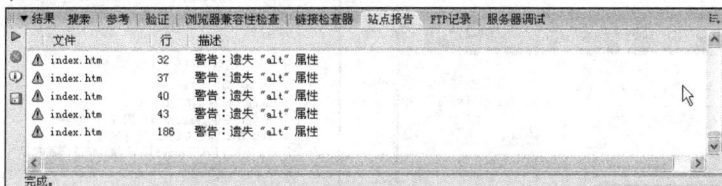

图14-26　【站点报告】面板

5. 在面板中选择记录，然后单击 按钮查看详细的出错信息，单击 按钮将信息以文件形式保存。

6. 双击列表中的文件名会打开该文档，而且在文档的代码窗口中会将需要修改的标签加亮显示。

有了报告这项功能，就可以将烦琐的检查工作交由 Dreamweaver CS3 来完成，从而节省许多时间。

操作五　清理文档

清理文档也就是清理一些空标签或者在 Word 中编辑 HTML 文档时所产生的一些多余标签的工作。

【操作步骤】

1. 打开需要清理的文档。

2. 在主菜单中选择【命令】/【清理 HTML】命令，打开【清理 HTML/XHTML】对话框，如图 14-27 所示。

3. 在对话框中的【移除】选项组中勾选【空标签区块】和【多余的嵌套标签】复选框，或者在【指定的标签】文本框内输入所要删除的标签。

4. 勾选【选项】选项组中的【尽可能合并嵌套的 <font> 标签】和【完成后显示记录】复选框。

5. 单击 确定 按钮，将自动开始清理工作。清理完毕后，弹出一个对话框，报告清理工作的结果，如图 14-28 所示。

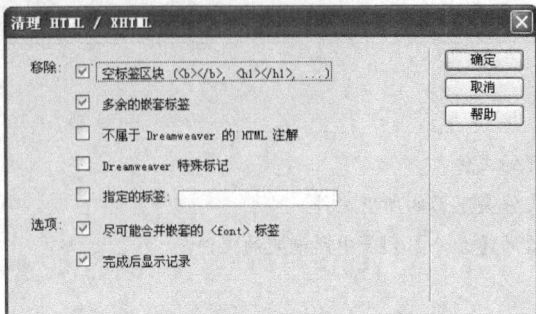

图14-27 【清理 HTML/XHTML】对话框

图14-28 消息框

接着进行下一步的清理工作。

6. 在主菜单中选择【命令】/【清理 Word 生成的 HTML】命令，打开【清理 Word 生成的 HTML】对话框，并设置【基本】选项卡中的各项属性，如图14-29 所示。

7. 切换到【详细】选项卡，选择需要的选项，如图14-30 所示。

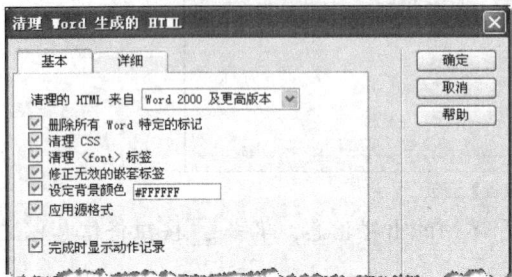

图14-29 【基本】选项卡

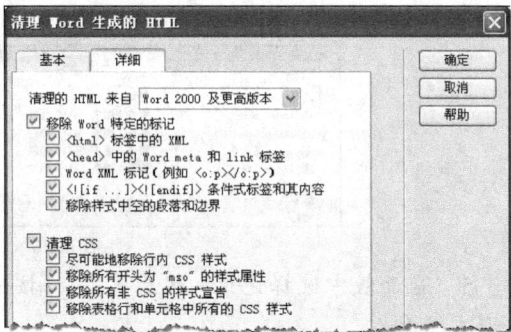

图14-30 【详细】选项卡

这一步工作主要用于清理 Word 中自带的一些标记。

8. 单击 确定 按钮系统开始清理，清理完毕将显示结果消息框，如图14-31 所示。

图14-31 消息框

操作六 保持同步

网页发布以后，还要经常更新。要经常比较本地文件和远程服务器上的文件，修改过的文件、新增的文件要及时上传到远程服务器。

使用同步功能可以将本地文件和远程服务器上的文件进行比较，不管哪端的文件或文件夹发生改变，同步功能都将这种改变反映出来，以便决定是上传还是下载。

【操作步骤】

1. 与 FTP 主机连接成功后，在主菜单中选择【站点】/【同步】命令，打开【同步文件】对话框，如图14-32 所示。

> **重要提示**
>
> 在【同步】下拉列表中有两个选项："仅选中的本地文件"和"整个 '×××' 站点"。因此，可同步特定的文件夹，也可同步整个站点中的文件。
>
> 在【方向】下拉列表中共有 3 个选项："放置较新的文件到远程"、"从远程获得较新的文件"和"获得和放置较新的文件"。

2. 在【同步】下拉列表中选择要更新的站点，在【方向】下拉列表中选择"放置较新的文件到远程"选项，单击 预览(P)… 按钮后，开始在本地计算机与服务器端的文件之间进行比较，比较结束后，如果发现文件不完全一样，将在列表中罗列出需要上传的文件名称，如图 14-33 所示。

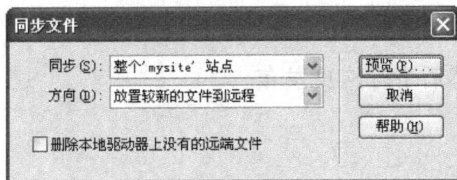

图14-32　【同步文件】对话框　　　　　　　　图14-33　比较结果显示在列表中

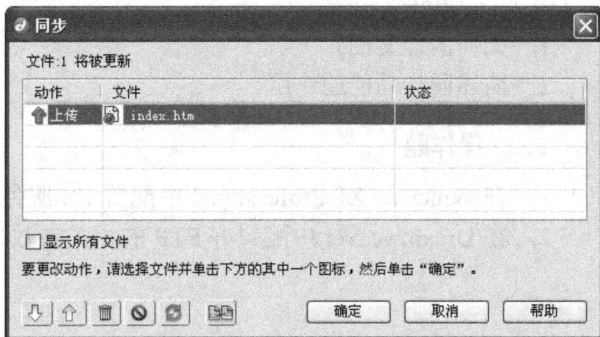

3. 单击 确定 按钮，系统便自动更新远端服务器中的文件。

这项功能可以有选择性地进行，在以后维护网站时用来上传已经修改过的网页，而不必再去死记哪个文件夹下哪个文件做了修改。运用同步功能，可以将本地计算机中较新的文件全部上传至远端服务器上，起到了事半功倍的效果。

实训　配置服务器和发布站点

本项目着重介绍了服务器的配置、网站发布和维护的基本方法，本实训要求对服务器 IIS 进行简单配置，同时将本机上的文件发布到服务器上。

【实训目的】

❖ 进一步掌握 IIS 服务器的简单配置方法。
❖ 进一步掌握通过 FTP 方式发布站点的方法。

【操作步骤】

1. 安装 IIS 服务器。
2. 配置 WWW 服务器 FTP 服务器。
3. 在 Dreamweaver CS3 站点管理器中设置有关 FTP 的参数选项。
4. 利用 Dreamweaver CS3 站点管理器进行站点发布。

小结

本项目主要介绍了如何配置、发布和维护站点，这些都是网页制作完成后的工作，是不可缺少的一部分，也是网页设计者必须了解的，希望读者能够多加练习。

习题

一、 问答题

1. 如何清理文档？
2. 简述同步功能的作用。

二、 操作题

1. 在 Windows XP Professional 中配置 IIS 服务器。
2. 在 Dreamweaver 中配置好 FTP 的相关参数，然后进行网页发布。